5G-A 与人工智能融合创新丛书

# 5G核心网
## 关键技术和部署实践

唐雄燕 王友祥 赫罡 杨文强 编著

人民邮电出版社

北京

**图书在版编目（CIP）数据**

5G 核心网关键技术和部署实践 / 唐雄燕等编著.
北京 ：人民邮电出版社，2025. -- （5G-A 与人工智能融
合创新丛书）. -- ISBN 978-7-115-65969-9

Ⅰ. TN929.53

中国国家版本馆 CIP 数据核字第 2025DD9155 号

## 内 容 提 要

　　本书首先介绍了移动通信网络的演进、5G 标准组织和规范的进展情况，分析了 5G 驱动力和
使能技术。然后阐述了 5G 核心网系统架构、主要网元的功能和服务、基于参考点和服务化的通
信协议栈以及 4G/5G 互操作架构等，并结合 5G 特点全面介绍了用户注册、接入管理和会话管理、
QoS 管理、安全管理、计费管理、策略管理等 5G 核心网典型业务功能、信令流程，并对 5G 网
络切片、边缘计算、网络安全等 5G 关键技术进行了详细分析。最后结合中国联通 5G 核心网部
署实践，系统说明了网络云 DC 的建设方案和 5G 核心网部署方案。

　　本书适合从事 5G 核心网技术研究、规划和维护工作的工程技术人员阅读，对从事 5G 解决
方案设计和业务应用工作的工程技术人员具有一定参考价值，也可供高等院校通信相关专业师生
阅读。

◆ 编　　著　唐雄燕　王友祥　赫　罡　杨文强
　　责任编辑　高　扬
　　责任印制　马振武

◆ 人民邮电出版社出版发行　　北京市丰台区成寿寺路 11 号
　　邮编　100164　　电子邮件　315@ptpress.com.cn
　　网址　https://www.ptpress.com.cn
　　固安县铭成印刷有限公司印刷

◆ 开本：710×1000　1/16
　　印张：17.75　　　　　　　　　　2025 年 9 月第 1 版
　　字数：308 千字　　　　　　　　　2025 年 9 月河北第 1 次印刷

定价：99.80 元

读者服务热线：(010)53913866　印装质量热线：(010)81055316
反盗版热线：(010)81055315

# 编委会

# 前言

　　移动通信技术的演进始终与人类社会的发展同频共振，如同一条不断延伸的技术脉络，深度融入社会生活的方方面面，持续推动着社会文明的进步。从1G到5G，波澜壮阔的发展，每代技术的突破都不是通信能力的简单跃升，而是对生活方式与社会运行的深刻重塑。

　　1G以模拟通信开启无线语音时代，首次实现"移动通话"。尽管1G只能提供单一语音业务，且通话质量与覆盖范围有限，却为后续发展奠定了基石。

　　2G引入数字调制技术，显著提升了语音质量、降低了干扰，并且催生了短信服务，推动移动通信从模拟时代迈向数字时代。

　　3G真正开启了移动互联网大门，数据传输速率的提升使移动设备能够访问互联网，支撑网页浏览、音乐下载等服务，智能手机也在此阶段兴起。

　　4G以LTE（长期演进）技术为主流，速率突破100Mbit/s，支撑高清视频、实时游戏等大流量应用，催生电子商务等新业态，推动移动互联网进入爆发期。

　　随着移动互联网的蓬勃发展与物联网、车联网等新兴业务的兴起，人们对移动通信技术提出了更高要求，5G应运而生。5G的总体愿景是"信息随心至，万物触手及"，旨在渗透至未来社会的各个领域，为不同用户与场景提供灵活多变的业务体验，构筑万物智联、虚实交融、敏捷智能的数字社会基石。国际电信联盟（ITU）定义的以下三大革命性应用场景，精准锚定了这场变革的方向。

　　一是增强移动宽带（eMBB）：面向移动互联网流量爆炸式增长的需求，为用户提供更加极致的应用体验。突破4G速率极限，支撑4K/8K超高清视频、沉浸式AR/VR（增强现实/虚拟现实）体验，重塑娱乐、教育、媒体等产业形态。

　　二是超可靠低时延通信（uRLLC）：满足工业控制、远程医疗、自动驾驶等垂直行业对时延与可靠性的严苛要求。凭借毫秒级时延与"6个9"（99.9999%）的可靠性，赋能工业互联网精密控制、远程手术、自动驾驶实时决策等价值场景。

　　三是大规模机器类通信（mMTC）：面向智慧城市、智能家居、环境监测等传感与数据采集需求。以每平方千米百万级连接密度与超低功耗，支撑大规模物联网设备接入，开启"万物智联"的时代。

5G 核心网（5GC）作为实现这一宏伟愿景的核心引擎之一，不再只是 4G EPC（分组核心网）的简单升级，而是一次彻底的架构革命与范式颠覆。其演进主要体现在以下 4 个方面。

基于服务的架构（SBA）：传统核心网以"节点—接口"为轴，功能固化、耦合度高；5GC 将网络功能解耦成多个可独立部署、按需调用的微服务 [ 通过 RESTful（是一种网络应用程序的设计风格和开发方式）应用程序编程接口（API）调用 ]，天然适配云原生。网络能力得以如乐高积木般灵活编排，业务上线周期从月级压缩至天级。

云原生（Cloud-Native）技术：充分借鉴容器、DevOps（Development 和 Operations 的组合词，是一组过程、方法与系统的统称）、服务网格等先进 IT（信息技术）经验，网络功能以 Pod（普通的古老数据结构）形态运行于通信云数据中心的 Kubernetes（简称 K8s，是用 8 代替名字中间的 8 个字符 "ubernete" 而成的缩写，是一个开源的，用于管理云平台中多个主机上的容器化的应用）集群中，实现秒级弹性伸缩、故障自愈与灰度升级，赋予网络前所未有的敏捷性与强韧性。

切片（Network Slicing）技术：在云原生"变软"的基础上，利用切片技术实现"一网千面"。基于端到端的（无线网、承载网、核心网）资源隔离，运营商可在同一物理网络上按需生成多张逻辑专网，为不同的客户提供差异化 SLA（服务等级协定），精准匹配 eMBB、uRLLC、mMTC 等场景的差异化需求。

边缘计算（Edge Computing）：通过控制面与用户面的分离（CUPS），用户面功能（UPF）可灵活下沉部署，融合多接入边缘计算（MEC），形成"可移动、可插拔、可订阅"的分布式算力节点。MEC 将计算、存储与处理能力推向网络边缘，显著降低时延、减轻核心网与骨干网传输压力，为本地化实时业务 [ 例如工厂自动导引车（AGV）控制、智慧场馆互动 ] 提供关键平台。

与此同时，5G 核心网在安全维度也进行了深度重构。面对开放的服务化接口与海量异构终端接入，5G 引入了增强的统一认证框架、更细粒度的服务化 API 安全防护、基于切片的安全隔离机制以及贯穿始终的隐私保护设计。安全已从附加选项升格为架构设计的基因。结合人工智能（AI）与机器学习（ML）驱动的自动化与智能化，5GC 正加速向"自配置、自愈合、自优化"的自动驾驶网络演进，为应对未来网络的复杂性提供核心支撑。

　　本书正是在这一背景下编撰而成的，全书以"演进—原理—实践"为脉络。首先，系统回顾了移动通信发展历程，解析了5G业务需求与规范进展，阐明了技术驱动力与关键使能技术；其次，全面阐释了5G核心网架构设计、功能定义、信令流程，以及网络切片、边缘计算、安全防护等关键技术，帮助读者全面了解5G核心网的技术细节；再次，结合中国联通5G核心网部署实践，详细解读了通信云数据中心（DC）建设方案，为实际工程应用提供了宝贵的参考经验；最后，梳理了5G-A（增强版第五代移动通信技术）标准化进展与关键技术演进，探讨6G网络架构的创新方向。

　　本书适合从事5G核心网技术研究、规划和维护工作的工程技术人员阅读，对从事5G解决方案设计和业务应用工作的工程技术人员具有一定参考价值，也可供高等院校通信相关专业师生阅读。希望本书能够为推动移动网络技术的创新和应用贡献一份力量，共同推动5G技术在各个行业的深度融合与发展，创造更加智能、便捷、高效的未来生活。

# 目录

**第 1 章 5G 总体概述及发展情况** ················································ 001

1.1 5G 总体概述 ·························································· 002

1.2 5G 发展情况 ·························································· 004

**第 2 章 5G 驱动及使能技术** ·············································· 007

2.1 5G 驱动 ······························································ 008

2.2 5G 使能技术 ·························································· 009

**第 3 章 系统架构** ························································· 017

3.1 4G 网络架构 ·························································· 018

3.2 5G 网络架构 ·························································· 021

3.3 5G 与 4G 互操作架构 ················································ 039

3.4 数据存储架构 ························································ 042

**第 4 章 5G 网络功能** ····················································· 045

4.1 网络接入控制 ························································ 046

4.2 注册、连接和移动性管理 ············································ 047

4.3 接入管理 ····························································· 054

4.4 会话管理 ····························································· 058

4.5 QoS 模型 ····························································· 064

4.6 用户面管理 ·························································· 070

4.7 安全管理 ····························································· 074

4.8　标识管理 ································································ 079

4.9　计费功能 ································································ 083

4.10　与 EPC 互操作功能 ·············································· 089

4.11　语音功能 ······························································ 093

4.12　消息功能 ······························································ 095

4.13　网络数据分析功能 ·················································· 097

4.14　能力开放功能 ························································ 098

4.15　双连接及冗余传输功能 ············································ 099

## 第 5 章　5GC 信令流程 ················································· 103

5.1　注册管理流程 ·························································· 104

5.2　连接管理流程 ·························································· 109

5.3　UE 配置更新流程 ····················································· 118

5.4　AN Release 流程 ······················································ 123

5.5　PDU 会话管理流程 ··················································· 125

5.6　N4 会话交互流程 ····················································· 136

5.7　安全管理流程 ·························································· 141

5.8　5GS 系统内 3GPP 接入下切换流程 ······························ 150

5.9　5GS 和 EPS 互操作流程 ············································· 159

5.10　EPS Fall Back 流程 ·················································· 172

5.11　NG-RAN 位置报告流程 ············································ 173

## 第 6 章　5G 网络切片 ·················································· 175

6.1　网络切片概念 ·························································· 176

6.2　网络切片的架构和功能 ··············································· 176

6.3　网络切片选择 ·························································· 178

6.4　网络切片配置 ·························································· 182

6.5　网络切片支持漫游 ····················································· 184

6.6　网络切片与 EPS 互通 ·························· 185

6.7　网络切片管理和编排 ···························· 187

6.8　网络切片性能监控 ······························· 190

**第 7 章　边缘计算** ·································· **193**

7.1　边缘计算概述 ······································· 194

7.2　边缘计算系统架构 ······························· 195

7.3　边缘计算平台 ······································· 198

7.4　5G 共享边缘云 ····································· 201

7.5　边缘计算平台互联互通 ························· 207

**第 8 章　网络安全** ·································· **209**

8.1　概述 ···················································· 210

8.2　5G 三大典型应用场景的安全要求 ········· 211

8.3　5G 网络域安全 ···································· 212

8.4　5G 网络关键技术安全 ························· 219

**第 9 章　通信云** ···································· **225**

9.1　通信云网络总体架构 ···························· 226

9.2　通信云分层架构 ··································· 227

9.3　通信云组网设计 ··································· 228

9.4　通信云管理 ·········································· 234

**第 10 章　5G 核心网部署方案** ··············· **237**

10.1　5G 核心网 NSA 部署方案 ·················· 238

10.2　5G 核心网（5GC）SA 部署方案 ·········· 239

10.3　5G 核心网元容灾部署方案 ················· 249

**第 11 章　5G-A 演进技术** ····················· **253**

11.1　智能化网络数据分析功能 ·················· 254

11.2 切片能力增强 ·········································· 256

11.3 混合现实（XR）与媒体业务 ·························· 256

11.4 位置定位增强 ·········································· 257

11.5 5G 局域网增强 ········································· 259

11.6 非公共网络 ············································ 261

## 第 12 章　面向 6G 演进技术 ··························· 263

12.1 5G 新通信 ············································· 264

12.2 NFV 演进 ············································· 266

12.3 6G 网络架构和发展愿景 ······························ 268

# 第 1 章

# 5G 总体概述及发展情况

01

1.1　5G 总体概述

1.2　5G 发展情况

# / 1.1 5G 总体概述

随着移动业务的蓬勃发展,用户体验需求日益凸显,这对网络建设和运营提出了全新的要求:既要具备高速率、低时延、高可靠性的传输能力,支撑超高清视频、XR(混合现实)等业务;也要拥有超量用户接入能力,应对千万级物联网设备并发连接;更需实现融合化、灵活化、智能化、可扩展的网络运营,以及轻量化、低成本的建网与运维模式。

当前,5G 技术正与物联网、云计算、大数据、人工智能等新兴技术深度融合,推动着人与人、人与物、物与物的互联互通。从智能工厂的设备协同,到智慧城市的全域感知,再到远程医疗的实时交互,传统的生产生活方式被重塑,现代数字经济的新征程已开启。而这一切变革的根基,源于移动通信技术近30年的持续演进。

## 1.1.1 移动通信技术的演进

从 2G 到 5G,移动通信技术呈现约每 10 年为一代的演进规律,每代系统均满足特定的应用场景,实现了不同的技术突破,承载着不同的业务使命,深刻影响了人类社会的连接方式与信息交互模式。

### 1. 2G 时代(1991—2000 年):数字通信的起点

2G 标志着移动通信正式迈入数字时代。以全球移动通信系统(GSM)和码分多址(CDMA)为代表的技术,实现了语音业务的数字化传输,通话质量与抗干扰能力显著提升;同时支持短信业务与低速数据服务,例如 WAP(无线应用协议)网页浏览,单用户速率仅为 10 ~ 100kbit/s。这一阶段标志着移动通信从"模拟时代"迈入"数字时代",为后续移动互联网发展奠定基础。

### 2. 3G 时代(2001—2009 年):移动宽带的萌芽

3G 引入了"移动宽带"的概念,显著提升了数据传输速率(最高可达 2Mbit/s 以上),支持彩信、网页浏览、视频通话等多媒体业务。这一代技术不仅丰富了用户的通信体验,而且拉开了移动互联网的序幕。同时,智能手机开始出现,移动终端从"通话工具"向"信息终端"转型。3G的出现打破了"固定互联网"的空间限制，标志着移动互联网时代的开启。

**3. 4G时代（2010—2019年）：移动互联网的爆发**

4G时代以"数据业务主导"为核心特征，实现了真正意义上的移动互联网普及。LTE（长期演进）技术成为主流，单用户峰值速率突破100Mbit/s，支持高清移动视频、在线游戏、移动支付等大带宽、低时延的应用场景。同时，网络架构向"全IP化"转型，简化传输链路，提升资源利用效率。4G不仅改变了人们的生活方式，而且让移动互联网成为驱动通信技术发展的核心动力，为5G的"万物互联"积累了技术与生态基础。

**4. 5G时代（2020年至今）：万物智联的开端**

5G时代面临"多样化场景、差异化需求"的挑战：一方面，用户对密集场景（例如演唱会、地铁站）与高速移动环境（例如高铁）的通信网络保持稳定速率与低时延的体验要求相同；另一方面，物联网业务需支撑每平方千米百万级个设备连接，且适配工业控制、远程医疗等不同行业的定制化需求。

无论是时延、吞吐量还是连接数，4G网络都无法满足将来用户的应用体验。这种多样化的业务需求已经无法用传统网络架构来实现，需要网络架构能够针对不同的业务需求进行灵活的适配。

## 1.1.2　5G关键技术特征

为更好地满足2020年及未来移动通信业务持续发展的需求，国际电信联盟无线电通信部门（ITU-R）制定了明确的5G发展愿景和技术要求。2015年6月，ITU-R将第五代移动通信技术正式命名为"IMT-2020"，并前瞻性地定义了5G的三大典型应用场景。

① 增强移动宽带（eMBB）：支持超高清视频、虚拟现实等大带宽业务。

② 超可靠低时延通信（uRLLC）：满足工业控制、自动驾驶等严苛场景需求。

③ 大规模机器类通信（mMTC）：支持海量物联网设备接入。

这些场景从用户体验速率、端到端时延、连接密度和频谱效率等多个维度对5G网络提出了全面的能力要求。5G关键特征包括时延、体验速率、连接密度、网络架构等。5G关键特征及性能目标如图1-1所示。

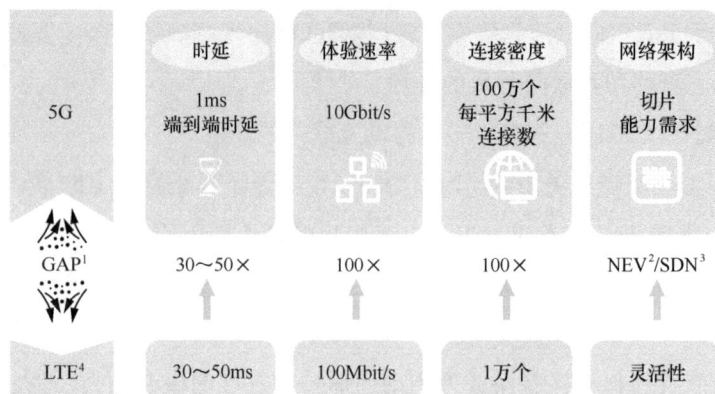

注：1. GAP（测量间隙）。
　　2. NFV（网络功能虚拟化）。
　　3. SDN（软件定义网络）。
　　4. LTE（长期演进）。

图1-1　5G关键特征及性能目标

# 1.2　5G 发展情况

## 1.2.1　5G 业务与网络发展情况

截至 2025 年 6 月，全球 5G 商用网络达 354 张，基站总数达 677.4 万个，用户规模突破 22.55 亿。但 5G 发展呈现显著区域差异：亚太、北美、欧洲发达地区为核心，亚太贡献全球 60% 以上基站；中东欧、非洲等地区起步较晚，部分国家 5G 人口覆盖率不足 30%，数字鸿沟明显。中国在 5G 基站建设方面继续保持领先地位。截至 2025 年 6 月底，中国 5G 基站总数达 455 万个，5G 移动电话用户达到 10.81 亿户，普及率超过 75%，中国已实现"乡乡通 5G"，行政村通 5G 比例达到 90%。

在消费领域，超高清视频、云游戏等 5G 应用较为普遍，但商业模式仍有待创新。在行业领域，5G 技术融入国民经济 97 个大类中的 86 个，广泛应用于工业互联网、智慧医疗、智能交通等领域，推动了传统产业的数字化转型。例如，"5G+工业互联网"的应用在制造业中实现了生产过程的智能化和自动化，显著提高了生产效率和产品质量。

## 1.2.2 5G标准规范进展

2015年10月26日至30日，在瑞士日内瓦召开的2015无线电通信全会上，国际电联无线电通信部门（ITU-R）正式批准了3项有利于推进未来5G研究进程的决议，并正式确定了5G的法定名称是"IMT-2020"。

2016年3月，ITU正式确认了5G的三大应用场景。不久后，3GPP就正式启动5G的标准化工作，并陆续通过R15到R17标准，完成了5G三大典型场景的技术能力定义。

2022年6月初，备受瞩目的3GPP R17标准正式宣布冻结，标志着5G的第一阶段演进已经全部完成。3GPP 5G第一阶段标准时间点如图1-2所示。

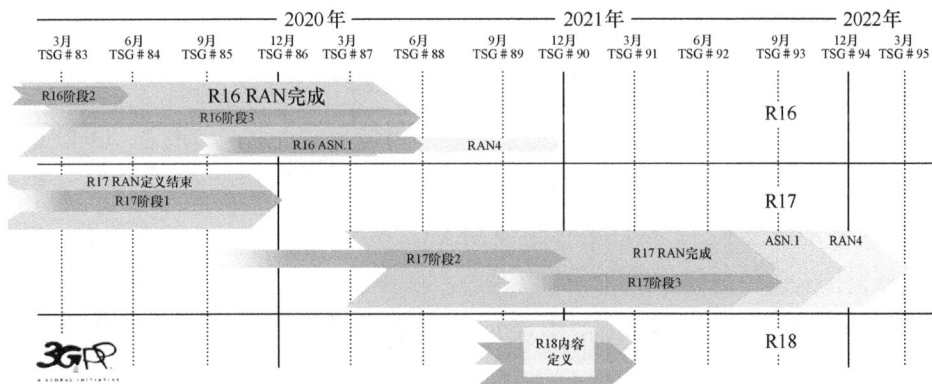

图1-2 3GPP 5G第一阶段标准时间点

总体而言，5G国际标准的发展历程可分为两个阶段，R15、R16、R17这3个标准对应5G演进的第一阶段，R18、R19、R20这3个标准属于第二阶段，也就是5G-Advanced（5G-A）阶段。5G-A是5G向6G演进的中间阶段，一方面为5G发展定义新目标、新能力；另一方面为6G发展奠定坚实基础。

2024年6月18日，3GPP正式宣布R18标准冻结。作为5G-A的第一个版本，R18肩负着为移动通信产业"挖掘新价值，探索新领域，衔接下一代"的重任，促使通信网络向更大带宽、更大容量、上下行带宽协同、智能端云协同化等趋势发展。预计3GPP R19标准将在2025年年底冻结，R20标准将在2027年6月完成，3GPP 5G-A阶段标准规划时间点示意如图1-3所示。

## 3GPP 5G-A 阶段标准规划

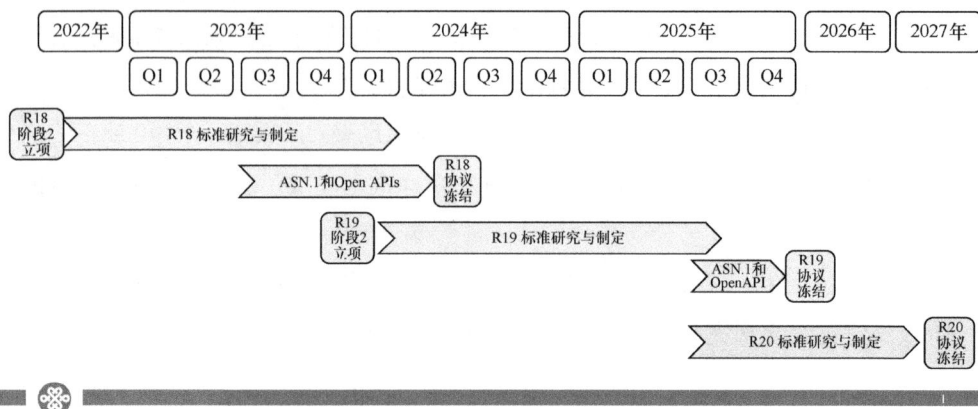

**图1-3　3GPP 5G-A阶段标准规划时间点示意**

　　从应用场景上看，5G-A 已从三大主要应用场景 eMBB、mMTC、uRLLC 扩展为沉浸实时、智能上行、工业互联、通感一体、千亿物联和天地一体六大应用场景；并从网络技术上，借助上行超级 MIMO（多输入多输出）、双工演进、灵活上行频谱接入等关键使能技术，大幅提升了网络性能。5G-A 将不断拓展 5G 能力边界、持续推动产业向 6G 演进，具有承前启后的重要作用，为 6G 的发展奠定坚实的基础。

# 第 2 章

# 5G 驱动及使能技术

02

2.1  5G 驱动

2.2  5G 使能技术

# 2.1 5G驱动

5G技术的演进正成为驱动现代通信网络变革的核心力量。面对近10年来指数级增长的用户需求和多样化场景应用，5G技术作为核心驱动力正在重塑通信网络的建设与运营范式：其革命性的传输能力突破实现了毫秒级时延与吉比特每秒级速率，通过大规模MIMO和网络切片技术支撑起百万级设备连接的接入密度，同时推动网络架构向智能云化、弹性可扩展方向转型。这一技术驱动不仅催生了AI（人工智能）赋能的自动化网络运维体系，而且通过开放解耦的组网模式显著降低了建网成本，使运营商能够在保障高可靠服务质量的同时，构建起面向未来演进的可持续发展网络生态。

## 2.1.1 大带宽

2K移动视频已逐渐成为移动终端的主流配置，高速率大带宽4K、AR/VR等新业务不断涌现。宽带视频等业务对网络大容量提出了更高的要求。高速率通信需要网络具有更高的频谱利用率，能够支撑无线接入新技术；大带宽通信需要网络采用高频段的宽裕频谱；单用户体验需要网络能够针对单个用户进行高效的资源调度，且需要兼顾通信的公平性；热点区域通信需要网络能够高密度组网，并且无线接入点之间能够高效协同工作。

## 2.1.2 大连接

目前，通信市场从人与人之间的连接，逐步向人与物、物与物之间的连接演进；连接数量由亿级向千亿级跳跃式增长。相关咨询机构预测，到2030年，全球物联网设备连接数将接近1000亿个，其中中国将超过200亿个。大量用户连接要求，需要网络有丰富的多址资源，以及具有相应的地址分配与调度能力。

## 2.1.3 超低时延

4G网络的时延小于50ms，是3G网络时延的一半。然而自动驾驶、毫秒级工业控制及远程医疗等业务要求网络具备端到端超低时延，这对网络架构是极大的挑战。超低的端到端通信时延，需要网络支持本地化通信，以减少不必要的信令交互及数据回传所带来的时延开销；超低空口时延，需要网络具备高效无线资源调度及反馈能力，在低时延条件下确保通信的可靠性；超低传输时延需要传输网络能够实现动态自适应的快速数据转发。

### 2.1.4　低功耗

低功耗设备需要网络具有更高的能效，在通信中尽可能降低终端的功耗。终端低功耗和低成本是物联网市场快速发展的源动力，低功耗对终端和核心网都提出了新的技术需求和挑战。终端的省电主要体现在工作状态下省电和空闲状态下省电两个方面。

### 2.1.5　多样化

业务需求差异大，需要网络针对不同业务提供专有的通信途径；业务需求变化快，需要网络针对不同的通信需求实现自动灵活的配置；业务需求个性化，需要网络运营更贴近用户，实现无缝对接，让用户能够直接向运营商网络表达个性需求，并且由网络实现这些自定义功能；适应未知业务，需要5G网络通过调整自身配置以适应新业务的部署需求，即需要网络具备前向兼容性。

## 2.2　5G 使能技术

相较于满足人和人互联需求的语音、数据等传统电信业务，5G时代面临灵活多样的差异化场景需求，要求网络具备快速上线的能力，并构建敏捷的运维运营体系，以实现不同业务诉求的快速响应。网络功能虚拟化（NFV）、云原生、软件定义网络（SDN）及人工智能（AI）等技术在5G网络重构、业务创新和运营能力提升等方面发挥了重要作用，使电信网络能更好地迎接业务创新和发展带来的挑战。

### 2.2.1　NFV

云计算作为一种信息技术，提供了便捷的、可随时访问计算资源共享池的模式。这些资源包括网络、服务器、存储、应用和服务，并且具备快速部署的能力，只需较少的交互和维护，借助 NFV 可以构建面向未来的全面云化网络。

在传统的架构中，移动核心网采用的是软硬一体部署方式，不同的网元功能部署在不同类型的专有硬件上。NFV 基于通用硬件及虚拟化技术来承载网元功能的软件化处理，降低网络昂贵的设备成本。通过软硬件解耦及功能抽象，网络设备的功能不再依赖于专用硬件，资源可以充分灵活共享，实现新业务的快速开发和部署，并基于实际业务需求进行自动部署、弹性伸缩、故障隔离和自愈等。

5G 移动核心网的部署是基于 NFV 来构建的，参考 ETSI（欧洲电信标准组织）提出的 NFV 标准，NFV 系统总体架构如图 2-1 所示。

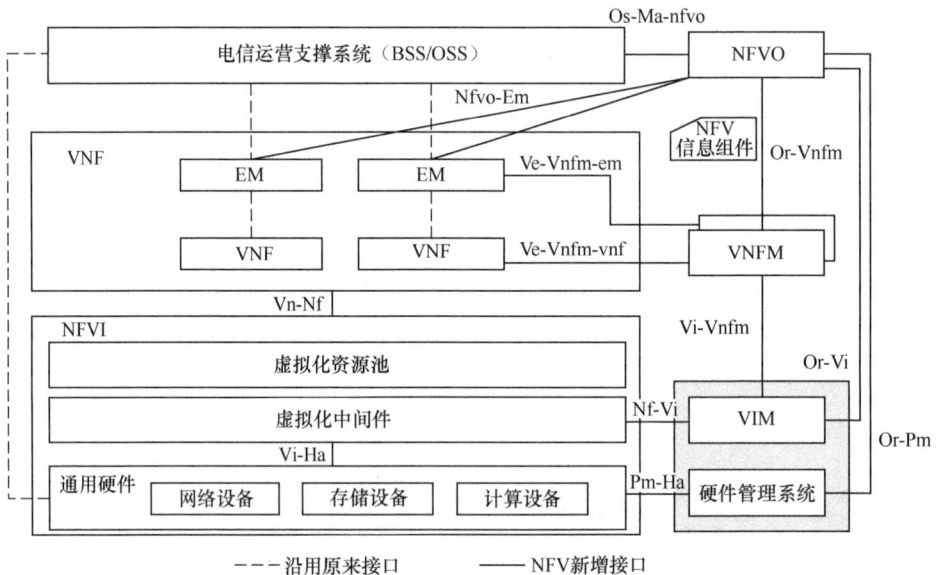

图2-1　NFV系统总体架构

NFV 总体架构中的核心模块包括网络功能虚拟化基础设施（NFVI）、虚拟化网络功能（VNF）、网元管理器（EM）、网络功能虚拟化编排器（NFVO）、虚拟网络功能管理器（VNFM）、虚拟化基础设施管理器（VIM）、硬件管理系统（PIM）以及运营支撑系统（BSS/OSS）等。

**1. 网络功能虚拟化基础设施（NFVI）模块**

网络功能虚拟化基础设施（NFVI）模块的主要功能是为虚拟化网络功能（VNF）的部署、管理和执行提供资源。

① 硬件资源包括硬件计算资源、硬件存储资源和硬件网络资源。

② 虚拟化中间件实现对硬件资源的抽象，将物理硬件的计算、存储和网络资

源进行池化，并以虚拟机和虚拟网络的形式提供给应用，实现 VNF 应用软件和底层硬件的解耦，保证 VNF 可以部署在不同的通用硬件资源上。

③ 虚拟化资源包括虚拟化计算资源、虚拟化存储资源和虚拟化网络资源 3 种类型。

**2. 虚拟化网络功能（VNF）模块和网元管理器（EM）模块**

虚拟化网络功能（VNF）模块可将传统网元设备虚拟化并将其运行在虚拟机上的软件应用；网元管理器（EM）模块完成的是网元管理功能，提供网元的 FCAPS 管理功能，即 5 个通用的管理职能 FCAPS（Fault，Configuration，Accounting，Performance and Security，错误、配置、记账、性能和安全）。

**3. 管理编排域（MANO）**

管理编排域（MANO）包括 VIM 或 PIM、VNFM、NFVO，分别完成对 NFVI、VNF 和 NS 这 3 个层次的管理。

① NFVO：主要负责全网的网络服务、虚拟资源和策略的编排部署和管理。

② VNFM：实现 VNF 生命周期管理，包括 VNF 实例化、扩容或缩容、升级、终止等。

③ VIM：实现 NFVI 基础设施资源管理，包括虚机资源管理和分配，实现对 NFVI 资源的监控、故障、性能信息收集和上报。

④ PIM：实现对基础设施中的通用硬件设备进行管理。

**4. 运营支撑系统（OSS/BSS）**

运营支撑系统（OSS/BSS）中的 OSS 为传统的网络管理系统；BSS 为传统的业务支撑系统，包括计费、结算、账务、客服、营业等功能，同时可实现与 NFVO 的协同管理功能。

作为电信网络应用 IT 虚拟化和云计算技术的方案框架，NFV 的目标是取代通信网络中私有、专用和封闭的网元硬件，实现"统一通用硬件平台＋业务逻辑软件"的开放架构。NFV 通过网络重构把电信网络和 IT 技术深度融合，使网络架构更加敏捷开放，网络运营更加集约自动化，网络部署更加灵活低成本。通过 NFV，运营商可以根据需求迅速添加、控制虚拟设备，提供各种差异化的应用程序和服务，大大缩短部署周期。

## 2.2.2 云原生

云原生就是云计算上的原生居民——应用在架构设计之初，便以部署在云上为目标，并且充分考虑云原生的特性，进行开发及后续运维，而不是将传统应用迁移上云。

云原生的概念是由Matt Stine首先提出的，是一系列云计算技术体系和工程管理方法的集合，既包含实现云原生的关键技术，也包含工程实践的方法论。Matt Stine在2015年《迁移到云原生架构》一书中定义了云原生架构的特征：微服务、自服务、基于API（应用程序接口）协作等。随着容器、Kubernetes等技术在IT领域的广泛应用，以及CNCF（云原生计算基金会）等社区的不断完善，云原生逐渐走向成熟。通常认为，云原生架构关键技术包括微服务架构、容器及编排技术、DevOps等，云原生架构关键技术如图2-2所示。

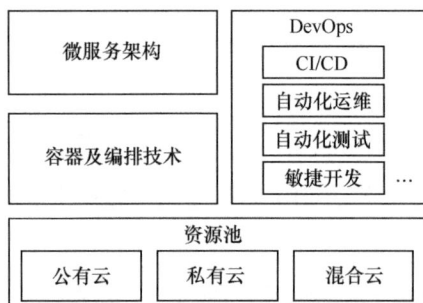

CI/CD：持续集成/持续交付　　DevOps：开发运维一体化

**图2-2　云原生架构关键技术**

### 1. 微服务架构

微服务架构是将大型的复杂应用拆分成多个简单应用，每个简单应用描述一个小业务，各个简单应用可以被独立部署。各个微服务之间是松耦合的，可以独立地进行升级、部署、扩展和重新启动等流程，即使频繁更新也不会对最终用户产生任何影响。相较于传统的单体架构，微服务架构具有降低系统复杂度、独立部署、独立扩展、跨语言编程等特点。

微服务框架封装了微服务通信、管理、监控的公共逻辑，帮助业务开发人员专注于实现业务逻辑，避免冗余和重复劳动，规范研发流程，提升效率。微服务框架通常包括微服务生命周期管理功能，例如服务定义、服务部署、服务发布等；服务使能功能，例如服务注册、服务发现、服务路由等；公共支撑服务功能，例如服务日志、消息队列、服务配置、链路追踪等。

### 2. 容器及编排技术

容器及编排技术是一种轻量级的虚拟化技术，致力于提供一种可移植、可重用且自动化的方式来打包和运行应用。容器这一术语是对集装箱的一个类比，它提供了一个标准化方式，将不同内容组合在一起，同时又将它们彼此隔离。作为一种虚拟化手段，容器技术包括以下 4 种。

（1）容器引擎

容器引擎提供容器的托管隔离运行环境，管理宿主机上的容器及相关资源，并对外提供易使用的管理接口。

（2）容器存储

容器存储是指面向服务的存储配置，其管理粒度更细、数量更多，同时具备存储本地多层化，存储超融合化，多服务颗粒存储操作等特点。

（3）容器网络

与虚拟化网络类似，容器需要借助网络技术来更好地链接不同的容器或集群。由于容器提供进程级别的隔离，所以与操作系统级别隔离的虚拟机相比，网络的安全成为建设容器云平台的关键挑战。

（4）容器编排

和云基础设施的其他组件一样，容器需要监测和控制。容器编排是指自动化容器的部署、管理、扩展和联网。由单独容器化的组件组成的应用，需要按顺序在网络级别进行组织，以便其能够按照计划运行。这种对多个容器应用进行组织的流程称为容器编排。容器编排可以在使用容器技术的任何环境中使用，实现在不同环境中部署相同的应用而不需要重新设计。

### 3. DevOps

DevOps 是业界认可的云原生的核心特点之一，并直接和企业的商业目标相关，横跨技术、组织和流程 3 个领域。DevOps 是云原生技术、流程和文化变革的有机组合，缩短了软件系统研发和交付的周期，采用持续迭代、与研发运营团队高效协作的方式，向用户提供高质量软件应用，实现企业的商业目标并提升市场竞争力。根据软件系统的全生命周期顺序，在企业层面实施 DevOps 的核心技术包括云应用开发环境、持续集成或持续发布流水线平台、自动化测试、内置安全的 DevOps、容器编排调度、自动化配置、应用发布、应用性能管理。

### 4. 服务网格

服务网格是一种专门用于处理微服务之间通信的基础设施层，它通过一组轻量级的网络代理，部署在应用服务旁边，管理不同服务之间的交互。作为服务间通信的基础设施，服务网格实现了轻量级网络代理，对应用程序透明，可实现应用程序的流量管理、路由控制、负载均衡、安全认证等功能，降低微服务治理的复杂度。服务网格通过将服务通信及相关管控功能从业务程序中分离并下沉到基础设施层，实现了微服务治理与业务逻辑的解耦，使开发人员更加专注于业务本身。

云原生作为下一代云计算的核心特征获得了业界的广泛认同，并在云计算领域和企业的IT架构中得到了广泛应用。在电信领域，云原生给出的技术体系和工程方法是网络建设需要考虑的关键要素和方向指引。电信网络应用云原生技术，引入微服务架构、容器及编排技术等，实现弹性、健壮、敏捷、安全的全云化核心网，可增加网络的灵活性和适应性，提高网络资源利用率，缩短部署周期，提升迭代开发效率。云原生作为云计算技术的发展成果之一，已成为运营商网络云化建设的关键方向和核心技术。

## 2.2.3 SDN

SDN是一种新型的网络架构，它的设计理念是将网络的控制平面与数据转发平面进行分离，通过集中的控制器控制底层硬件，实现对网络资源的按需调配。SDN架构基于网络开放原则定义为应用层、控制层和转发层共3层。其中，应用层实现对网络业务的呈现和网络模型的抽象；控制层实现网络操作系统功能，集中管理网络资源；转发层实现分组交换功能。应用层与控制层之间的北向接口是网络开放的核心，控制层的产生实现了控制平面与数据转发平面的分离，是集中控制的基础。SDN的主要特征包括以下3个方面。

### 1. 数据转发和控制分离

SDN将基础硬件与业务分离，其硬件仅负责数据转发和存储，可以采用相对廉价的通用设备构建网络基础设施。控制与转发分离更利于网络的集中控制，使控制层获得网络资源的全局信息，并根据业务需求进行资源的全局调配和优化，例如流量工程、负载均衡等。

### 2. 网络虚拟化

SDN通过南向接口的统一和开放，屏蔽了底层物理转发设备的差异，实现了底层网络对上层应用的透明化。逻辑网络和物理网络分离后，逻辑网络可以根据业务需要进行配置、迁移，不再受设备具体物理位置的限制。

### 3. 开放接口

SDN通过开放的南向接口和北向接口，能够实现应用和网络的无缝集成，使应用能告知网络如何运行才能更好地满足应用的需求，例如网络的带宽、时延需求、计费对路由的影响等。另外，SDN 支持用户基于开放接口自行开发网络业务，并调用资源，缩短新业务的上线周期。

### 2.2.4　人工智能（AI）

网络日益复杂，2G/3G/4G/5G 多种制式叠加，核心网处于多域并存的网络格局。随着电信网络 NFV 云化、切片、服务化架构等技术的融入，以及垂直行业应用及需求的多样化发展，在 5G 时代，电信网络的运营维护面临前所未有的挑战。电信网络中引入自动化、机器学习及人工智能（AI）等智能化技术，已成为 5G 网络发展的关键方向。通过在不同网络层级引入相应的自动化和智能化技术，实现不同层级的网络自治；通过意图驱动实现网络切片、业务敏捷开发、故障可预测、自修复、零中断等关键能力，可以帮助网络运营商降低运营成本、提高网络运维效率、提升业务能力和服务质量。

5G 网络的智能化主要体现在智能化网络、智能化感知、5G 网络能力开放等方面。

#### 1. 智能化网络

未来，LTE（长期演进）/SAE（系统架构演进）网络将是多业务系统、多接入技术及多层次覆盖的复杂网络，这为网络的运营和管理，以及资源合理协调使用带来了巨大挑战。对于复杂异构网络，需要设计具有环境和业务感知能力的统一自配置和自优化的网络技术，实现对网络覆盖环境的实时感知及其对应的业务需求和用户行为按照一定的颗粒度实时感知，并能够根据环境及业务需求，动态地调整和配置网络策略、系统参数和资源分配，最优化地利用各种网络资源，从而优化用户体验。

#### 2. 智能化感知

在 4G 协议栈中，基站对于应用层信息不可知（无法根据上层信息有效地调度无线资源），并且应用层对基站信息亦不可知（应用层无法根据下层无线信息进行适配）。面对这种传统的"哑管道"网络管控能力不足，资费模式单一的问题，需要通过内容感知技术来加强网络对业务内容的理解。利用 5G 智能化网络的内容感知能力，从技术和商业模式上可以实现对业务和用户的差异化服务，增加网络的业务黏性和用户黏性。

### 3. 5G 网络能力开放

5G 网络能力开放具有更加丰富的内涵，除了 4G 网络定义的网络内部信息、QoS（服务质量）控制、网络监控能力、网络基础服务能力等方面能力的对外开放，NFV、SDN、大数据分析能力的引入也为 5G 网络提供了更为丰富的可以开放的网络能力，例如网络切片的编排管理能力等。

第 3 章

# 系统架构

03

3.1 4G 网络架构

3.2 5G 网络架构

3.3 5G 与 4G 互操作架构

3.4 数据存储架构

# / 3.1　4G 网络架构

## 3.1.1　核心网系统架构

相比 2G/3G 通信系统，4G LTE 网络架构更加简单化和扁平化。LTE 网络架构大致可以分为 3 个部分：第一部分是 LTE 网络为了满足网络的向后兼容 2G/3G 引入的；第二部分是 EPS 接入网部分，包含用户设备和基站；第三部分是演进分组核心网（EPC）部分。LTE 网络架构如图 3-1 所示。

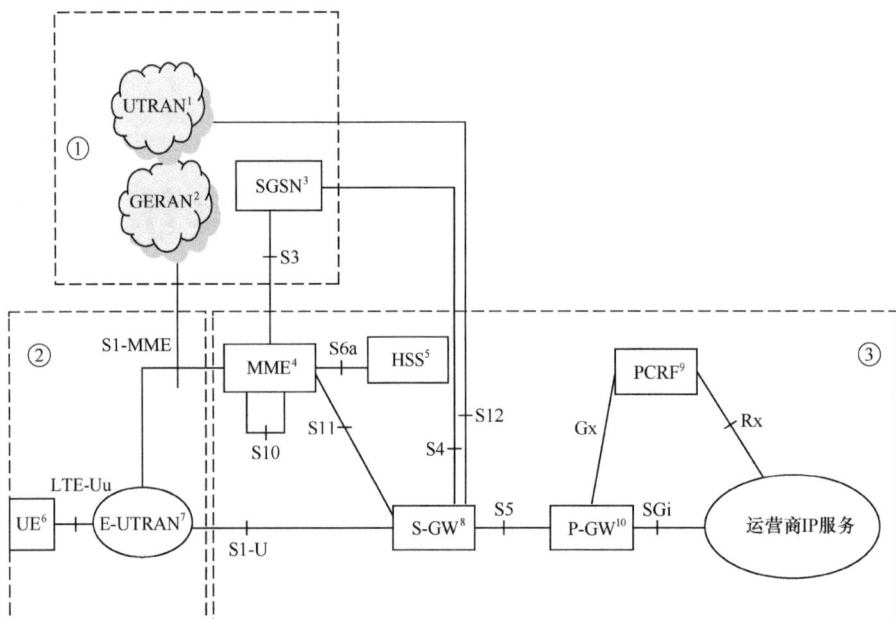

注：1. UTRAN（通用电信无线接入网）。
2. GERAN（GSM/EDGE 无线接入网，即全球移动通信系统 / 增强型数据速率 GSM 演进技术无线接入网）。
3. SGSN（服务 GPRS 支持节点，其中 GPRS 是通用分组无线服务）。
4. MME（移动性管理实体）。
5. HSS（归属用户服务器）。
6. UE（用户设备）。
7. E-UTRAN（演进的 UMTS 陆地无线接入网，UMTS 是通用移动通信系统）。
8. S-GW（服务网关）。
9. PCRF（策略与计费规则功能）。
10. P-GW（分组数据网络网关）。

图3-1　LTE网络架构

MME 是纯信令节点，负责控制层面信令的处理，主要实现移动性管理、接入控制、会话管理、业务连续性等功能，不需要转发媒体数据，对传输带宽要求较小，在实际组网时宜采用集中部署的方式。

HSS 是 EPC 系统中控制面的功能实体，是存储用户数据的服务器，负责管理和存储用户的相关信息，例如 UE 标识、移动性管理状态、用户安全参数，为用户分配的临时标识。当 UE 驻扎在该跟踪区域或者该网络时，HSS 负责对该用户进行鉴权，处理 MME 和 UE 之间的鉴权矢量产生。

S-GW 作为移动性锚点，负责用户面数据处理及路由转发，终结处于空闲状态的 UE 的下行数据，管理和存储 UE 的承载信息，例如 IP 承载业务参数和网络内部路由信息。P-GW 位于移动通信网络和运营商业务网络的边界，是 EPC 系统中用户面数据连接的锚点，负责用户 IP 地址管理、内容计费、在 PCRF 的控制下完成策略控制。用户在同一时刻能够接入多个 P-GW。S-GW 和 P-GW 在物理上可合设，也可分设。

PCRF 主要负责根据业务特征、用户签约信息以及运营商的配置信息进行 QoS 等策略管理和计费控制，也可以控制接入网中承载的建立和释放，实现对网络资源的利益最大化和基于流的精细化计费控制。

EPC 架构中各功能实体间的接口协议均采用基于 IP 的协议，一部分接口协议是由 2G/3G 分组域标准演进而来的，另一部分协议是新增的，例如 MME 与 HSS 之间 S6 接口的 Diameter（直径）协议（一种基于 TCP/IP 的应用层协议）等。

## 3.1.2 控制面和用户面分离

随着智能终端快速普及，互联网业务呈井喷式增长态势。用户流量的快速增长给主设备容量及承载网络带来极大压力，同时，服务本地化、多样化的趋势越来越明显，消费者对高效网络的需求越来越迫切。传统的网关集中部署的网络架构，传输距离长，转发时延大，用户体验不佳，已无法满足容量性能持续增长及多样化业务切片的需求。针对这个问题，3GPP R14 标准提出了 C/U（控制面 / 用户面）分离的解决方案。其中，用户面可以靠近用户按需下沉部署，满足流量就近卸载，以降低传输时延、节省传输带宽，全面提升用户体验；控制面集中部署在数据中心，减少周边网元在数据配置和管理方面的压力。

控制面和用户面分离（CUPS）架构如图 3-2 所示，S/PGW 分为控制面组件（S/PGW-C）和用户面组件（S/PGW-U）两种。其中，S/PGW-C 负责终端承载绑定、IP 地址分配和信令控制等，S/PGW-U 负责业务数据包的转发、流量卸载和管控、深度包解析等。TDF（流量检测功能）是与策略和计费相关的可选设备，具有业务检测、数据收发等功能，分为控制面（TDF-C）和用户面（TDF-U）两种。

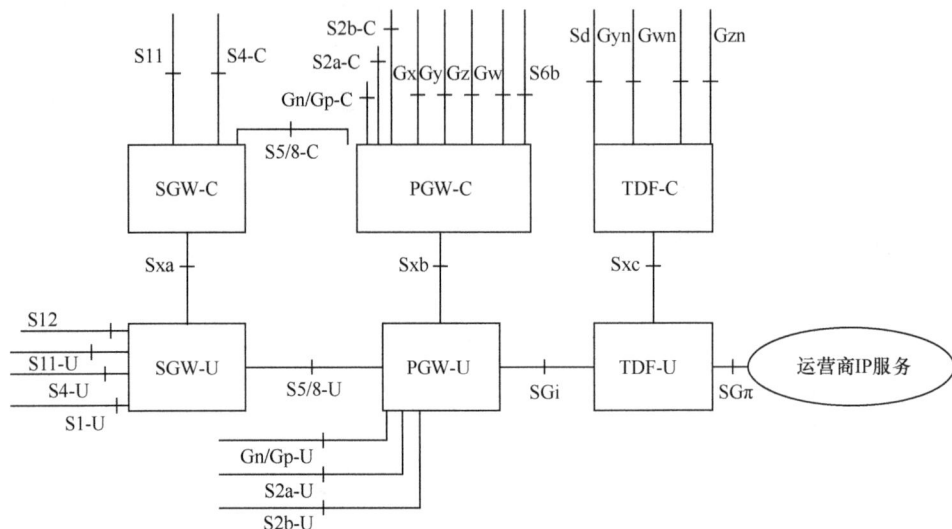

**图3-2 控制面和用户面分离（CUPS）架构**

CUPS 架构的控制面和用户面相互独立，每个控制面组件可以管理多个对应的用户面，每个用户面组件可以被多个对应的控制面控制。数据包配置规则、负载控制和控制面、用户面关联的相关控制指令均通过 Sx 接口下发。SGW-C 和 SGW-U 之间的接口是 Sxa，PGW-C 和 PGW-U 之间的接口是 Sxb，TDF-C 和 TDF-U 之间的接口是 Sxc。控制指令基于终端用户的 PDN 连接发送，为 UE 每建立一条 PDN 连接，EPC 就在各 Sx 接口对应地创建一条 Sx 会话。

CUPS 架构为移动核心网带来了诸多好处，具体说明如下。

（1）增加网络部署与运营的灵活性和弹性

CUPS 架构的控制面和用户面既可以集中部署，又可以分布式部署，且支持多个独立的用户面分别部署不同的业务后由控制面集中控制，从而灵活满足不同应用场景的差异化需求。相比以往的移动通信网，CUPS 架构的网络弹性更强，用户面和控制面可以独立进行扩容或缩容。例如流量大幅增长而用户未增长，则只需扩容用户面网元设备。

（2）提升用户体验

采用 CUPS 架构部署的核心网，用户面可下沉到本地靠近无线侧，用户可就近通过网关访问业务，流量卸载到本地处理，从而缩短业务路径、大幅降低网络端到端时延，减少应用程序服务的时延。同时，用户数据可以在本地处理可确保私有数据安全，可选择更适合预期用户类型的用户面设备，并可在用户面网关上集成第三方内容和应用，满足垂直行业的高安全和个性化业务需求。另外，CUPS 架构支持仅通过增加用户面设备而不需要增加控制面节点的数量来缓解当前流量增长和业务发展的压力，快速提升用户体验。一个或少数控制面网关即可集中管理多个用户面网关的配置和维护，且只需控制面网元与周边网元对接，简化了组网，提升了运维效率。

（3）为网络演进提供有力支持

基于 CUPS 架构重构的 EPC 可更好地支持网络演进，控制面和用户面可按照各自的最佳方式独立演化发展，不受彼此约束。另外，CUPS 技术理念为 5G 网络提前做好了架构准备，有利于 EPC 向 5G 网络平滑演进。

# 3.2 5G 网络架构

## 3.2.1 5G 网络架构选项

5G 网络主要由无线接入网（RAN）和核心网两个部分组成。RAN 主要由基站组成，为用户提供无线接入功能。核心网则主要为用户提供互联网接入服务和相应的管理功能等。5G 不仅是为移动宽带设计的，它要面向 eMBB、uRLLC 和 mMTC 三大场景，为了满足需求，3GPP 在定义协议/标准时，把无线接入网和核心网进行拆分，要各自独立演进到 5G。

考虑到新建 5G 网络的巨大投资和建网周期，同时为了保护运营商 4G 建网的既有投资，快速上线 5G 服务，3GPP 制定了非独立（NSA）组网和独立（SA）组网两种架构供运营商灵活选择。NSA 组网架构为基于现有的 4G 基础设施部署 5G 网络，以 LTE 无线接入和 EPC 为移动性管理和覆盖的锚点，新增 5G 接入。SA 组网架构采用端到端的 5G 网络设备，从终端、无线新空口到核心网都采用 5G 相关标准，支持 5G 各类接口，实现 5G 各项功能。

5G 网络架构"选项 1～选项 8"的概念如图 3-3 所示，这是 3GPP TSG-RAN 第 72 次全体大会提出的。其中，选项 1 为 4G 网络，选项 2、选项 5、选项 6 属于 SA 组网，选项 3、选项 4、选项 7、选项 8 属于 NSA 组网。

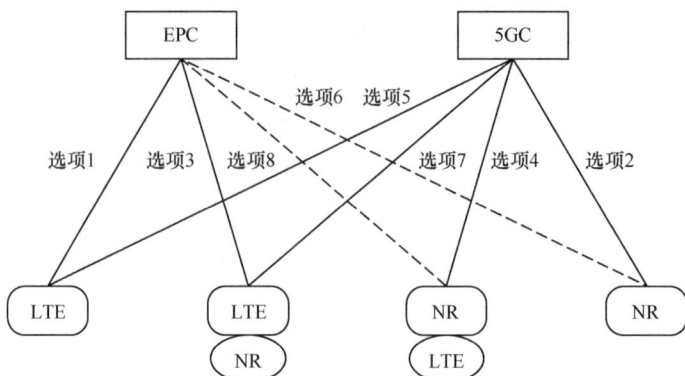

图3-3    5G网络架构"选项1~选项8"的概念

选项 1 是 4G 网络目前的部署方式，由 4G 的核心网和基站组成。

选项 2 不依赖现有 4G 网络，使用 5G 基站和 5G 核心网，服务质量更好，演进路径最短，但部署成本高，是 5G 网络的终极架构。

在选项 3 中，核心网采用 4G EPC、4G LTE 基站为主站，新部署的 5G NR 基站作为从站通过 4G 基站或直接连接 EPC，网络提供 LTE 与 5G 双连接数据传输服务。此选项先演进无线网络，初期优先在热点区域部署 NR 接入，可降低部署成本，适用于 5G 部署的最初阶段。

在选项 4 中，采用 5G 核心网、5G 基站为主站，4G 基站作为从站通过 5G 基站连接 5GC（5G 核心网）或直接连接 5GC。

选项 5 采用 LTE 基站连接 5GC 的方式，并在 5G 核心网中实现 4G 核心网的功能。

选项 6 计划采用新部署的 5G 基站连接 4G 核心网，这将额外要求 5G NR 可实现与 EPC 功能的后向兼容，并且无法支持网络切片等 5G 系统特有的功能。因此，该选项在 3GPP 早期提案阶段已被舍弃。

选项 7 由选项 3 演进而来，用 5GC 替换 EPC，4G LTE 基站作为主站，新部署的 5G NR 基站作为从站通过 4G 基站连接 5GC（5G 核心网）或直接连接 5GC。

选项 8 使用 4G 核心网，5G 基站将信令和数据传输至 4G 核心网，同选项 6 类似，不支持网络切片等 5G 系统特有功能，不具有实际部署价值。因此，在标准讨论的早期阶段就决定不再进一步推进该选项。

虽然 NSA 标准比 SA 标准成熟得早，但与 NSA 组网架构相比，SA 组网架构支持 eMBB、uRLLC、mMTC 全业务场景，且支持网络切片等特性，因此，运营商大多选择初期部署 NSA 5G 网络，后期按需逐渐向 SA 网络演进，或者直接建设 SA 网络。由于 SA 组网架构是终极演进目标，所以本书后续主要介绍的是 SA 组网架构的 5G 系统。

## 3.2.2　5G SA 网络架构

4G 核心网的网元功能组合复杂并存在功能重叠，而且不同的业务共用同一套逻辑控制功能，众多控制功能间的紧耦合性及网元间接口的复杂性给业务的上线、网络的运维带来了极大困难，4G 核心网的灵活性不足以支撑 5G 时代的多业务场景。为了满足不同服务的需求，5G 网络架构进行了两个方面的变革：一是控制面功能抽象成多个独立的网络服务；二是控制面和用户面分离。

**1. 非漫游架构**

网络功能（NF）间的交互有基于服务化接口和基于参考点两种方式。

① 基于服务化接口：控制面的 NF［例如接入和移动性管理功能（AMF）］允许其他授权的 NF 接入自身的服务。这种方式在必要时也包含参考点。

② 基于参考点：通过任意两个 NF［例如 AMF 和会话管理功能（SMF）］间的参考点（例如 N11）来描述 NF 间服务交互。

（1）基于服务化接口架构

基于服务化接口的 5G 非漫游架构如图 3-4 所示。

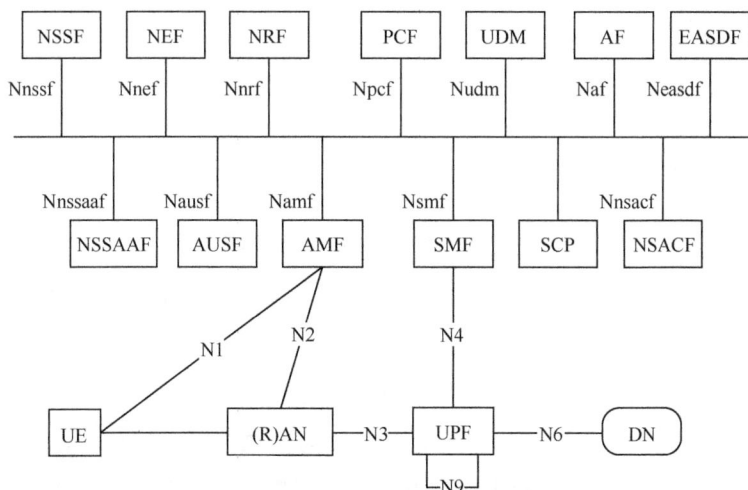

注：受布局所限，图中未体现 5G 核心网所有 NF 及接口。

**图3-4　基于服务化接口的5G非漫游架构**

服务化架构（SBA）将网络功能划分为解耦的若干个"服务"，网络功能采用统一的消息总线连接，每个 NF 对外提供通用的服务化接口、可被授权的网络功能或服务调用。5G 核心网的每个业务流程可通过一系列的 NF 服务来构建。这种架构使 NF 服务可重用、可按需快速发布及定制、独立升级和扩容或缩容，以实现 5G 系统的高效化、软件化、开放化。

（2）基于参考点

基于参考点的 5G 非漫游架构如图 3-5 所示。

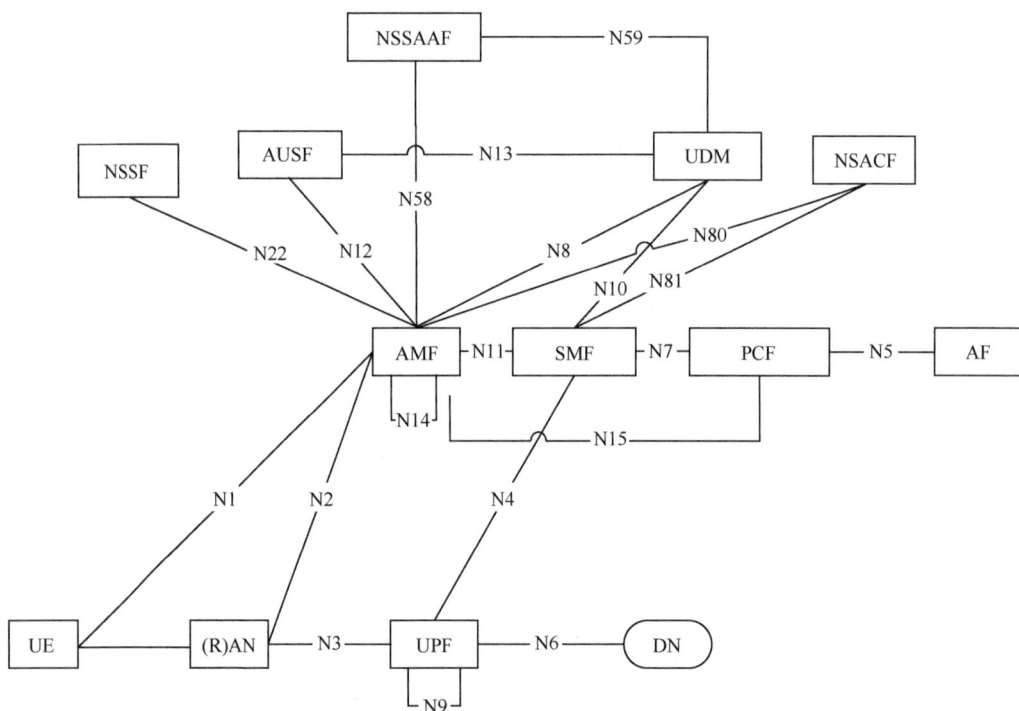

图3-5　基于参考点的5G非漫游架构

在基于参考点的架构中，不同网络功能之间的交互通过点对点的信令交流实现。

基于参考点的、UE 采用多 PDU 会话，同时接入两个数据网络的 5G 非漫游架构如图 3-6 所示。这种架构为不同的 PDU 会话选择了不同的 SMF，但是每个 SMF 可以有能力控制一个 PDU 会话内的本地和集中用户面功能（UPF）。

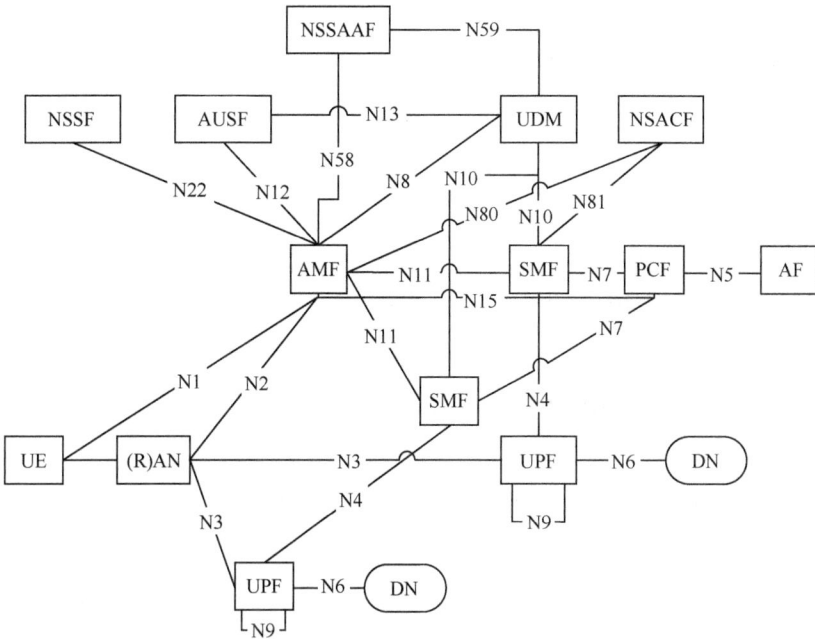

图3-6 基于参考点的、UE采用多PDU会话，同时接入两个数据网络的5G非漫游架构

基于参考点的、UE 采用单 PDU 会话，同时接入两个数据网络的 5G 非漫游架构如图 3-7 所示。

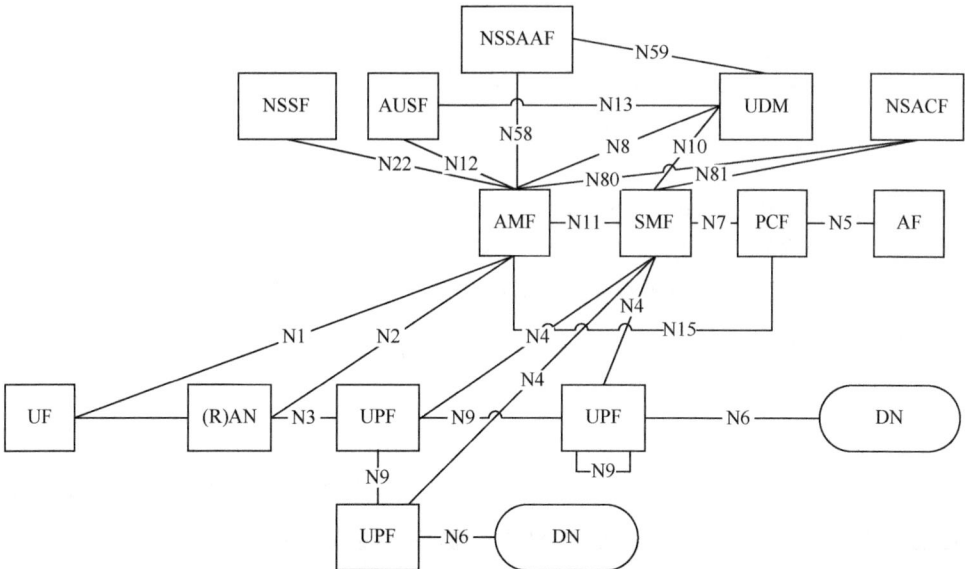

图3-7 基于参考点的、UE采用单PDU会话，同时接入两个数据网络的5G非漫游架构

**2. 漫游架构**

漫游是指终端用户离开它所归属的移动网后，仍能继续使用移动通信业务。根据终端的漫游业务接入策略，漫游可以分为本地疏导模式和归属地路由模式两种。

（1）本地疏导模式

本地疏导模式是指漫游用户通过拜访网络本地的 UPF 获取相应的业务。

拜访网络（VPLMN）中的策略控制功能（PCF）不能接入归属地网络（HPLMN），可以与 AF 交互，可根据与 HPLMN 运营商的漫游协议使用本地配置的策略作为 PCC 规则。HPLMN 只需提供基本的认证、用户数据管理、计费功能即可。

基于服务化接口的本地疏导模式的 5G 漫游架构如图 3-8 所示。

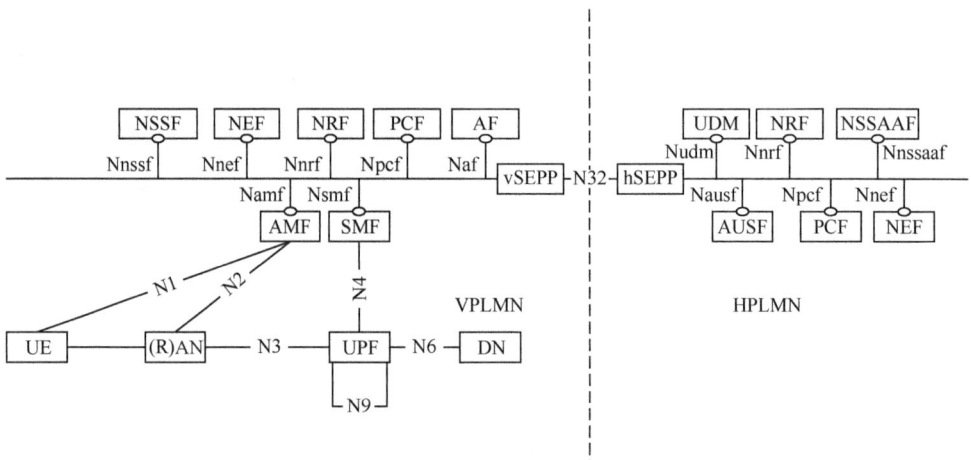

注：SCP（服务通信代理）可用于 VPLMN 内、HPLMN 内或 VPLMN 和 HPLMN 内的 NF 和 NF 服务之间的间接通信。为简单起见，在漫游架构中未显示 SCP。

**图3-8　基于服务化接口的本地疏导模式的5G漫游架构**

基于参考点的本地疏导模式的 5G 漫游架构如图 3-9 所示。

（2）归属地路由模式

归属地路由模式是指漫游用户通过归属网络的 UPF 获取相应的业务。

H-NSSF 和 V-NSSF 需要交互，H-SMF 和 V-SMF 需要交互，H-PCF 和 V-PCF 也需要交互。两个网络的用户面的 UPF 也需要互传数据。

基于服务化接口的归属地路由模式的 5G 漫游架构如图 3-10 所示。

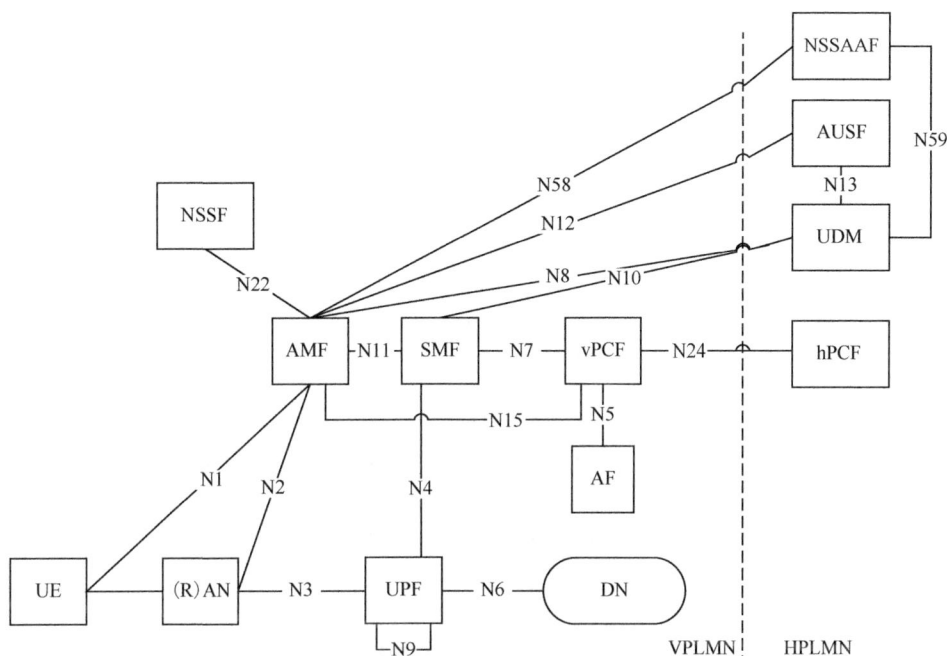

图3-9 基于参考点的本地疏导模式的5G漫游架构

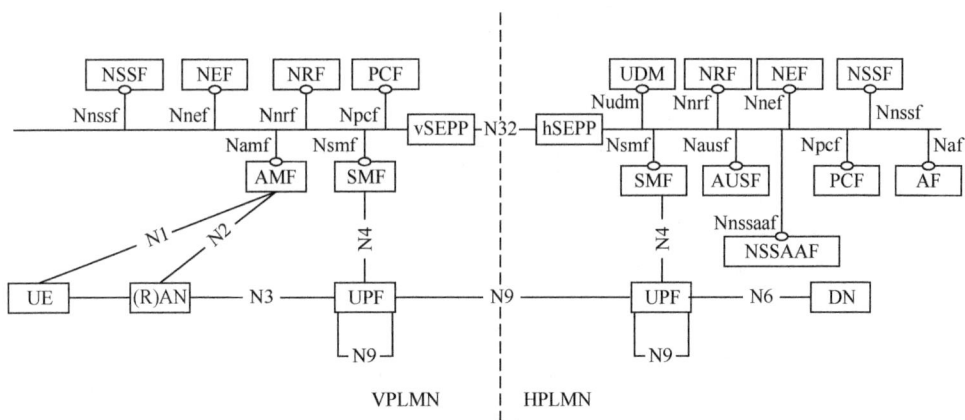

图3-10 基于服务化接口的归属地路由模式的5G漫游架构

基于参考点的归属地路由模式的 5G 漫游架构如图 3-11 所示。

### 3. 非 3GPP 接入架构

5G 核心网除了支持 3GPP 接入(例如 gNB、eNB),还支持非 3GPP 接入(例如 WLAN)。非 3GPP 接入的 5G 核心网的非漫游架构如图 3-12 所示。

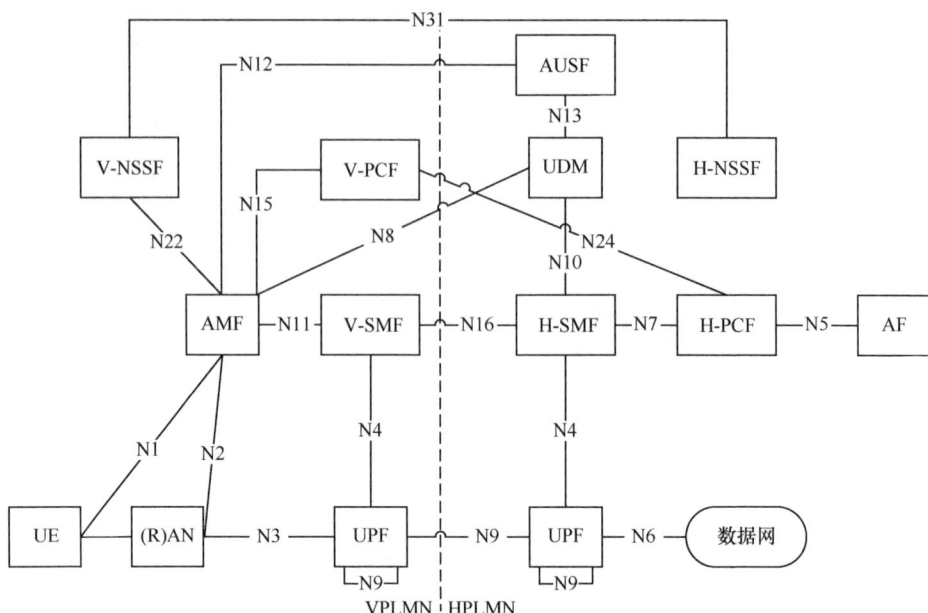

图3-11 基于参考点的归属地路由模式的5G漫游架构

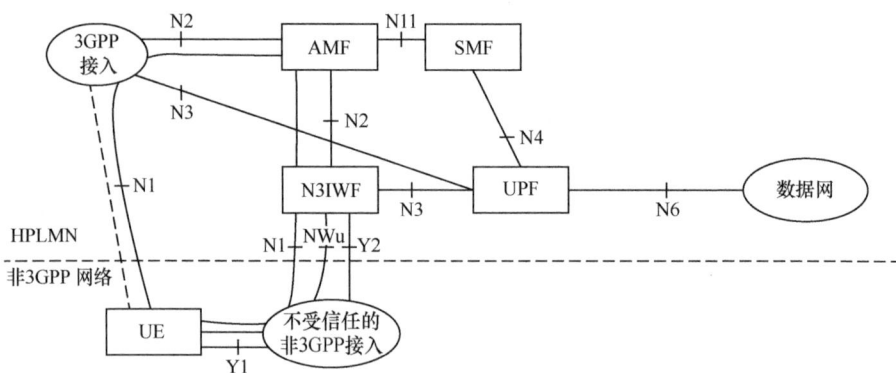

图3-12 非3GPP接入的5G核心网的非漫游架构

非 3GPP 网络通过非 3GPP 互通功能（N3IWF）网元接入 5GC，N3IWF 分别通过 N2 和 N3 接口与 AMF 和 UPF 互通。本书只列举了最简单场景的非 3GPP 接入 5GC 的架构。

### 3.2.3　5G 网络功能与服务

#### 1. 5G 网络功能与服务描述

5G 核心网涉及多个网元，具体说明如下。

（1）AMF

AMF 主要执行注册、连接、可达性、移动性管理，为 UE 和 SMF 提供会话管理消息传输通道，为用户接入提供认证、鉴权功能，终端和无线的核心网控制面接入点。

Namf 是由 AMF 提供的服务化接口，AMF 通过 Namf 接口向其他 NF 提供多种服务，即 NF 服务。AMF 提供的 NF 服务见表 3-1。

表3-1　AMF提供的NF服务

| NF服务 | NF服务包括的详细内容 |
| --- | --- |
| Namf_Communication | NF通过该服务与UE/（R）AN通信。该服务的关键功能如下。<br>① 提供向UE传送N1消息的服务操作。<br>② 提供向AN发起N2消息的服务操作。<br>③ 允许NF订阅和取消订阅来自UE的特定N1消息的通知。<br>④ 允许NF订阅和取消订阅来自AN的特定消息的通知。<br>⑤ UE消息管理和传递（包括其安全上下文） |
| Namf_EventExposure | 该服务使NF能够为自己或其他NF订阅并获得事件通知。该服务提供以下事件。<br>① 位置报告事件：一个或一组UE的最新位置信息。<br>② AOI（特定感兴趣区域）内状态报告事件：AOI中UE当前的状态，以及UE进入或离开指定区域时的通知。<br>③ 时区报告事件：一个或一组UE的当前时区。<br>④ 接入类型报告事件：一个或一组UE当前的接入类型。<br>⑤ 注册状态报告事件：一个或一组UE当前的注册状态。<br>⑥ 连接状态报告事件：一个或一组UE当前的连接状态。<br>⑦ 可达性报告事件：一个或一组UE当前的可达性。<br>⑧ 签约数据报告事件：接收来自统一数据管理（UDM）的UE当前签约数据，并在AMF从UDM接收到UE更新的签约数据时收到通知。<br>⑨ 通信失败报告事件：一个或一组UE或任何UE的通信失败报告。<br>⑩ 区域内用户数报告事件：特定区域内的用户数，或者根据当前位置请求AMF主动寻找该区域内的UE |
| Namf_MT | 该服务允许NF请求向目标UE发送MT信令或数据能力相关的信息。该服务的关键功能如下。<br>① UE处于IDLE状态时寻呼UE，当UE进入CM-CONNECTED状态后向其他NF发送响应。<br>② 如果UE处于CONNECTED状态，向请求方NF发送响应。<br>③ 向消费者NF提供IMS语音的终止域选择信息 |
| Namf_Location | 该服务用于请求AMF发起定位请求，并提供位置信息，还将位置变化事件通知给NF服务消费者。该服务的关键功能如下。<br>① 允许NF请求目标UE的当前地理测量和可选的城市位置。<br>② 允许将紧急会话相关的事件信息通知给NF。<br>③ 允许NF请求与目标UE的位置对应的网络侧提供的位置信息（NPLI）和/或本地时区 |

（2）SMF

SMF负责隧道维护、IP地址分配与管理、UP功能选择、策略实施和QoS中的控制、计费数据采集、漫游等。

Nsmf是由SMF提供的服务化接口，SMF提供的NF服务见表3-2。

表3-2　SMF提供的NF服务

| NF服务 | NF服务包括的详细内容 |
|---|---|
| Nsmf_PDUSession | 该服务运行在PDU会话上，允许消费者NF创建、修改和释放PDU会话，其关键功能如下。<br>① 当接收到来自AMF的N1消息通知时，创建、修改和释放PDU会话的SM上下文。<br>② 获取PDU会话的SM上下文，例如通过N26接口将PDU会话移动到EPC。<br>③ 在HR漫游场景下，V-SMF与H-SMF之间PDU会话的创建、修改和删除。<br>④ 将策略和计费规则与PDU会话关联，并将策略和计费规则绑定QoS流。<br>⑤ 通过N4与UPF交互，完成用户面会话的创建、修改和释放。<br>⑥ 处理用户面事件，并应用相应的策略和计费规则 |
| Nsmf_EventExposure | 该服务将PDU会话上发生的事件公开给消费者NF |

（3）AUSF

AUSF（认证服务器功能）实现3GPP和非3GPP的接入认证功能。

Nausf是由AUSF提供的服务化接口，AUSF提供的NF服务见表3-3。

表3-3　AUSF提供的NF服务

| NF服务 | NF服务包括的详细内容 |
|---|---|
| Nausf_UEAuthentication | AUSF向请求方NF提供UE认证服务。对于基于AKA（认证与密钥分配协议）的认证可以通过该操作从同步失败情况中恢复 |

（4）PCF

PCF提供统一的政策框架，负责用户的策略管理和实施，包括会话的策略、移动性策略等。

Npcf是由PCF提供的服务化接口，PCF提供的NF服务见表3-4。

表3-4　PCF提供的NF服务

| NF服务 | NF服务包括的详细内容 |
|---|---|
| Npcf_SMPolicyControl | 用于SMF向PCF发起PDU会话的PCC（策略和计费控制）请求，并获取相关信息以便建立PDU会话。该服务的关键功能如下 |

续表

| NF服务 | NF服务包括的详细内容 |
|--------|---------------------|
| Npcf_SMPolicyControl | ① 根据SMF提供的PDU会话信息生成对应的SM策略关联，并将其下发给SMF。<br>② 当策略控制请求触发器满足预置条件时，PCF根据SMF新上报的信息更新SM策略关联，并将其下发给SMF。<br>③ 当PCF内部定时器或签约变更触发策略有变动时，PCF主动更新SM策略关联，并将其下发给SMF |
| Npcf_AMPolicyControl | 用于AMF向PCF请求AM策略关联。该服务的关键功能如下。<br>① 根据AMF提供的UE信息生成对应的AM策略关联，并将其下发给AMF。<br>② 当策略控制请求触发器满足预置条件，或者变更后的AMF定位到原PCF时，PCF根据AMF新上报的信息更新AM策略关联，并将其下发给AMF。<br>③ 当PCF内部定时器或签约变更触发策略有变动时，PCF主动更新AM策略关联，并将其下发给AMF |
| Npcf_UEPolicyControl | 用于AMF向PCF请求UE策略关联。PCF通过AMF向UE透传UE接入选择和PDU会话选择的相关策略信息。该服务的关键功能如下。<br>① 根据AMF提供的UE信息生成对应的UE策略关联，并将其下发给AMF。<br>② 当策略控制请求触发器满足预置条件，或者变更后的AMF定位到原PCF时，PCF根据AMF新上报的信息更新UE策略关联，并将其下发给AMF。<br>③ 当PCF内部定时器或签约变更触发策略有变动时，PCF主动更新UE策略关联，并将其下发给AMF |

（5）UDM

UDM 存储和管理用户数据和配置文件。

Nudm 是由 UDM 提供的服务化接口，UDM 提供的 NF 服务见表 3-5。

表3-5　UDM提供的NF服务

| NF服务 | NF服务包括的详细内容 |
|--------|---------------------|
| Nudm_SubscriberDataManagement | 该服务的关键功能如下。<br>① 允许NF服务消费者在必要时查询用户签约数据。<br>② 向签约的NF服务消费者提供更新后的用户数据 |
| Nudm_UEContextManagement | 该服务的关键功能如下。<br>① 提供与用户事务信息相关的NF服务消费者信息，包括用户的服务NF标识、用户状态等。<br>② 允许NF服务消费者在UDM中注册和去注册服务UE的信息。<br>③ 允许NF服务消费者更新UDM中的部分UE上下文信息 |

（6）NRF

网络注册功能（NRF）负责 NF 注册和发现，使 NF 可相互发现并通过 API 进行通信。

Nnrf 是由 NRF 提供的服务化接口，NRF 提供的 NF 服务见表 3-6。

表3-6　NRF提供的NF服务

| NF服务 | NF服务包括的详细内容 |
|---|---|
| Nnrf_NFManagement | 该服务的关键功能如下。<br>① 允许NF实例属性在所属公共陆地移动网（PLMN）的NRF上注册、更新或去注册。<br>② 允许NRF实例在同一个PLMN中的另一个NRF中注册、更新或去注册其属性信息，也可以使用其他方式更新或去注册NRF配置文件，例如通过OA&M（质量保证和管理）更新或去注册NRF配置文件。<br>③ 允许NF订阅以收到新注册的NF实例和NF服务的通知。<br>④ 允许检索当前NRF上已注册的NF实例列表或指定NF实例的属性 |
| Nnrf_NFDiscovery | 该服务的关键功能如下。<br>① 允许NF实例通过查询PLMN的NRF发现其他NF提供的NF服务。<br>② 允许PLMN内的NRF向其他PLMN（例如某特定UE所在的PLMN）内的NRF重新发起发现请求 |
| Nnrf_AccessToken | 该服务用于OAuth2授权，遵循"Client Credentials"授权粒度，公开"Token Endpoint"。其中，NF服务消费者可以请求Access Token Request服务 |

（7）NSSF

网络切片选择功能（NSSF）根据 UE 的切片选择辅助信息、签约信息等确定 UE 允许接入的网络切片实例。

Nnssf 是由 NSSF 提供的服务化接口，NSSF 提供的 NF 服务见表 3-7。

表3-7　NSSF提供的NF服务

| NF服务 | NF服务包括的详细内容 |
|---|---|
| Nnssf_NSSelection | 该服务既可用于PLMN和HPLMN的网络切片选择，又可用于AMF重分配注册流程、UE配置更新流程、SMF选择流程。<br>AMF可以调用Nnssf_NSSelection_Get来获取以下信息。<br>① 允许的NSSAI、配置的NSSAI、目标AMF集合或候选AMF列表。<br>② 允许的NSSAI的映射关系（可选）。<br>③ 配置的NSSAI的映射关系（可选）。<br>④ 与允许的NSSAI的网络切片实例关联的NSI标识（可选）。<br>⑤ NRF（网络存储功能），用于在选择的网络切片实例中选择NF（网络存储）或业务，以及在注册过程中从AMF集合确定候选AMF列表。<br>⑥ 在服务PLMN或当前TA（终端适配器）中拒绝的S-NSSAI信息 |

| NF服务 | NF服务包括的详细内容 |
|---|---|
| Nnssf_NSSelection | ⑦ 在PDU会话建立过程中，用于在选定的网络切片实例中选择NF服务的NRF，以及与输入中提供的S-NSSAI关联的NSI标识 |
| Nnssf_NSSAIAvailability | 该服务用于NF服务消费者（例如AMF）在NSSF上更新AMF支持的S-NSSAI，订阅和取消订阅每个TA下NSSAI可用性信息的变化通知 |

（8）UPF

UPF 负责分组路由转发、策略实施、流量报告、QoS 处理。

**2. 5G NF 服务框架**

（1）NF 服务交互模式

由 NF 提供的多个服务是独立工作、独立管理的，位于 NF 服务架构中的两个 NF 网元（服务消费者和服务生产者）之间的交互基于以下模式。

①"请求—响应"模式：一个控制面 NF_B 网元接收到另一个控制面 NF_A 网元发送的请求消息，以触发控制面 NF_B 网元提供某一个 NF 服务。该服务可以是执行一个操作或者提供某些信息，也可以是二者皆有。NF_B 网元基于 NF_A 网元的请求提供 NF 服务。为了满足 NF_A 网元的请求，NF_B 网元还可能调用其他 NF 网元的服务。在"请求—响应"模式中，两个 NF（服务消费者和服务生产者）之间的通信是一对一的，并且在某一时间段内服务生产者发送至服务消费者的响应消息是一次性响应。"请求—响应"模式 NF 服务示例如图 3-13 所示。

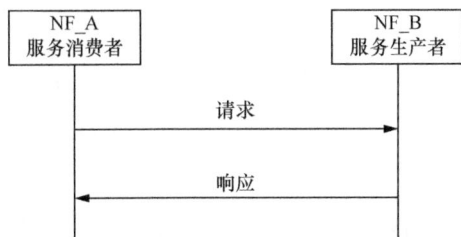

图3-13　"请求—响应"模式NF服务示例

②"订阅—通知"模式：一个控制面 NF_A 网元订阅另一个控制面 NF_B 网元的 NF 服务。多个控制面网元可以订阅同一个控制面网元的 NF 服务。NF_B 网元将服务结果通知给订阅该服务的所有 NF 网元。订阅请求应包括 NF 服务消费者的通知端点，以便 NF 服务消费者可以收到 NF 服务生产者的事件通知消息。另外，订阅请求还可以包括请求类型，即周期性更新的通知请求或通过某些事件触发的通知请求（例如，所请求的信息发生变化，达到某个阈值等）。该通知消息的订阅

可以通过以下方式实现。

- NF 服务消费者和 NF 服务生产者之间进行独立的请求或响应。
- 通知订阅包含在同一个 NF 服务的另一个 NF 服务操作中。

"订阅—通知"模式 NF 服务示例 1 如图 3-14 所示。

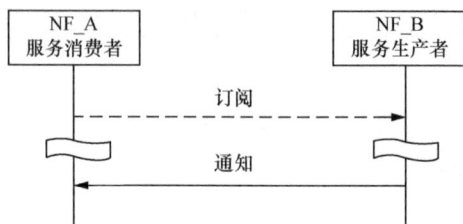

图3-14 "订阅—通知"模式NF服务示例1

控制面 NF_A 网元可以以控制面 NF_C 网元的名义向控制面 NF_B 网元订阅服务，也就是说，控制面 NF_A 网元向服务生产者发送订阅请求消息，服务生产者将事件通知消息发送给其他服务消费者。在这种情况下，控制面 NF_A 网元向服务生产者发送订阅请求消息时，携带控制面 NF_C 网元的端点信息。"订阅—通知"模式 NF 服务示例 2 如图 3-15 所示。

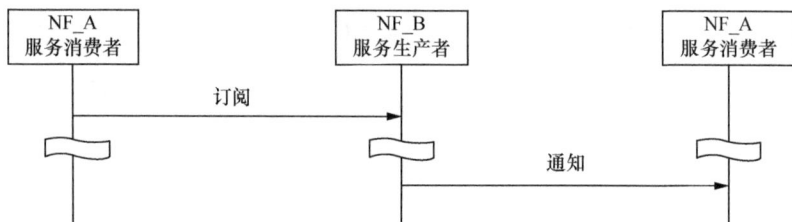

图3-15 "订阅—通知"模式NF服务示例2

（2）NF 服务机制

NF 服务框架包括以下机制。

① NF 服务发现：5G 核心网中的控制面 NF 网元可以将自己的能力通过自身的服务化接口开放出去，服务消费者通过 NRF 查询所需的 NF 及服务列表。NRF 返回授权的 NF 及服务信息。

② NF 服务授权：确保 NF 服务消费者被授权访问由 NF 服务生产者提供的 NF 服务。NF 服务授权可以依据 NF 的策略信息、运营商的策略信息以及运营商之间的协议等。

③ NF 及 NF 服务的注册、更新和去注册：为了使 NRF 正确地维护可用的 NF 实例及其支持的服务的信息，每个 NF 实例向 NRF 通知其支持的 NF 服务列表。

NF 实例可以在首次上线时或者内部的个别 NF 服务实例激活或去激活时，向 NRF 通知其可用状态。

在 NF 实例注册其支持的 NF 服务列表时，每个 NF 服务可以向 NRF 发送每种通知服务类型的端点信息。

NF 实例还可以更新或删除 NF 服务的相关参数（例如删除通知的端点信息）。另一个授权实体（例如 OA & M 功能）可以代表由 NF 服务实例生命周期事件触发的 NF 实例通知 NRF（根据实例注册或去注册、终止、激活或去激活）。

当 NF 以可控的方式即将关闭或断开网络时，NF 实例也可以通过 NRF 去注册。如果 NF 实例因为出现错误（例如 NF 崩溃或存在网络问题）变得不可用或无法访问，则授权实体将从 NRF 注销 NF 实例。

④ NF 订阅、通知和去订阅：NRF 作为 5GC 系统所有 NF 或 NF 服务的使能调度中心，负责所有 NF 或 NF 服务的自动化管理，其中包括 NF 或 NF 服务订阅、通知和去订阅。

NF 可实时感知 NF 或 NF 服务的上下线及属性变化，NF 可以向 NRF 订阅其他 NF 或 NF 服务的属性变更。

当 NF 希望了解其他 NF 或 NF 服务的注册、更新或去注册变化情况，可以向 NRF 有条件地订阅特定 NF 或 NF 服务的某个类型状态变更信息。当被订阅的 NF 或 NF 服务状态发生变化时，NRF 会发送对应的订阅通知。如果 NF 订阅即将到期，则可以更新订阅以刷新订阅有效时长。当订阅达到 NF 订阅有效时长时，NRF 会将过期的订阅信息删除。

当 NF 向 NRF 订阅 NF 或 NF 服务实例的状态变更信息时，相关 NF 注册、去注册、更新流程在订阅范围内成功后或者由命令修改 NF 配置文件状态后触发通知流程，NRF 主动向订阅的 NF 发送通知。

当 NF 不再需要获取某些特定 NF 或 NF 服务实例的状态变更信息时，NF 可以向 NRF 去订阅请求。

## 3.2.4  5G 服务化接口协议栈

5GC 控制面提供的服务化接口协议栈如图 3-16 所示，应用层统一采用由 IETF RFC 7540 标准定义的超文本传输协议第 2 版（HTTP/2），携带不同的服务消息。因为底层的传输方式相同，所以全部的服务化接口就可以在同一总线上进行传输，支撑业务灵活上线。"总线"在实际部署中是一台或几台路由器，只进行

3/4 层协议的转发，而不会感知高层的协议。

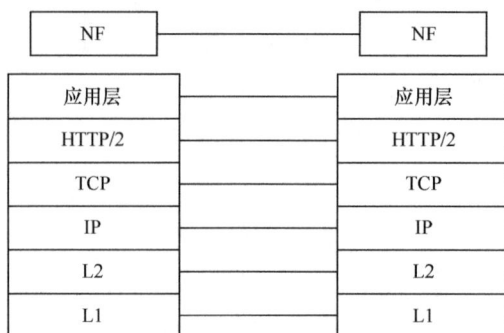

图3-16　5GC控制面提供的服务化接口协议栈

## 3.2.5　5G 基于参考点接口的协议栈

### 1. 5G-AN 和 5GC 之间的控制面协议栈

N2 接口是（R）AN 和 AMF 间的接口，应用层协议是 NG-AP，传输层协议是 SCTP（流控制传输协议），上层用户是 5G-NAS（MM 移动性管理、SM 会话管理等）。

（1）AN-AMF

AN-AMF 之间的控制面协议栈如图 3-17 所示。

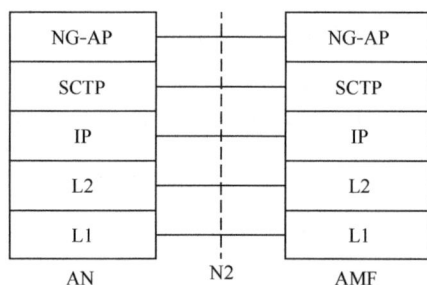

图3-17　AN-AMF之间的控制面协议栈

NG-AP：下一代应用协议，在 3GPP TS 38.413 中被定义为 5G-AN 和 AMF 之间的应用层协议。

SCTP：流控制传输协议，在 RFC（请求评议）4960 中被定义为用于保证 5G-AN 和 AMF 之间的信令传输。

（2）AN-SMF

AN-SMF 之间的控制面协议栈如图 3-18 所示。

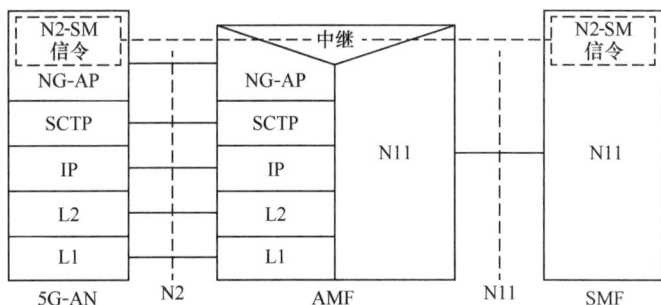

图3-18 AN-SMF之间的控制面协议栈

N2-SM 信令：NG-AP 信息的子集，包含在 NG-AP 和 N11 相关的消息中，由 AMF 在 AN 和 SMF 之间透传，对 AN 来说，只有一个 N2 终结点，即 AMF。

### 2. UE 和 5GC 之间的控制面协议栈

UE 使用唯一的 N1-NAS 连接网络，唯一的 N1 终结点位于 AMF。UE 的注册管理、连接管理、SM 相关的消息和流程都使用这个唯一的 N1-NAS 连接。

N1 接口上的 NAS 协议包括 NAS-MM 部分和 NAS-SM 部分。

（1）UE-AMF

UE 和 AMF 之间的控制面协议栈如图 3-19 所示。

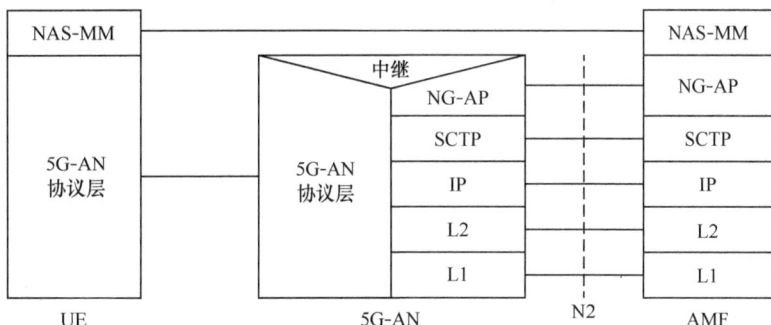

图3-19 UE和AMF之间的控制面协议栈

NAS-MM：NAS 协议的 MM 功能部分支持注册管理、连接管理、用户面连接激活和去激活，还负责对 NAS 信令的加密和完整性保护。

5G-AN协议层：依赖于 5G-AN 的类型，如果 NG-RAN 是 eNodeB 或者 gNodeB，则协议层参考 TS 36.300 和 TS 38.300 中的具体定义。

（2）UE-SMF

NAS-SM 支持处理 UE 和 SMF 之间的会话管理。SM 信令消息（创建和处理）在 UE 和 SMF 之间的 NAS-SM 层被处理。SM 信令消息的内容不会被 AMF 解析。

NAS-MM 层处理 SM 信令的具体过程如下。

① 传输 SM 信令：NAS-MM 层创建 NAS-MM 消息，包括安全头、传输 NAS-SM 信令的指示，收到 NAS-MM 后获知如何转发及向谁转发 SM 信令消息。

② 接收 SM 信令：收到 NAS-MM 消息处理 NAS-MM 部分，即执行完整性校验，解析如何转发及向谁转发 SM 信令消息。SM 消息必须包含 PDU 会话标识。

UE 和 SMF 之间的控制面协议栈如图 3-20 所示。

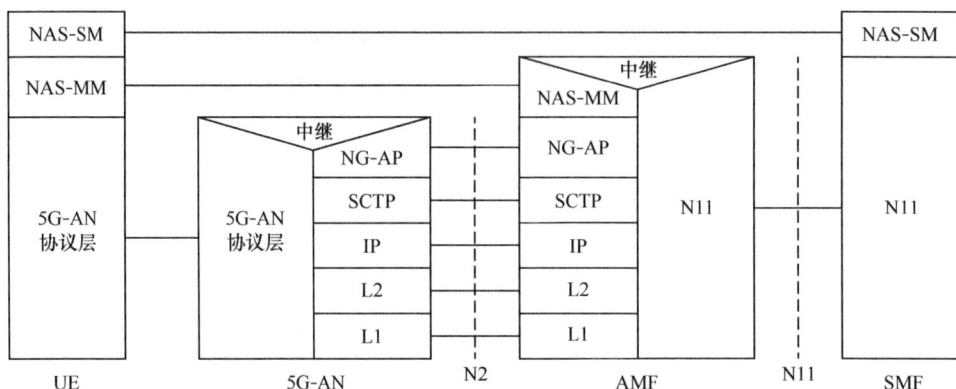

图3-20　UE和SMF之间的控制面协议栈

NAS-SM：NAS 协议的 SM 功能支持 PDU 会话用户面的建立、修改和释放，相应信息通过 AMF 传递。

### 3. 用户面协议栈

用户面协议栈如图 3-21 所示。

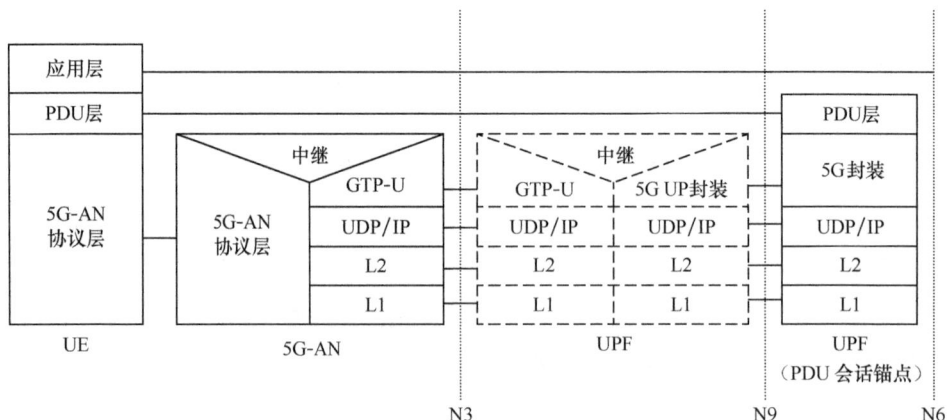

图3-21　用户面协议栈

PDU 层：负责在 UE 和 DN 之间建立 PDU 会话。当 PDU 会话类型为 IPv6 时，对应 IPv6 的数据包；当 PDU 会话类型为以太网时，对应以太网的帧结构。

GTP-U：GPRS 隧道协议的用户面支持对不同的 PDU 会话（可能对应多种 PDU 会话类型）进行多路传输，在骨干网中通过 N3 接口（5G-AN 和 UPF 之间）的隧道传输用户数据。GTP 将用户的 PDU 进行封装，提供 PDU 会话级别的封装。

5G 封装：支持在 N9 接口（5GC 的不同 UPF 之间）对不同 PDU 会话（可能对应多种 PDU 会话类型）进行多路传输，提供 PDU 会话级别的封装。

5G-AN 协议层：当 5G-AN 是 3GPP NG-RAN，协议层在 TS 38.401 中定义。UE 和 5G-AN（eNodeB 或者 gNodeB）的无线协议层定义参考 TS 36.300 和 TS 38.300。

## 3.3　5G 与 4G 互操作架构

在移动通信网络向 5G 演进的过程中，一方面，运营商的大量 4G 网络设备尚在服务期，承载了运营商的大部分业务；另一方面，5G 系统采用的无线频率较高，5G 基站的覆盖范围比 4G 大大缩小。为了保障 4G 建网的既有投资，并快速上线 5G 服务，实现最大化复用现存设备，最优化 5G 投资效率的目标，5G 建设初期只能是热点覆盖，5G 商用部署进程是基于 4G 系统进行的逐步替换、升级、迭代的过程。因此，在 5G 覆盖不完善的情况下，4G 系统成为保障用户业务连续性体验的最好补充。如何在满足公众移动通信服务要求的前提下，结合自身业务需求和网络演进策略，充分发挥 4G 和 5G 网络的优势，成为运营商在网络演进中需要重点考虑的问题之一。

3GPP 标准定义了基于 N26 接口和无 N26 接口两种 4G 与 5G 互操作架构，通过数据面 HSS 与 UDM 融合、PCRF 与 PCF 融合、用户面 PGW-U 与 UPF 融合、控制面 PGW-C 与 SMF 融合来支持 5G 用户在 LTE 和 5G 网络之间的重选或切换，以保证用户的业务连续性（例如语音业务）。其中，基于 N26 接口的互操作架构，需要在 5G AMF 与 4G MME 之间新增 N26 接口，用于直接传送用户的上下文信息；没有 N26 接口的互操作架构，为了向互操作中的 UE 提供 IP 地址保留服务，保障业务连续性，只能通过融合 HSS+UDM 网元与 PGW-U+UPF 网元之间的 N10 接口、HSS+UDM 网元与 AMF 之间的 N8 接口、HSS+UDM 网元与 MME 之间的 S6a 接口，实现用户上下文信息在 5G 系统和 4G 系统之间的共享。两种互操作架构的区别主要在于，二者是否存在 N26 接口。本节主要介绍基于 N26 接口的互操作架构。

### 3.3.1 非漫游架构

5G 系统与 EPC/E-UTRAN 之间的非漫游架构如图 3-22 所示。其中，N26 接口是 MME 与 AMF 之间的接口，用于实现 EPC 与 5GC 之间的互通。

① 对于 3GPP 的接入，在图 3-22 所示的架构中，互操作流程主要通过 N26 接口实现，即在 5G 网络和 4G 网络之间传送用户的移动性管理状态和会话管理状态的相关上下文信息。此时，用户仅需以单注册模式运行，同时网络仅需保持 UE 在一种网络下可用的移动性管理状态，即可保证用户无缝的业务和会话连续性。

注：网元 SMF+PGW-C 和 UPF+PGW-U 专门用于 5G 网络和 4G 网络之间的互操作，是可选的，并且基于 UE 的移动性管理核心网能力和签约数据，不受 5G 系统和 EPC 互操作限制的 UE 可以由 PGW 或 SMF/UPF 提供服务。

② 对于非 3GPP 的接入，由于目前 3GPP 标准对通过非 3GPP 接入 5G 的用户与 4G EPC/E-UTRAN 的互通要求不是必需的，所以暂不涉及基于 N26 接口的互操作架构。

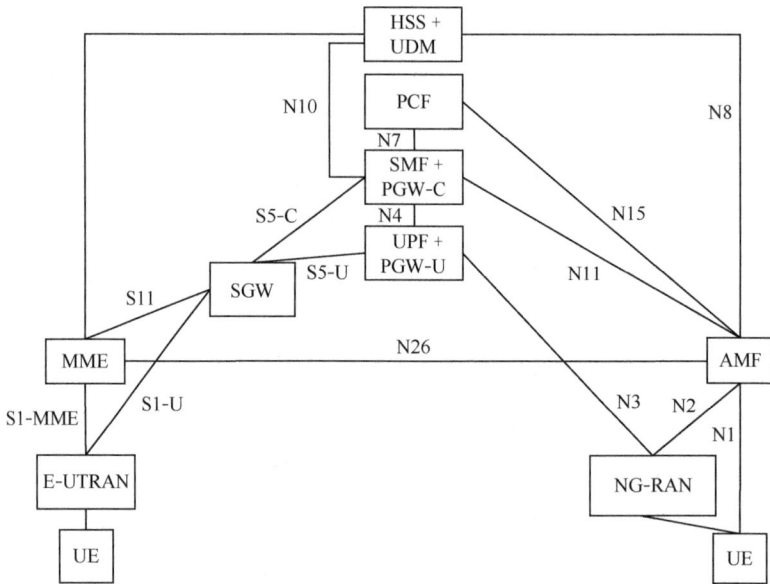

图3-22　5G系统与EPC/E-UTRAN之间的非漫游架构

### 3.3.2 漫游架构

LBO（本地疏导）漫游架构下，5GS 与 EPC/E-UTRAN 之间的互操作架构如图 3-23 所示。

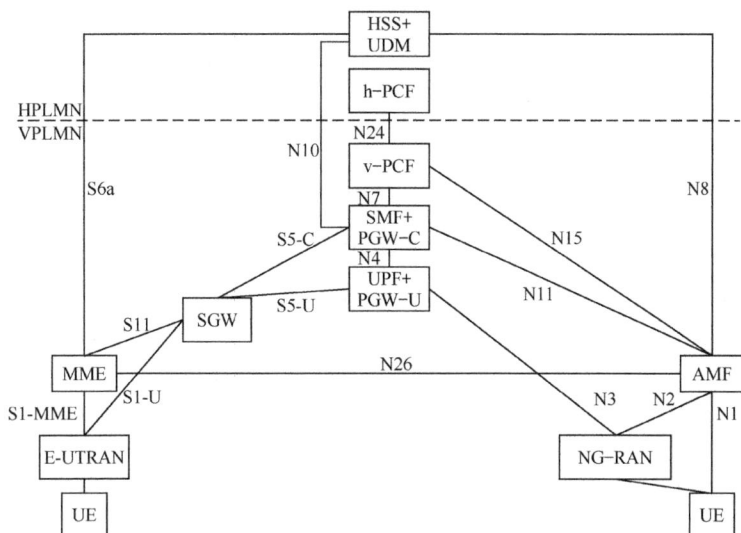

图3-23 LBO（本地疏导）漫游架构下，5GS与EPC/E-UTRAN之间的互操作架构

HR（归属地路由）漫游架构下，5G 系统与 EPC/E-UTRAN 之间的互操作架构如图 3-24 所示。

注：NG-RAN 和 UPF+PGW-U 之间可能存在另一个 UPF（图 3-24 中未显示），如果需要，UPF+PGW-U 可以支持 N9 向额外的 UPF 方向发展。

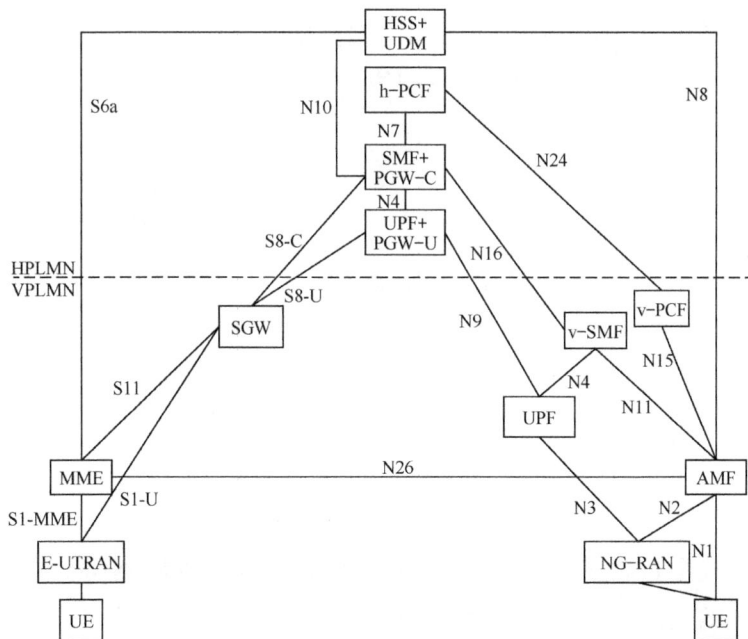

图3-24 HR（归属地路由）漫游架构下，5G系统与EPC/E-UTRAN之间的互操作架构

## / 3.4 数据存储架构

5G 系统架构允许任何网络功能从 UDSF 中存储和收集非结构化数据(例如 UE 上下文)。要求 NF 和 UDSF 属于同一个 PLMN,不得跨 PLMN 使用。控制面 NF 既可以共用一个 UDSF,存取各自的非结构化数据,也可以有各自的 UDSF。

非结构化数据的存储架构是各厂家自定义的,不是 3GPP 统一定义的。非结构化数据存储架构如图 3-25 所示。

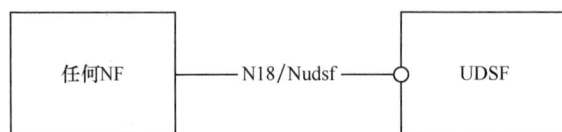

图3-25 非结构化数据存储架构

5G 系统架构允许 UDM、PCF 和 NEF 在 UDR 中存储数据,包括 UDM 的签约信息和 PCF 的策略信息,用于开放的结构化数据和 NEF 的应用数据及漫游用户的应用数据。UDR 能够在每个 PLMN 内部署,服务于同一个 PLMN 的 NEF、UDM、PCF。

结构化数据的存储架构在 3GPP 中有统一的定义,各厂家设备遵循该数据架构进行消息的传递。结构化数据存储架构如图 3-26 所示。

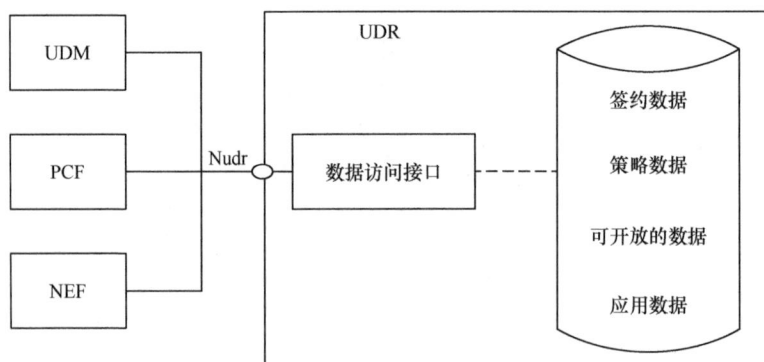

图3-26 结构化数据存储架构

可以在一个 PLMN 中部署多个 UDR,每个 UDR 可以包含不同的数据集或子集(例如签约数据、策略数据、可开放的数据、应用数据),或服务于不同的 NF 集合。UDR 为单个 NF 提供服务并存储其数据,可以与此 NF 集成。

每个 NF 使用 Nudr 接口，应能够添加、修改、更新或删除其有权更改的数据。UDR 基于 UE、数据集和 NF 对数据进行授权。

基于服务的 Nudr 接口定义数据的内容、格式或编码。另外，NF 可以从 UDR 访问运营商特定的数据集，也可以访问每个数据集中运营商特定的数据。运营商特定的数据与数据集的内容、格式或编码不受标准的约束。

第 4 章

# 5G 网络功能

4.1 网络接入控制

4.2 注册、连接和移动性管理

4.3 接入管理

4.4 会话管理

4.5 QoS 模型

4.6 用户面管理

4.7 安全管理

4.8 标识管理

4.9 计费功能

4.10 与 EPC 互操作功能

4.11 语音功能

4.12 消息功能

4.13 网络数据分析功能

4.14 能力开放功能

4.15 双连接及冗余传输功能

# / 4.1 网络接入控制

网络接入是用户连接到 5G 系统的方式。网络接入功能包括 PLMN 选择与小区选择、鉴权和设备检查、授权及接入控制和限制等。

## 4.1.1 PLMN 选择与小区选择

在 UE 自动选择 PLMN 时，UE 的 NAS 层通知 AS 层上报可用的 PLMN，AS 层将搜索到的可用 PLMN 列表上报给 UE 的 NAS 层，NAS 层借助 USIM 中的配置信息（如 PLMN 的优先级），从 AS 上报的可用 PLMN 列表中选择一个合适的 PLMN。

小区选择指选择终端驻留的小区。小区选择类型有两种，分别是初始小区选择和基于存储信息的小区选择。初始小区选择时，UE 根据自身能力扫描所有的频点。对于每个频点，UE 只搜索信号最强的小区，一旦有合适的小区，UE 就选择该小区。当 UE 基于存储信息进行小区选择时，UE 读取存储的小区频点信息，并对这些频点进行小区搜索，一旦有合适的小区，UE 选择该小区，若基于存储的信息未找到合适的小区，则 UE 进行初始小区选择流程。

## 4.1.2 鉴权和设备检查

鉴权流程用于验证 UE 是否拥有接入网络的权利，网络侧可能在任何建立 NAS 信令连接的流程中对 UE 进行鉴权。

设备检查用于鉴定用户设备的合法性，5G 网络由 EIR 执行用户设备的 PEI 检查，以便对设备执行合法性的验证。

## 4.1.3 授权

授权功能基于用户的签约对 UE 与 5GC 建立连接进行授权及对允许用户接入的服务进行授权。授权在 UE 注册过程中执行。

在 UE 注册流程中，授权功能基于 UE 的签约数据，如运营商确定的限制、漫游限制、接入类型和 RAT 类型限制等，完成对 UE 与 5GC 建立连接的授权、对允许 UE 接入的业务的授权。在对 UE 进行身份认证和鉴权成功后，网络执行授权功能。

### 4.1.4　接入控制和限制

网络接入控制是指 UE 在发起 NAS 层和 AS 层的业务请求前，根据接入控制机制和接入控制参数判断网络是否允许 UE 接入。如果允许，则 UE 建立 NAS/AS 的业务连接，否则，需要 UE 再次发起接入请求，并进行接入控制的判断。在网络流量较大时，网络通过控制允许的终端类型和业务类型进行接入控制，保障优先级高的 UE 和优先级高的业务的服务质量。

在 UE 的 NAS 层发起业务请求时，NAS 层需向 UE 的 AS 层发送接入类别、接入标识和建立原因 3 种信息，由 AS 层根据上述信息和基站广播的限制控制信息执行接入控制。注册流程不受接入控制的限制。UE 在发起以下流程时需执行接入控制。

① 触发从 5GMM-IDLE 转换成 5GMM-CONNECTED 模式。

② 5GMM 连接模式下发起以下业务。

- 5GMM 接收到上层打电话请求。
- 5GMM 接收到上层发送短消息的请求。
- 5GMM 接收到上层发送 UL NAS TRANSPORT 消息的请求。
- 5GMM 接收到为现存 PDU 会话重新建立用户面资源的请求。
- 5GMM 接收到上行数据包将被发送到用户面资源挂起的 PDU 会话上的请求。
- 5GMM 接收到上层发送 MO 的位置请求。

接入过载控制是网络处于过载状态时，限制 UE 接入尝试的一种自保机制。通过运营商的配置，网络决策允许 UE 接入或者拒绝 UE 接入。

## / 4.2　注册、连接和移动性管理

### 4.2.1　注册管理

当 UE 或用户需要注册到网络以接收服务时，此 UE 或用户向 AMF 发送注册请求消息。UE 初始注册时执行网络接入控制流程，即基于签约数据的认证和授权，在通过了基于签约数据的用户认证和接入授权后，UE 成功注册到网络，此时，服务于 UE 的 AMF 将该 AMF 作为该 UE 的服务 AMF 注册到 UDM 中。UE

注册成功后需要执行周期性注册更新（心跳），另外，会因为移动性或者更新其他功能、重新协商协议参数等执行移动性注册更新。

在 UE 和 AMF 中使用 RM-DEREGISTERED 和 RM-REGISTERED 两个 RM 状态来标识 UE 在所选 PLMN 中的注册状态。

**1. UE 的注册状态处理**

在 RM-DEREGISTERED 状态下，UE 未在网络上注册。不过此时 UE 上下文的某些部分仍然可以存储在 UE 和 AMF 中，这可避免在每个注册过程期间均运行认证过程。但这种状态下，AMF 中的 UE 上下文不包含 UE 的有效位置或路由信息，因此 AMF 无法寻呼 UE。

在 RM-REGISTERED 注册状态下，UE 已在网络中注册。此时 UE 可以访问需要向网络注册后才能访问的服务。

当 UE 处于 RM-DEREGISTERED 状态时，如果需要访问注册后才能访问的服务，UE 可以尝试使用初始注册流程向所选的 PLMN 发起注册请求，如果注册请求被接受，UE 的注册状态更新为 RM-REGISTERED 状态，否则保持在 RM-DEREGISTERED 状态。UE 在 RM-REGISTERED 状态下可以执行注册更新和去注册等流程。其中注册更新流程可以在以下 3 种情况下触发。

① 周期性注册计时器到期触发的周期性注册更新过程，该流程用于通知网络自己仍处于活动状态。

② 执行注册更新流程以更新其能力信息或与网络重新协商协议参数。

③ 如果服务小区的当前 TAI 不在 UE 从 AMF 接收到的 TAI 列表中，则 UE 执行移动性注册更新过程，用于向 AMF 发送 UE 的新位置以使 AMF 能够寻呼到 UE。

去注册流程则在 UE 不再需要 PLMN 注册时触发执行并进入 RM-DEREGISTERED 状态，触发原因可以是 UE 主动从网络注销或者收到网络的注册拒绝、注销消息时。UE 中的 RM 状态切换模型如图 4-1 所示。

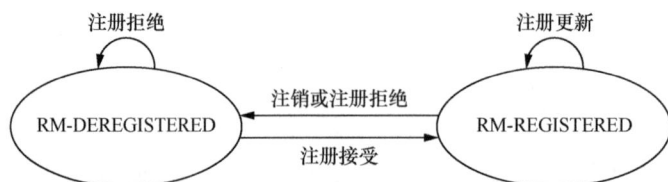

图4-1　UE中的RM状态切换模型

**2. AMF 的注册状态处理**

当 AMF 中 UE 的 RM 状态为 RM-DEREGISTERED 时，在收到 UE 的注册请

求消息后，AMF 可以发送注册拒绝消息来拒绝 UE 的初始注册，或者发送注册接受消息来接受 UE 的注册；接受 UE 的注册后，AMF 将该 UE 的 RM 状态更新为 RM-REGISTERED 状态。当 AMF 中 UE 的 RM 状态为 RM-REGISTERED 时，AMF 可以接受或拒绝来自 UE 的注册请求。AMF 可以收到 UE 的周期性注册更新后重置隐式注销计时器。隐式注销计时器到期后或 UE 不再需要在 PLMN 注册时，或网络决定去注册 UE 时，AMF 执行去注册流程。在 UE 去注册后，AMF 中 UE 的状态更新为 RM-DEREGISTERED。AMF 中的 RM 状态切换模型如图 4-2 所示。

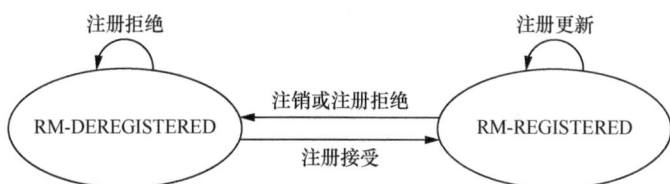

图4-2　AMF中的RM状态切换模型

当 UE 注册到网络时，AMF 为 UE 分配 TAI 列表，即注册区域。当 AMF 为 UE 分配注册区域时，AMF 可考虑各种信息（如移动类型和许可 / 非许可区域）。5G 系统支持将注册区域配置为单个 TAI 列表，该 TAI 列表包括该 UE 的注册区域中的任何 NG-RAN 节点的跟踪区域。如果 AMF 的服务区域是整个 PLMN，则 AMF 可将整个 PLMN 作为注册区域分配给 MICO 模式的 UE。

## 4.2.2　连接管理

连接管理包括通过 N1 接口建立和释放 UE 与 AMF 间的 NAS 信令连接的功能。NAS 信令连接用于在 UE 与核心网间进行 NAS 信令交互。它包括 UE 和 AN 之间的 AN 信令连接及 AN 和 AMF 之间的 N2 连接。

NAS 信令连接管理包括 NAS 信令连接的建立流程和 NAS 信令连接的释放流程。

① NAS 信令连接建立流程用于为处于 CM-IDLE 态的 UE 建立其与 AMF 之间的 NAS 信令连接。

② NAS 信令连接释放流程用于释放 UE 与 AMF 间建立的 NAS 信令连接，NAS 信令连接释放流程是由 AN 节点［5G（R）AN 节点］或者 AMF 发起的。

UE 与 AMF 之间的 NAS 信令连接由 CM-IDLE 和 CM-CONNECTED 两个 CM 状态构成。

### 1. UE 的 CM 状态处理

CM-IDLE 态下的 UE 处于 RM-REGISTERED 态且未与 AMF 之间建立 NAS 信令连接。在 CM-IDLE 态下，UE 会执行小区选择、小区重选和 PLMN 选择。此时的 UE 没有建立 AN 信令连接和 N2 连接。

当 UE 处于 CM-IDLE 态时，UE 在收到寻呼消息时应执行业务请求流程，或者，当 UE 有上行信令或数据需要发送时，UE 也执行业务请求流程。在建立 AN 信令连接的请求消息中，UE 提供 5G-S-TMSI 作为 AN 参数的一部分。当 UE 与 AN 之间的 AN 信令连接被建立起来后，UE 进入 CM-CONNECTED 态。初始 NAS 信息（例如注册请求、服务请求或者去注册请求）的传输触发 UE 从 CM-IDLE 态迁移到 CM-CONNECTED 态。当 UE 处于 CM-CONNECTED 态时，在 AN 信令连接释放掉（进入 RRC 空闲态）时，UE 进入 CM-IDLE 态。UE 侧的 CM 状态迁移如图 4-3 所示。

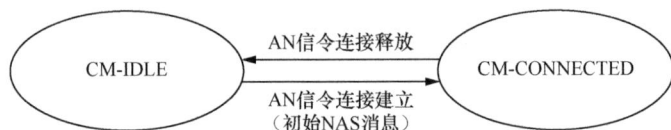

图4-3  UE侧的CM状态迁移

处于 CM-CONNECTED 态的 UE 通过 N1 接口建立了与 AMF 之间的 NAS 信令连接。NAS 信令连接包括 UE 与 NG-RAN 之间的 RRC 连接和 AN 与 AMF 之间的 NGAP UE 关联两段。当不再需要 NAS 信令连接时，AMF 可以释放 UE 的 NAS 信令连接。

### 2. AMF 的 CM 状态处理

当 AMF 中的 UE CM 态是 CM-IDLE 态时，若有信令或者数据需要发送给 UE，AMF 触发向该 UE 发送寻呼消息，UE 在收到寻呼消息后执行业务请求流程，或者，UE 也可以不响应该寻呼消息。当 AN 与 AMF 之间的 N2 连接建立后，AMF 设置 UE 的状态为 CM-CONNECTED 态。当 AMF 中 UE CM 态是 CM-CONNECTED 态时，若该 UE 的逻辑 NGAP 信令连接和 N3 用户面连接被释放，则 AMF 设置 UE 的状态为 CM-IDLE 态。AMF 侧的 CM 状态迁移如图 4-4 所示。

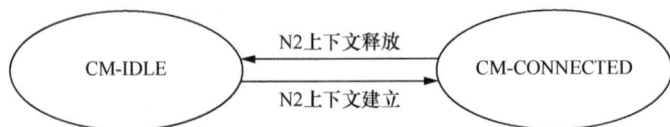

图4-4  AMF侧的CM状态迁移

### 4.2.3　移动性管理

移动性管理除了保证 UE 可达和数据传输连续外，还要限制 UE 在某些受限区域接入网络或者在业务禁止区域访问业务。

#### 1. 移动性限制

5G 协议明确定义了移动性限制包括 RAT 限制、禁止区域、服务区域限制、核心网类型限制 4 种，具体说明如下。

① RAT 限制（RAT Restriction）：定义 UE 不能接入的 RAT 类型。

② 禁止区域（Forbidden Area）：在该区域禁止 UE 的接入，UE 不能发任何消息给网络。

③ 服务区域限制（Service Area Restriction）：服务区域分为允许区域（Allowed Area）和禁止区域（Non Allowed Area）。UE 在 Allowed Area 可正常接入网络，在 Non Allowed Area 可以发起周期性更新、注册请求，但不能发起 SR 和任何会话相关信令。一个服务区域限制会包含一个或多个完整的跟踪区（Tracking Areas）。

④ 核心网类型限制（Core Network Type Restriction）：定义一个 PLMN 允许 UE 仅连接到 5GC，或仅连接到 EPC，或同时连接到 5GC 和 EPC。

5GC 作为移动性限制的决策中心，支持实现移动性限制，并且根据不同类型的移动性接入限制信息实现不同的限制功能，具体说明如下。

① 根据 RAT 限制和核心网类型限制实现用户接入控制功能。

② 根据禁止区域实现区域漫游限制功能。

③ 根据服务区域限制实现服务区域限制功能。

服务区域限制为业务控制功能，AMF 根据用户签约或 PCF 调整后的服务限制区域，识别 UE 是否在业务允许区域内，如果 UE 不处于允许区域，将限制用户使用普通的数据业务。服务区域限制对于紧急呼叫、高优先级业务不做限制。

服务区域限制是对 5G 终端数据业务的一种控制手段，用以控制 5G 终端可发起普通数据业务的区域范围，对于紧急呼叫、MPS/MCS 等高优先级业务则不做限制。

服务区域限制信息分为（业务）允许区域和（业务）禁止区域两种形式，但不能同时使用，即如果 UE 从网络获取了允许区域列表，那么在该列表之外的区域都属于禁止区域，反之同理。允许区域和禁止区域基本的组成单元都是跟踪区（TA），即控制业务的最小粒度是 TA。

（业务）允许区域和（业务）禁止区域有以下两种表现形式。

① 5G 核心网显式地给出具体的 TA 列表组成业务允许（或禁止）区域，但是 TA 的数量不能超过 16 个。例如，普通签约用户只能在一个或者几个 TA 内发起普通数据业务，那么 5G 核心网就将这些 TA 组成业务允许区域下发给 UE。对于 VIP 签约用户，能够在大部分区域内发起数据业务，那么 5G 核心网就将少数几个 TA 构成业务禁止区域下发给 UE。

② 将整网的 TA 都作为业务允许（或禁止）区域，不需要给出具体的 TA 列表。例如，对于特殊行业或者 VIP 签约用户，能够在全网发起数据业务，那么 5G 核心网就将全网 TA 作为业务允许区域。

服务区域限制是由 UE、基站和核心网相互协同完成的，如果 UE 已经获取了服务区域限制信息，那么该 UE 能主动识别在当前区域是否可访问业务。如果 UE 尚未获取服务区域限制信息，或者服务区域限制信息发生了变化但 UE 未及时感知，这种情况下就需要核心网（AMF）识别是否限制 UE 的业务，服务区域限制策略见表 4-1。

表4-1　服务区域限制策略

| 驻留的区域 | UE状态 | | 策略 |
|---|---|---|---|
| 允许区域 | — | | UE可以任意发起移动性或者会话流程，不受影响 |
| 禁止区域 | RM-DEREGISTERED | — | UE可以发起初始注册 |
| | RM-REGISTERED | CM-IDLE | ① UE不能发起带Uplink data status信元的移动性或者周期性注册更新。Uplink data status表示UE已经有建立的PDU会话，并且这些会话有上行数据要发送（或者是always-on类型的会话），用以指示网络为这些PDU会话重建用户面连接；如果是初始注册，则不受业务禁止区域的限制。<br>② UE不能发起服务请求，但是可以响应网络的寻呼（服务类型是mobile terminated services） |
| | | CM-CONNECTED（包含RRC Inactive） | ① UE不能发起带Uplink data status信元的移动性注册更新。<br>② UE不能发起服务请求（连接态用户为已建立的PDU会话恢复用户面连接时也会触发服务请求）。<br>③ UE不能发起SM流程（如建立、修改PDU会话） |

## 2. 移动模式

移动模式是 AMF 可用于表征和优化 UE 移动性的概念。AMF 根据 UE 的接入、UE 移动性的统计、网络本地策略和 UE 辅助信息或它们的任意组合来确定和更新 UE 的移动模式。UE 移动性的统计数据可以是历史或预期的 UE 移动轨迹。

AMF 可以使用移动模式来优化为 UE 提供的移动性支持功能，如注册区域的分配。

## 3. 无线资源管理功能

无线资源管理（RRM）的目标是在有限带宽的条件下，为网络内无线用户终端提供业务质量保障。其基本出发点是在网络话务量分布不均匀、信道特性因信道衰弱和干扰而起伏变化的情况下，灵活分配和动态调整无线传输部分和网络的可用资源，最大程度地提高无线频谱利用率，主要包括功率控制、信道分配、调度、切换、接入控制、负载控制、端到端的 QoS 和自适应编码调制等。

为了支持 RAN 中的无线资源管理，AMF 通过 N2 接口向 RAN 提供参数频率选择优先级（RFSP）索引。RFSP 索引由 RAN 映射到本地定义的配置，以便应用特定的 RRM 策略，同时考虑 RAN 中的任何可用信息。RFSP 索引对于 UE 是特定的，适用于所有无线承载。

## 4. UE 移动事件通知

5G 系统支持跟踪和报告 UE 移动性事件的功能。AMF 向授权的订阅了移动性事件通知的订阅者 NF 提供 UE 移动性相关事件报告。UE 移动性事件通知主要内容见表 4-2。

表4-2　UE移动性事件通知主要内容

| 序号 | 内容 | 说明 |
|---|---|---|
| 1 | 事件报告类型 | 指定在UE移动性上报告的内容（例如UE位置、感兴趣区域上的UE移动性） |
| 2 | 3GPP系统内的感兴趣区域 | 感兴趣区域由跟踪区域列表，小区列表或（R）AN节点标识符列表表示。在LADN的情况下，订阅者NF（如SMF）向AMF提供LADN DNN，AMF根据LADN DNN将LADN服务区域设为感兴趣区域。在PRA的情况下，订阅者NF（如SMF或PCF）可以提供感兴趣区域的标识符以将预定义区域设为感兴趣区域 |
| 3 | 事件报告信息 | 事件报告模式、报告数量、最大报告持续时间、事件报告条件（例如当目标UE移动到指定的感兴趣区域时） |
| 4 | 通知地址 | 用于接收移动性事件通知的端点地址 |
| 5 | 事件报告的目标 | 指示特定UE，一组UE或任何UE（所有UE） |

# / 4.3　接入管理

## 4.3.1　空闲态终端的可达性管理

### 1. 空闲态终端的可达性管理过程

可达性管理功能负责检测 UE 是否可达并向网络提供 UE 位置信息以便让网络找到该 UE。可达性管理功能通过寻呼 UE 和 UE 位置跟踪来完成。UE 位置跟踪包括 UE 注册区域跟踪（UE 注册区域更新）和 UE 可达性跟踪（UE 周期性注册区域更新）。该可达性管理功能可位于 5GC（UE 空闲态时）或者 NG RAN（UE 连接态时）。

在注册过程中，UE 和 AMF 协商 UE 的空闲态可达性参数。

针对 CM-IDLE 状态的 UE，UE 与 AMF 间可协商以下两种可达性模式。

① CM-IDLE 态允许 UE 被叫的可达性模式，在该模式下，存在如下 3 种情形。

• 网络获取 UE 位置的粒度为 TA 列表粒度。

• 网络可寻呼 UE。

• 无论 UE 在 CM-CONNECTED 还是 CM-IDLE 状态，都可以有主叫或被叫数据。

② CM-IDLE 态只允许 UE 主叫的可达性模式，该模式下，存在如下两种情形。

• 无论 UE 在 CM-CONNECTED 还是 CM-IDLE 状态，均允许 UE 主动发数据。

• UE 只能在 CM-CONNECTED 状态下接收被叫数据。

当 UE 进入 CM-IDLE 状态时，UE 根据在注册过程中从 AMF 收到的周期性注册定时器值来启动周期性注册定时器。

AMF 基于本地策略、签约信息和 UE 提供的信息来分配周期性注册定时器值。在周期性定时器值超时后，UE 执行周期性注册。如果 UE 在其周期性定时器超时阶段移出了网络覆盖，则 UE 需在再次返回网络时执行注册过程。

AMF 为 UE 启动移动可达定时器。该定时器在 UE 进入空闲态时启动，该定时器时长大于 UE 的周期性注册定时器的时长。当 RAN 开始执行 UE 上下文释放流程并指示 UE 不可达时，若 AMF 从 RAN 接收到一个已经经过的时间（elapsed time），AMF 应基于从 RAN 收到的已经经过的时间和标准移动可达计时器时长推断一个移动可达计时器时长，并使用该移动可达定时器时长启动移动可达计时器。如果 AMF 确定 UE 的状态变成连接态，则 AMF 停止移动可达定时器。如果移动可达定时器超时，则 AMF 确定 UE 不可达。

由于 AMF 不知道 UE 何时会可达，所以 AMF 不能立刻将 UE 去注册。在移动可达定时器超时后，AMF 清除 PPF（寻呼过程标记），并且使用相对更大的值启动隐式去注册定时器。当 UE 状态变为连接态后，AMF 需停止隐式去注册定时器并设置 PPF。

如果 PPF 未设置，AMF 将不会寻呼 UE 并且拒绝任何下行信令或数据的发送请求。

如果隐式去注册定时器超时，则 AMF 隐式去注册 UE。在去注册过程中，AMF 需请求服务 UE 的 SMF 释放为 UE 建立的 PDU 会话。

### 2. MICO 模式

UE 也可能工作在 MICO 模式。UE 可在初始注册或移动注册更新过程中指示 MICO 偏好，AMF 可基于本地配置、终端通信模式、UE 的偏好、UE 的签约和网络策略等确定是否允许 UE 使用 MICO 模式，并在注册过程中向 UE 进行指示。

UE 和网络在后续的注册更新过程中可以重新协商是否使用 MICO 模式。当 UE 在 CM-CONNECTED 状态时，AMF 可以通过 UE 配置更新流程触发移动注册更新流程，以去激活 MICO 模式。

AMF 在注册流程中指定一个注册区域。当 AMF 向 UE 指示 MICO 模式时，AMF 为 UE 分配的注册区域不再受寻呼区域大小的限制。如果 AMF 服务区域是整个 PLMN，基于本地策略和签约，AMF 可以将整个 PLMN 作为注册区域配置给 UE。这种情况下，UE 在该 PLMN 内移动时不需要执行移动性注册更新流程。

当 AMF 向 UE 指示了 MICO 模式，AMF 认为处于 CM-IDLE 态的 UE 是不可达的。AMF 拒绝针对 MICO 模式空闲态 UE 的下行数据传输请求，并提供合适的拒绝原因。AMF 同样推迟传输 SMS 和位置服务等。MICO 模式的 UE 只有在连接态时，下行数据和信令才是可达的。

MICO 模式的 UE 在 CM-IDLE 态不需要监听寻呼，并且可以停止接入层流程直到转为连接态。MICO 模式 UE 从空闲态转为连接态的触发条件如下。

① UE 配置的改变需要向其注册的网络进行更新。

② 周期性注册定时器超时。

③ 有上行数据或信令待传。

如果注册区域不是整个 PLMN，UE 在发送上行数据和信令前需要先确定它是否在注册区域内，若不在注册区域内，UE 应先执行移动性注册更新流程。

开始紧急服务的 UE 不应指示 MICO 偏好。当 MICO 模式已经在 UE 激活，UE 和 AMF 应在紧急业务的 PDU session 成功建立后在本地去激活 MICO 模式。直到 AMF 在下一个注册流程中接收使用 MICO 模式，UE 和 AMF 不应启动 MICO 模式。为保证紧急回呼电话的接听，在释放紧急 PDU session 后，UE 在请求使用 MICO 模式前应该等候一段时间。

除非 UE 采用 MICO 模式，如果 UE 的 CM 状态是 CM-IDLE 且 UE 的 PPF 被设置，AMF 认为处于 RM-REGISTERED 状态的 UE 是通过 CN 寻呼可达的。

### 4.3.2　连接态终端的可达性管理

对于处于连接态的 UE，在 AMF 上，UE 的位置信息以 RAN 节点为粒度，当 RAN 判断 UE 变为不可达时，NG-RAN 通知 AMF。

UE 的 RAN 可达性管理用于处于 RRC 非激活（RRC Inactive）状态的 UE。处于 RRC 非激活状态的 UE 的位置信息以 RAN 通知区域（RAN Notification Area）为粒度。处于 RRC 非激活状态的 UE 可以在 RAN 通知区域的小区内被寻呼。RAN 通知区域可以配置为 UE 注册区域的部分小区或者 UE 注册区域的所有小区。处于 RRC 非激活态的 UE 在进入不属于 RAN 通知区域的小区时需要执行寻呼区域更新（RAN Notification Area Update）流程。

在 UE 进入 RRC 非激活态时，RAN 给 UE 配置一个周期性 RAN 通知区域更新定时器值并且在 RAN 和 UE 上以该值启动定时器。在周期性 RAN 通知区域更新定时器超时后，RRC 非激活态的 UE 执行周期性 RAN 通知区域更新。

为了辅助 AMF 上的 UE 可达性管理，RAN 使用时长大于 RAN 通知区域更新定时器的一个监视定时器。在该监视定时器超时后，RAN 启动 AN 释放流程。RAN 可以向 AMF 提供 RAN 上一次同 UE 通信后所经过的时间（elapsed time）。

### 4.3.3　寻呼策略处理

#### 1. 寻呼策略处理过程

基于运营商配置，5G 系统支持 AMF 和 NG-RAN 为不同类型的 traffic 使用不同的寻呼策略。

当 UE 处于 CM-IDLE 状态，AMF 执行寻呼，并基于本地配置，触发寻呼的 NF 及触发寻呼的请求消息中的信息等，确定寻呼策略。

在 UE 处于 RRC 非激活状态时，NG-RAN 执行寻呼并基于本地配置和从 AMF 收到的信息等确定寻呼策略。

在网络触发的业务请求流程中，SMF 基于下行数据或下行数据通知来决定 5QI 和 ARP。SMF 在向 AMF 发送的请求消息中将与触发寻呼的下行数据包的 QoS 流对应的 5QI 和 ARP 发送给 AMF。如果 UE 处于 CM-IDLE 状态，AMF 可以使用 5QI 和 ARP 确定不同的寻呼策略。

### 2. 寻呼策略区分

寻呼策略区分允许 AMF 基于运营商策略来为相同 PDU 会话中的不同的数据流或不同的业务类型使用不同的寻呼策略。

当 5G 网络支持寻呼策略区分特性时，DSCP 值是由应用层来设置的，用于向 5G 网络指示该 IP 数据包应使用哪种寻呼策略。例如，P-CSCF 可能支持通过标记 IMS 业务相关的数据包来进行寻呼策略区分。

运营商可能通过配置 SMF 来让寻呼策略区分特性仅用于特定的 HPLMN、DNN 和 5QI。在归属地路由的漫游模式下，由 VPLMN 的 SMF 执行该配置。

在网络触发业务请求和 UPF 缓存下行数据的情况下，UPF 需将下行数据包中 IP 头里 ToS/TC 字段中的 DSCP 值及其对应的 QoS 流指示携带在 Notification 消息中发送给 SMF。当使用寻呼策略区分时，SMF 基于从 UPF 收到的 DSCP 确定寻呼策略指示（PPI）。

在网络触发业务请求和 SMF 缓存下行数据的情况下，当使用寻呼策略区分时，SMF 根据 IP 包头中的 TOS/TC 中的 DSCP 确定 PPI，并根据收到的下行数据包的 QFI 确定相应的 QoS 流。

SMF 将 QoS 流的 PPI、ARP 和 5QI 携带在 N11 消息中发送给 AMF。如果 UE 在 CM-IDLE 态，AMF 使用这些信息来获取寻呼策略，然后发送寻呼消息给 NG-RAN。

对于 RRC 非激活状态的 UE，NG-RAN 可以在 RAN 寻呼时，根据 5QI、ARP 及触发寻呼的下行数据包关联的 PPI 来确定具体的寻呼策略。为支持该功能，SMF 指示 UPF 检测下行数据包的 IP 头的 TOS/TC 中的 DSCP 值，并指示 UPF 通过 GTP-U 头部向 NG-RAN 发送该下行数据包对应的 PPI。NG-RAN 可利用 GTP-U 头部收到的 PPI 确定寻呼策略。

### 3. 寻呼优先级

寻呼优先级允许 AMF 在发送给 NG-RAN 的寻呼消息中携带指示，使得 UE

被优先寻呼。AMF 根据 SMF 发送的消息中的 ARP 决定是否在寻呼消息中包含寻呼优先级。如果 ARP 值与优先服务（如 MPS、MCS）相关，则 AMF 需要在寻呼消息中包含寻呼优先级指示。当 NG-RAN 收到带寻呼优先级的寻呼消息时，NG-RAN 需按照优先级进行寻呼。

AMF 在等待 UE 响应非优先级寻呼时，从 SMF 收到另外一条带有与优先级业务相关的 ARP 的消息，则 AMF 需向 RAN 发送另外一条寻呼消息，携带寻呼优先级。针对后续消息，AMF 需根据本地策略决定是否发送更高优先级的寻呼消息。

对应 RRC 非激活态的 UE，NG-RAN 基于与 QoS 流相关的 ARP 和核心网辅助的 RAN 寻呼参数来决定寻呼优先级。

### 4.3.4　NG-RAN 位置报告

为了支持需要精确的小区标识的服务（例如紧急服务、合法监听、计费）或为了支持其他的 NF 向 AMF 订阅 UE 移动事件通知服务，NG-RAN 支持 NG-RAN 位置报告。NG-RAN 位置报告可用于处于 CM-CONNECTED 状态的目标 UE。AMF 可向 NG-RAN 请求发送位置报告，包括事件报告类型（例如 UE 的位置或 UE 位于兴趣域中）、报告模式和它的相关参数（如报告数目）。

① 如果 AMF 请求 NG-RAN 报告 UE 位置，NG-RAN 基于请求的报告参数（如一次性报告或连续报告）报告 UE 当前的位置（或如果 UE 在 RRC 非激活状态，报告带时间戳的上次感知的 UE 位置）。

② 如果 AMF 请求 NG-RAN 报告 UE 进出兴趣域通知，则 NG-RAN 在 UE 进 / 出兴趣域时报告 UE 位置和指示信息（IN、OUT 或 UNKNOWN）。

在一个成功的切换后，如果需要，AMF 可以向目标 NG-RAN 节点重新请求 NG-RAN 位置报告。换句话说，源 NG-RAN 节点不必将 AMF 请求的 NG-RAN 位置报告信息传输到目标 NG-RAN 节点。

## / 4.4　会话管理

5G 系统的关键任务之一是向 UE 提供面向数据网络（DN）的数据连接，其中 5G 系统的会话管理功能负责为 UE 建立通向数据网络的连接，以及为该连接管理用户平面。因此，会话管理是 5G 系统的关键组成部分之一，在设计上可以灵活支持不同的 5G 用例，例如不同的 PDU 会话协议类型、处理会话和服务连续性的不同选项，以及灵活的用户平面体系结构等。

5G 系统支持 PDU 会话，支持在 UE 和数据网络（通过 DNN 标识）间交换 PDU。PDU 会话由 UE 发起建立。

签约信息中，每个 S-NSSAI 可能包含一个 DNN 列表和一个默认 DNN。当 UE 发起针对特定的 S-NSSAI 的 PDU 会话建立流程时，如果 PDU 会话建立请求消息中未包含 DNN，且签约数据中有默认 DNN，则 AMF 选择当前的 S-NSSAI 的默认 DNN 作为终端请求的 PDU 会话的 DNN。否则，AMF 选择一个该 S-NSSAI 对应的本地配置的 DNN。如果网络不支持 UE 提供的 DNN，并且 AMF 无法查询 NRF 来选择一个 SMF，则 AMF 应该拒绝包含了该 DNN 的 PDU 会话建立请求消息的 NAS 消息，并且包含一个原因值指示不支持该 DNN。

在 PDU 会话建立期间，UE 和 DN 之间对应的用户平面连接被激活。用户平面连接提供 PDU 的传输。PDU 会话是 UE 和特定 DN 之间的逻辑连接，它向用户提供到该 DN 的用户平面连接。5G 系统涉及该"PDU 会话层"和诸如 IP 地址管理、QoS、移动性、计费、安全性、策略控制等相关功能。PDU 会话与描述其连接到的 DN 的 DNN 关联，PDU 会话的属性见表 4-3。

表4-3　PDU会话的属性

| PDU会话属性 | 在PDU会话的存活时间内是否可以修改 |
| --- | --- |
| S-NSSAI | 不可 |
| DNN | 不可 |
| PDU会话类型 | 不可 |
| SSC模式 | 不可 |
| PDU会话标识 | 不可 |
| 用户面安全执行信息 | 不可 |

注：1. 如果 UE 没有提供，则网络根据 UE 签约信息中的默认信息来确定这些参数。不同的 DNN 和 S-NSSAI 的签约可能包含不同的默认 SSC 模式和不同的 PDU 会话类型。

2. AMF 使用 S-NSSAI 和 DNN 选择 SMF 来建立一个新的会话。

3. 用户面安全执行信息在 5.8 节定义。

UE 可以同时向单个 DN 或多个 DN 请求建立多个并行的 PDU 会话。但每个 PDU 会话只支持一个 PDU 会话类型。目前支持的类型包括：基于 IP 的 PDU 会话类型、基于以太网的 PDU 会话类型和非结构化的 PDU 会话类型。

## 4.4.1　PDU 会话类型

对于基于 IP 的 PDU 会话类型，5GC 负责为 UE 分配 IPv4 地址和 / 或 IPv6 前缀。分配给 UE 的 IP 地址属于 UE 正在访问的 DN。该 UE IP 地址与 DN 的 IP 地址域归属一个 IP 网络。

每个 DN 可以使用 IPv4、IPv6 或 IPv4v6 双栈提供服务。因此，PDU 会话必须使用适当的 IP 版本提供连接。目前用户可以访问的大多数 IP 网络还是 IPv4，但支持 IPv6 的服务的数量正在不断增加。由于公网 IPv4 地址的短缺，所以大多数运营商不得不使用私有 IPv4 地址和网络地址转换；而 IPv6 提供了足够多的公网 IP 地址分配给设备和终端，运营商不需要进行网络地址转换。

当 UE 请求建立基于 IP 的 PDU 会话时，UE 基于其 IP 栈能力在 PDU 会话建立过程中设置请求的 PDU 会话类型，有以下 4 种情况。

① 支持 IPv6 和 IPv4 的 UE 应根据从运营商接收的 UE 配置或策略（IPv4、IPv6 或 IPv4v6）设置请求的 PDU 会话类型。

② 仅支持 IPv4 的 UE 应请求 PDU 会话类型 "IPv4"。

③ 仅支持 IPv6 的 UE 应请求 PDU 会话类型 "IPv6"。

④ 当 UE 的 IP 版本能力未知时，UE 应请求 PDU 会话类型 "IPv4v6"。

SMF 负责向 UE 分配 IP 地址。当 SMF 从 UE 接收 PDU 会话建立请求时，SMF 基于 DN 支持的 IP 版本及基于在 SMF 中的配置和操作员策略来选择 PDU 会话的 PDU 会话类型，如果 UE 请求 "IPv4v6"，则 PDU 会话可以仅被授予 "IPv4" 或 "IPv6"。

5G 系统支持不同的 IP 地址分配方式。分配 IP 地址的详细过程还取决于部署方式及 IP 版本（IPv4 或 IPv6）。目前，5G 系统 IP 地址分配方式见表 4-4。

表4-4　5G系统IP地址分配方式

| 版本 | 方法 | 说明 |
|------|------|------|
| IPv4 | 3GPP | 在PDU会话建立过程中，IPv4地址作为PDU会话建立接收消息的一部分发送到UE，这是一种3GPP特定的分配IP地址的方法，从3G网络就开始支持 |
|  | DHCPv4 | UE在PDU会话建立期间不接收IPv4地址，在会话建立完成之后，UE使用DHCPv4来请求IP地址,这种分配IP地址的方法类似于以太网中的IP地址分配方法 |

| 版本 | 方法 | 说明 |
|------|------|------|
| IPv6 | SLAAC | 该方法首先完成PDU会话建立，然后SMF经由用户平面向UE发送IPv6路由通告（RA，RA通过已经建立的PDU会话用户平面发送，因此，仅发送到特定终端）。RA包含分配给此PDU会话的IPv6前缀，UE可以利用完整前缀构造IPv6地址 |

以太网PDU会话类型是5G系统中新增的会话类型，目的是向UE提供以太网服务，即将UE连接到以太网数据网络，例如UE通过5G系统与工厂本地网络中的工业设备实现数据链路层互通。以太网PDU会话类型的PDU会话在UE和DN之间传输以太网帧。5GC不向UE分配任何以太网地址（通常称为MAC地址）或IP地址，主要原因是MAC地址通常在制造时编码到设备本身，因此，动态地址分配在以太网中不适用，而UE如果需要使用IP地址，可以通过在DN上部署DHCP服务器来获取IP地址。

对于使用非结构化PDU会话类型建立的PDU会话，5GC不解析PDU的格式，即5GC将PDU视为非结构化的比特流。非结构化PDU会话主要用于支持物联网协议，如MQTT、CoAP等。由于5GC不解析非结构化PDU会话的PDU，所以它也不向UE分配任何协议地址或其他协议参数。另外，由于没有基于包过滤器区分PDU会话中的流量的机制，所以该PDU会话类型只支持单QoS流，此QoS流将具有默认的QoS类。

## 4.4.2　会话和业务连续性

5G系统架构支持会话和业务连续性，能够解决不同应用或者业务的连续性需求。根据不同的业务连续性需求，5G系统支持3种不同的SSC模式，SSC模式及特点见表4-5。

表4-5　SSC模式及特点

| 模式 | 特点 |
|------|------|
| SSC模式1 | 网络保持UE建立的PDU会话的锚点不变，若PDU会话是IP类型的会话，PDU会话的IP地址保持不变 |
| SSC模式2 | 网络可以释放UE已经建立的PDU会话，并触发UE在会话释放后重建新PDU会话。新PDU会话的锚点发生变化，若PDU会话为IP类型的会话，IP地址也会随之改变 |
| SSC模式3 | 网络可以触发UE建立新的PDU会话，并在建立新PDU会话后释放老的PDU会话。新PDU会话的锚点发生变化，若PDU会话为IP类型的会话，IP地址也会随之改变 |

SSC 模式的选择由 SMF 执行，SMF 根据签约中允许的 SSC 模式（包括签约中的默认 SSC 模式）、PDU 会话类型和 UE 请求的 SSC 模式，为 PDU 会话确定 SSC 模式。作为签约数据的一部分，SMF 从 UDM 接收每个 DNN 和 S-NSSAI 组合所对应的允许的 SSC 模式列表和默认 SSC 模式。

作为 URSP 规则的一部分，运营商可以向 UE 提供 SSC 模式选择策略。UE 使用 SSC 模式选择策略来决定一个或一组应用对应的 SSC 模式类型，运营商可以通过更新 URSP 规则来更新 UE 的 SSC 模式选择策略。若 UE 在请求新建 PDU 会话时未携带 SSC 模式，SMF 根据签约中 DN 对应的默认 SSC 模式，或者根据本地配置确定 SSC 模式。

当使用签约的 DNN 和 S-NSSAI 对应的静态地址 IP 或前缀为 PDU 会话分配静态 IP 地址或前缀时，该 PDU 会话应使用 SSC 模式 1。如果 PDU 会话类型为非结构化的 PDU 会话，或者以太网类型的 PDU 会话，则不应使用 SSC 模式 3。

### 4.4.3 具有多 PDU 锚点的单 PDU 会话

为了支持到 DN 的选择性数据路由或者支持 SSC 模式 3，SMF 可控制 PDU 会话的数据路径，以保证 PDU 会话能够同时对应多个 N6 接口。终结每个 N6 接口的 UPF 均支持 PDU 会话锚点功能。该 PDU 会话的每个 PDU 会话锚点功能提供了到同一个 DN 的不同接入路径。在 PDU 建立时所分配的 PDU 会话锚点与 PDU 会话的 SSC 模式关联，同一 PDU 会话的额外的 PDU 会话锚点（如到 DN 的选择性数据路由）与 PDU 会话的 SSC 模式无关。多 PDU 锚点的实现方式有上行链路分类器（UL CL）和 IPv6 多归属两种方式。

#### 1. 上行链路分类器

上行链路分类器是一种 UPF 功能，它支持将一些通信报文路由到本地 PSA-UPF（本地 PDU 会话锚点 UPF）。上行链路分类器向不同的 PDU 会话锚点 UPF 转发上行业务流，并将来自不同 PDU 会话锚点 UPF 的下行业务流合并后发送给 UE。上行链路分类器使用 SMF 提供的过滤规则（例如，检查 UE 发送的上行数据包的目的地址或前缀）进行数据包的转发。上行链路分类器应用过滤规则并确定数据包应如何路由。支持上行链路分类器的 UPF 由 SMF 控制，并支持计费业务量的统计和速率控制等。上行链路分类器可用于 IPv4、IPv4v6 或以太网类型的 PDU 会话，SMF 可根据 PDU 会话类型为上行链路分类器提供合适的过滤规则。

上行链路分类器的用户面架构如图 4-5 所示。

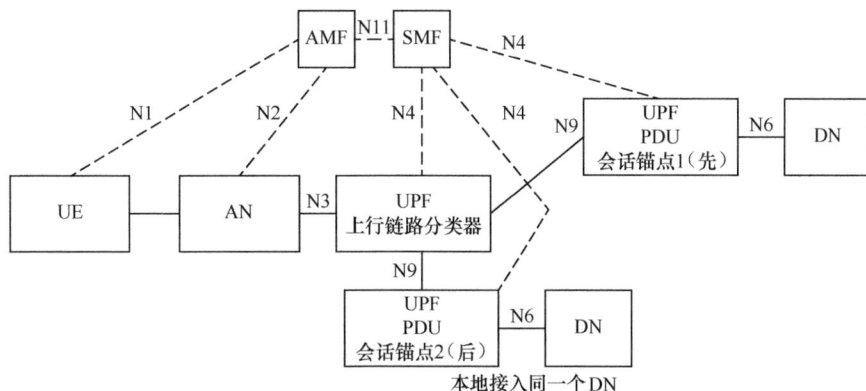

图4-5　上行链路分类器的用户面架构

### 2. IPv6 多归属

5G PDU 会话支持 IPv6 多归属，类似上行链路分类器模式，支持 IPv6 多归属的 PDU 会话可以有多个 PDU 会话锚点功能。支持 IPv6 多归属的 PDU 会话可支持将流量有选择地路由到该 PDU 会话的不同的 PDU 会话锚点。IPv6 多归属的 PDU 会话使 UE 能够在单个 PDU 会话中被分配多个 IPv6 前缀。每个 IPv6 前缀都将由一个单独的 PDU 会话锚点 UPF 提供服务，每个 PDU 会话锚点 UPF 都有与 DN 互通的 N6 接口。"分支点"（BP）是 IPv6 多归属 PDU 会话的不同用户面路径上的"公共"UPF，分支点将上行业务向不同的 PDU 会话锚点转发，并将下行业务合并后向 UE 发送。IPv6 多归属 PDU 会话的用户面架构如图 4-6 所示。

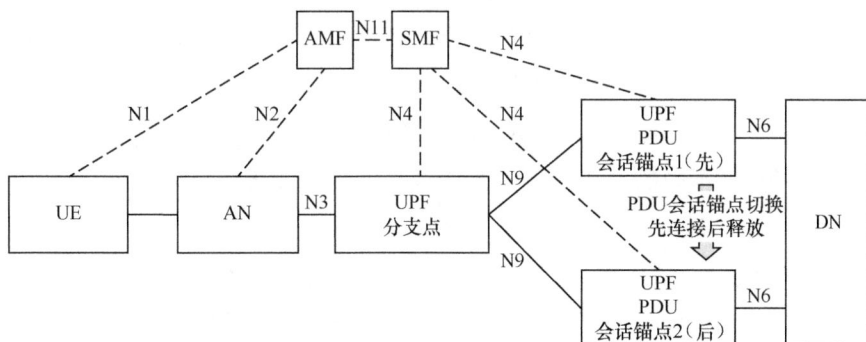

图4-6　IPv6多归属PDU会话的用户面架构

## 4.4.4　本地数据网络

本地数据网络（LADN）是 5G 系统的一项新功能。LADN 的作用是将 UE

访问数据网络的范围限制在特定的区域内，即 LADN 服务区域，在该区域之外，UE 不能访问该数据网络。LADN 可用于体育场、购物中心、校园或类似场所的特殊数据网络。

LADN 可用的区域称为 LADN 服务区域，LADN 服务区域在网络中配置为一组跟踪区域。LADN 的跟踪区域列表在 AMF 中进行配置。不使用 LADN 功能的数据网络没有 LADN 服务区域，并且不受此功能的限制。当 UE 注册时，AMF 向 UE 提供数据网络对应的 LADN 服务区域。因此，UE 可感知 LADN 的服务区域，当 UE 在该区域之外时 UE 不应尝试访问该数据网络。

当 UE 向网络发送 LADN DNN 的 PDU 会话建立请求时，AMF 将向 SMF 提供指示，以指示 UE 是在 LADN 区域内还是在 LADN 区域外，SMF 决定是否接受请求。如果 UE 在 LADN 服务区域内，则 SMF 可以接受该请求，否则，SMF 将拒绝该请求。

# 4.5 QoS 模型

## 4.5.1 QoS 框架

相比 4G，5G 除了支持互联网、语音、视频等多种业务，还支持垂直行业场景，在可靠性、时延等方面面临更高的要求和挑战。

4G 系统是面向连接的传输网络系统，在两端之间建立逻辑连接关系用于端到端通信，这种逻辑连接称为 EPS 承载。EPS 承载是 4G 系统中 QoS 控制的最小粒度，相同 EPS 承载上的所有数据流将获得相同的 QoS 保障（例如调度策略、缓冲队列管理等），不同的 QoS 保障需要不同的 EPS 承载来提供。EPS QoS 参数与 EPS 承载关联。

在 5G 系统中，QoS 模型基于 QoS 流。QoS 流由 QFI 标识，是在一个 PDU 会话中可区分 QoS 的最小单位。在用户平面，同样 QFI 的流得到同样的转发处理（如排队、许可控制门限）。如果 QoS 流是 GBR QoS 流的话，则需为 QoS 流提供保障的速率，否则不需要。

在 QoS 框架中，业务数据流分类和差异化包转发实现过程中主要参与的子系统有 UE、gNB 和 UPF，QoS 映射如图 4-7 所示。在核心网与 NG-RAN 之间的传输中，QFI包含在N3（和N9）的数据包头中，即不影响UE与数据网络间的端到端数据包包头。在NG-RAN与终端之间的传输中，可以将一个QoS流映射到一个（数据）无线承载，也可以将多个QoS流组合映射到同一个（数据）无线承载中，只要满足QoS流的QoS保障需求，就可以按照NG-RAN最优的资源策略来处理。

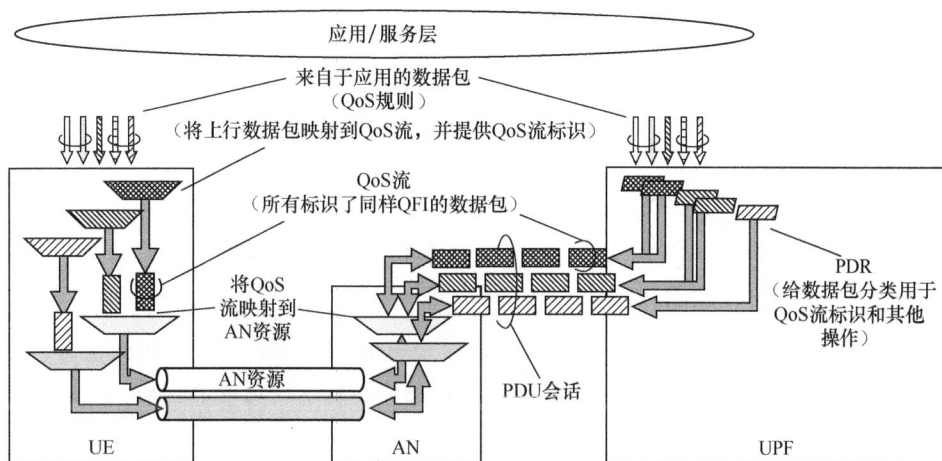

图4-7　QoS映射

### 1. 下行业务流处理

在下行业务流处理中，数据包在UPF中与数据包检测规则（PDR）进行比较以便对数据包进行分类，而PDR又与一个或多个QoS执行规则（QER）关联。在QER中定义了需要执行的QoS动作如速率门限等，以及需要添加到GTP-U标头（N3封装标头）的QFI参数。AN将QoS流绑定到数据无线承载。QoS流和无线承载之间没有严格的1:1关系。AN负责确定QoS流所映射的无线承载，并释放它们。AN应向SMF指示QoS流映射到的AN资源何时被释放。如果在UPF中没有找到匹配的下行PDR，数据包将被丢弃。

### 2. 上行业务流处理

在上行业务流处理中，UE基于QoS规则，执行上行用户平面流量的分类和标记，UE的QoS规则是上行流量与QoS流的关联。这些QoS规则可以显式地提供给UE（通过PDU会话建立/修改消息），也可以在UE中预先配置，或者通过反射QoS机制由UE隐式地推导出。QoS规则包含相关QoS流的QFI、过滤器集和优先级值。显式提供的QoS规则包含QoS规则标识符，该标识符由SMF生成，并且在PDU会话中唯一。对于IP或以太网类型的PDU会话，UE根据QoS规则的优先级和QoS规则中的过滤器集中的上行过滤器，以优先级值递增的顺序评估上行数据包，直到找到匹配的QoS规则；如果没有找到匹配的QoS规则，则UE丢弃上行数据包。但对于类型为非结构化的PDU会话，只有默认的QoS规则且不包含包过滤器集，因此允许所有的上行数据包通过。UE使用与数据包匹配的QoS规则中的QFI将上行数据包绑定到QoS流，然后根据QoS流与无线承载的映射关系将数据包通过关联的无线承载发送。当AN向UPF发送上行数据包时，AN将QFI值添加到上行PDU的N3隧道封装头中并进行发送。UPF接收到来自N3隧道的上行数据包后验证上行PDU中的QFI合法性。

## 4.5.2 反射QoS

反射QoS是为了在实现QoS差异化时最小化UE和核心网络之间的NAS信令需求，UE中的上行QoS规则根据接收到的下行数据包所关联的QoS流来确定，即上行数据包的QoS处理采用与其具有镜像关系的下行数据包相同的QoS处理方式。换言之，启用映射QoS（RQ）时，UE基于接收到的下行数据分组创建用于上行数据包处理的QoS规则。当UE即将发送上行数据包时，UE检查的QoS规则包括基于上述方法导出的QoS规则（映射的QoS规则），并且当存在匹配时，UE使用与上行数据包匹配的QoS规则中的QFI应用于上行数据包。因此，反射QoS使UE在不需要SMF提供的QoS规则的情况下将上行用户平面流量映射到QoS流。

反射QoS可用于IPv4、IPv6、IPv4v6或以太网类型的PDU会话，对于支持反射QoS功能的UE，如果5GC对某些业务流使用反射QoS功能，则UE应根据接收到的下行业务为上行业务流创建UE导出的QoS规则。UE应使用UE导出的QoS规则来确定上行流量到QoS流的映射。这对频繁改变数据包包头五元组的应用程序尤其有用，可以避免频繁地通过NAS信令为每次包头的改变更新UE中的规则。

反射QoS通过使用N3（和N9）参考点上的封装报头中的反射QoS指示（RQI）及反射QoS定时器（RQ定时器）实现具体操作。

## 4.5.3 QoS参数和特性

### 1. 5G QoS参数

在5G系统中，QoS流由SMF控制，可以预先配置，或通过PDU会话建立流程或PDU会话修改流程来建立。5G QoS流包括GBR QoS流及Non-GBR（非

GBR）QoS 流。PDU 会话包括一个默认 QoS 流，默认 QoS 流是默认 QoS 规则关联的 QoS 流，并在 PDU 会话的整个生命周期内保持存在，默认 QoS 流是非 GBR QoS 流。QoS 流可以是"GBR"或"非 GBR"，具体取决于其 QoS 流的 QoS 配置文件。QoS 流的 QoS 配置文件包含 QoS 参数，如 5QI、ARP、RQA、通知控制、流比特率、聚合比特率等。

（1）5QI

5QI 是一个标量，用于指示 5G QoS 特性，5QI 与控制 QoS 流的 QoS 转发处理的接入节点的特定参数关联，如调度权重、准入门限、队列管理阈值、链路层协议配置等。

（2）ARP

ARP 包含有关优先级、可抢占性和可被抢占性信息。优先级定义资源请求的相对重要性，范围是 1 到 15，其中 1 是最高优先级；可抢占性定义服务数据流是否可以抢占已经分配给其他具有较低优先级的服务数据流的资源；可被抢占性定义服务数据流是否可以被具有更高优先级的服务数据流抢占已经分配给它的资源。

（3）RQA

反射 QoS 属性（RQA）是可选参数，其指示在该 QoS 流上承载的某些业务（不一定全部）可使用反射 QoS。NG-RAN 从 SMF 接收到 RQA 后使能 QoS 流对应的无线资源以传输 RQI。可以在 UE 上下文建立、QoS 流建立或修改时通过 N2 接口将 RQA 发送给 NG-RAN。

（4）通知控制

当在 QoS 流的生存期内，NG-RAN 无法保障 QoS 流的 QoS 需求时，通知控制用于指示 NG-RAN 是否发送通知。若应用能适应数据流的 QoS 变化（如 AF 能够触发速率适配），则针对 GBR QoS 流可启用通知控制。

（5）流比特率

GBR QoS 流配置上下行保障流比特率（GFBR）和上下行最大流比特率（MFBR）。GFBR 是在平均时间窗口期间网络向 QoS 流提供保障的比特率。MFBR 是 QoS 流可以达到的最高比特率。依据 QoS 流的优先级，QoS 流的比特率可能高于 GFBR 并低于 MFBR。

（6）聚合比特率

聚合比特率包含 PDU 会话粒度的会话聚合比特率（Session-AMBR）和 UE 粒度的聚合比特率（UE-AMBR）。其中用户的 Session-AMBR 是签约参数，由 SMF 从

UDM 获得。SMF 可使用签约的 Session-AMBR、基于本地策略，或使用从 PCF 接收的授权 Session-AMBR，对 PDU 会话的 Session-AMBR 进行修改。Session-AMBR 限制了 PDU 会话中所有非 GBR QoS 流的聚合比特率。Session-AMBR 是在 AMBR 平均窗口上测量的。Session-AMBR 不适用于 GBR QoS 流；UE-AMBR 限制了特定 UE 的所有非 GBR QoS 流的聚合比特率。每个接入网应将其 UE-AMBR 设置为所有 PDU 会话的 Session-AMBR 的总和且小于等于签约 UE-AMBR 的值。签约 UE-AMBR 是一个签约参数，从 UDM 获得，并由 AMF 提供给无线接入网。UE-AMBR 在 AMBR 平均窗口上测量，该窗口是标准化值。UE-AMBR 不适用于 GBR QoS 流。

（7）默认 QoS 参数

默认值是签约的默认 5QI 和 ARP 值，SMF 从 UDM 获得每个 PDU 会话对应的签约 QoS 参数和默认 QoS 参数。默认的 5QI 值应来自 3GPP 标准中定义的非 GBR 5QI 的标准化值范围。

（8）最大丢包率

最大丢包率是指在上行链路和下行链路方向上可以容忍的 QoS 流的最大丢包率。如果适用，则最大丢包率可用于 GFBR 类型的 QoS 流。

**2. 5G QoS 特性**

5G QoS 特性与 5QI 相关，描述了 QoS 流在 UE 与终止 N6 的 UPF 间端到端的数据包的转发处理方法，主要包含资源类型（GBR、时延敏感 GBR 或非 GBR）、优先级、分组时延预算、分组错误率、平均窗口、最大数据突发量（仅限时延敏感 GBR 资源类型）等。

① 资源类型：资源类型决定了是否为 QoS 流永久地分配专用网络资源以支持 GFBR。

② 优先级：优先级指示了不同 QoS 流的资源调度优先级，最低的优先级值对应于最高的调度优先级。

③ 分组时延预算：分组时延预算（PDB）定义了数据包在 UE 和终止 N6 接口的 UPF 之间传输的时延上限。对于某个 5QI，上行 PDB 的值和下行 PDB 的值相同。

④ 分组错误率：分组错误率（PER）定义了已经由发送方的链路层协议（如 RLC）处理，但相应的接收器未成功地将其传送到接收端上层的数据包的占比的上限。

⑤ 平均窗口：平均窗口表示计算 GFBR 和 MFBR 的持续时间，每个 GBR QoS 流应与一个平均窗口关联。

⑥ 最大数据突发量：最大数据突发量（MDBV）表示在 5G-AN PDB 期间

5G-AN 需要支持的最大数据量。

5G 系统支持通过 5QI 值指示标准化和预配置的 5G QoS 特性，这样，除非修改了某些 5G QoS 特性，否则不需要在接口上发送实际的 5G QoS 特性值。

标准化 5QI 值是针对经常使用的服务而定的，标准化 5QI 值及其对应的 5G QoS 业务特征见表 4-6。

表4-6 标准化5QI值及其对应的5G QoS业务特征

| 5QI值 | 资源类型 | 默认优先级 | 数据包时延预算 | 数据包错误率 | 默认最大数据突发量 | 默认平均窗口 | 示例 |
|---|---|---|---|---|---|---|---|
| 1 | GBR | 20 | 100ms | $10^{-2}$ | N/A | 2000ms | 会话语音 |
| 2 | | 40 | 150ms | $10^{-3}$ | N/A | 2000ms | 会话视频（直播） |
| 3 | | 30 | 50ms | $10^{-3}$ | N/A | 2000ms | 实时游戏、V2X消息，配电-中压、过程，自动化-监控 |
| 4 | | 50 | 300ms | $10^{-6}$ | N/A | 2000ms | 非会话视频（缓存流媒体） |
| 65 | | 7 | 75ms | $10^{-2}$ | N/A | 2000ms | 紧急业务用户平面，Push To Talk语音，例如MCPTT |
| 66 | | 20 | 100ms | $10^{-2}$ | N/A | 2000ms | 非紧急业务用户平面，Push To Talk语音 |
| 67 | | 15 | 100ms | $10^{-3}$ | N/A | 2000ms | 紧急视频业务，用户平面 |
| 5 | 非GBR | 10 | 100ms | $10^{-6}$ | N/A | N/A | IMS信令 |
| 6 | | 60 | 300ms | $10^{-6}$ | N/A | N/A | 基于TCP视频（缓存流媒体），例如万维网、电子邮件、聊天、FTP、P2P文件共享、渐进式视频等 |
| 7 | | 70 | 100ms | $10^{-3}$ | N/A | N/A | 语音、视频（直播）、互动游戏 |
| 8 | | 80 | 300ms | $10^{-6}$ | N/A | N/A | 基于TCP视频（缓存流媒体），例如万维网、电子邮件、聊天、FTP、P2P文件共享、渐进式视频等 |

续表

| 5QI值 | 资源类型 | 默认优先级 | 数据包时延预算 | 数据包错误率 | 默认最大数据突发量 | 默认平均窗口 | 示例 |
|---|---|---|---|---|---|---|---|
| 69 | 非GBR | 5 | 60ms | $10^{-6}$ | N/A | N/A | 时延敏感紧急业务信令，例如MC-PTT信令 |
| 70 | | 55 | 200ms | $10^{-6}$ | N/A | N/A | 紧急数据业务 |
| 79 | | 65 | 50ms | $10^{-2}$ | N/A | N/A | V2X消息 |
| 80 | | 68 | 10ms | $10^{-6}$ | N/A | N/A | 低时延eMBB应用增强现实 |
| 82 | 时延敏感GBR | 19 | 10ms | $10^{-4}$ | 255 Byte | 2000ms | 离散自动化 |
| 83 | | 22 | 10ms | $10^{-4}$ | 1354 Byte | 2000ms | 离散自动化 |
| 84 | | 24 | 30ms | $10^{-5}$ | 1354 Byte | 2000ms | 智能运输系统 |
| 85 | | 21 | 5ms | $10^{-5}$ | 255 Byte | 2000ms | 高压电配送 |

## 4.6 用户面管理

用户面管理是指管理 PDU 会话的端到端的用户面路径，即 UE 和 DN 之间承载用户实际流量由多个分段的连接串联组成的路径。用户上行业务数据包，依次经过 AN（如 NG-RAN）、AN 到核心网的 UPF 网元连接（N3 接口）、核心网中多 UPF 之间的连接（多 UPF 场景时，N9 接口）、最后通过连接 DN 的 UPF（N6 接口）发送到 DN。

5G 核心网在 N3 和 N9 接口沿用 4G EPC 的用户面隧道协议（GTP-U 协议）的基础上，也做了一定增强，如新增扩展头支持 5G 新定义的 QoS 参数等，以支持 5G 的新特性。

5G 用户面的关键特性之一是 CU 分离架构，控制面 SMF 网元通过 N4 接口进行用户面 UPF 的选择和管理，UPF 则通过接收 SMF 下发的控制信令，执行用户面的各种相关功能。相对 4G EPC 中 CU 未分离时相对固定的用户面架构，5GC 中的用户面架构变得灵活多样，充分赋能边缘计算等 5G 应用场景。

另外，3GPP 标准中还定义了用户面管理及用户面 UPF 的主要功能，本节围绕 N4 接口功能和标准定义的用户面功能分别展开介绍。

### 4.6.1  N4 接口功能

3GPP 定义的 CU 分离架构下，控制面 SMF 通过 N4 接口的 PFCP 来管理 UPF 的功能。具体地，可通过在 N4 会话的建立 / 修改 / 释放 / 上报消息中携带参数信元，来进行用户面的管理。按照 PFCP 定义的标准，SMF 向 UPF 提供的参数如下。

① N4 会话的标识 ID，由 SMF 分配，并唯一标识 N4 会话。

② 包检测规则（PDR），UPF 使用包检测规则检测识别收到的业务数据包。

③ 转发动作规则（FAR），用于指示 UPF 在数据包匹配 PDR 时应进行的相应操作，例如转发 / 丢弃 / 缓存 / 通知 / 复制等。

④ 用量上报规则（URR），用于触发 UPF 生成并上报该 URR 关联的数据流用量报告。

⑤ QoS 执行规则（QER），用于 UPF 在数据包匹配 PDR 时进行相应的 QoS 控制。

⑥ 标准定义的其他规则，如缓存动作规则（BAR）、多接入规则（MAR）、会话上报规则（SRR）及跟踪要求等。

按照 3GPP 标准定义，收到用户面数据包时，UPF 包处理流程如图 4-8 所示。

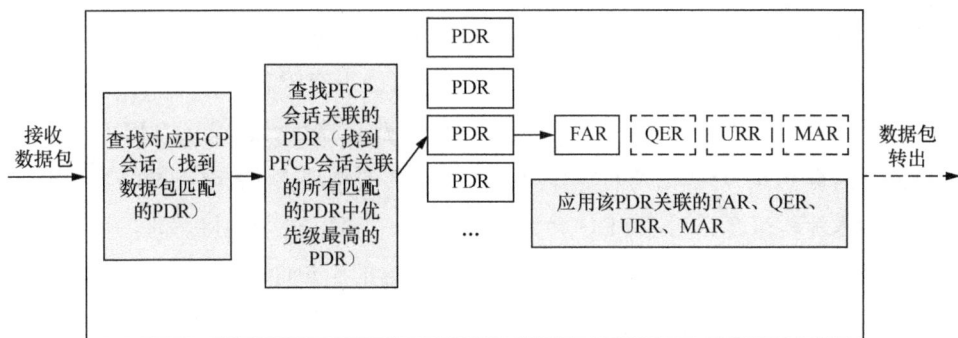

图4-8　UPF包处理流程

① 首先识别数据包对应的 PFCP 会话。

② 在该 PFCP 会话的所有 PDR 中，按照 PDR 优先级从高到低，查找与该数据包匹配的第一个 PDR；一旦找到匹配的 PDR，UPF 则停止 PDR 查找。

③ 查找到 PDR 后，应用该 PDR 关联的 FAR/QER/URR/MAR 相关规则。

### 4.6.2  用户面功能

依照 3GPP 标准定义，用户面主要功能具体说明如下。

### 1. 发现和选择 UPF

建立 PDU 会话时, SMF 负责发现并选择为用户服务的 UPF。通过运营商的网管系统、SMF 的配置信息、UPF 与 SMF 建立关联时交互信息等多种方式, SMF 可获知 UPF 相关信息 (如位置、拓扑、UPF 能力、负载情况等), 结合会话建立中的 UE 相关信息, 进而进行 UPF 的选择。

SMF 选择承载 PDU 会话的 UPF 时可参考的信息包括但不限于以下信息。

① UPF 相关信息 (例如动态负载、UPF 位置、支持相同 DNN 的多个 UPF 间的相对能力等)。

② UE 相关信息 (例如 UE 位置、接入技术等)。

③ PDU 会话相关信息 (例如会话类型、会话连续性 SSC 模式、DNN/DNAI、S-NSSAI、QoS 等)。

④ 本地运营商策略等。

### 2. 激活或去激活用户面

类似于 EPS, 5G 系统支持为建立多个 PDU 会话的 UE 激活其中一个或多个 PDU 会话的用户面连接 (UE 到核心网之间的无线承载和 N3 隧道), 以保障网络切片之间的隔离性。也就是说, 5G 系统支持为具有待传输用户面数据的 PDU 会话激活其相应用户面连接, 而不激活其他 PDU 会话的用户面连接, 此时, 即使 UE 处于连接态, 其未被激活的 PDU 会话也仍可处于空闲态。

空闲态的 UE 可以通过触发业务请求流程, 独立激活已经建立的 PDU 会话的用户面。当有 PDU 会话相关的下行业务数据包需要传递给 UE 时, 网络也可以触发业务请求流程来激活对应 PDU 会话的用户面。当 UE 处于连接态时, 也可以通过业务请求流程来独立激活已经建立的 PDU 会话的用户面。

当 PDU 会话一段时间没有业务数据包传输时, 网络可触发相应的无线承载和 N3 隧道去激活来释放 PDU 会话的用户面连接。

### 3. UE IP 地址管理及用户面隧道管理

① UE IP 地址管理: UE 的 IP 地址管理包括分配和释放 UE IP 地址及更新分配的 IP 地址。

② 用户面隧道管理: CN 隧道信息是与 PDU 会话对应的 N3/N9 隧道的端点信息, 包括 UPF 的 TEID 与 IP 地址。5GC 应支持在 (R)AN 和 UPF 之间的 N3 接口的每个 PDU 会话对应的隧道及 UPF 之间的 N9 接口的隧道的 TEID 管理。在建立或释放 PDU 会话的流程中, SMF 或者 UPF 执行 CN 隧道信息的分配和释放。

**4. 流量检测**

5GC（主要是 SMF 网元）支持通过为每个 PDR 提供检测信息来控制 UPF 的流量检测，检测信息包括但不限于：CN 隧道信息、网络实例标识、QFI、IP/ 以太网包过滤器、应用标识等。

**5. 路由和转发**

作为用户面的转发网元，UPF 应具备数据包转发、构造并转发 End Marker、下行数据缓存及通知等基本能力。

① 数据包转发：UPF 应具备数据包转发处理能力，例如数据包的封装 / 解封装。

② 构造并转发 End Marker：在 NR 切换时，SMF/UPF 构造并发送"End Marker"包，目标 RAN 根据"End Marker"包进行数据包的排序。

③ 下行数据缓存及通知：5GC 支持缓存 UE 的数据包，通常由 UPF 执行数据包的缓存。

当 PDU 会话的用户面连接被去激活后，SMF 可决定激活 UPF 中的数据包缓存和通知功能。UPF 收到第一个下行数据包时，通知 SMF 下行数据包到达，以便 SMF 触发用户面连接的激活；当 PDU 会话的用户面连接被激活时，SMF 去激活 UPF 的数据包缓存功能，UPF 将缓存的数据包转发到 RAN。

④ 分流功能：UPF 支持上行链路分流功能，用于将数据包分流到不同的出口。

**6. PCC 策略执行**

PCC 策略执行的具体功能说明如下。

① 激活或去激活预定义 PCC 规则：当 PCF 激活或去激活配置在 SMF 的预定义 PCC 规则时，SMF 通过 N4 接口向 UPF 提供相应规则及参数。

② 动态 PCC 规则执行：UPF 中检测数据包所需的应用检测过滤器可以在 SMF 中配置，并通过 SMF 提供给 UPF，或者直接配置在 UPF 中，通过 SMF 下发应用标识 Application ID 识别来关联。

③ 重定向：应用的上行流量的重定向可以在 SMF/UPF 中执行，重定向目的地或 URL 可以由 PCF 在动态 PCC 规则中提供给 SMF/UPF，或者可以在 SMF 或 UPF 中预先配置。

④ 门控：UPF 应支持基于 SDF 或应用的门限控制，以控制通过上下行的数据流量。SMF 下发 PDR 及其关联的 QER，由 UPF 识别上行和下行业务流，并对识别后的业务流执行上行和下行门限控制。

### 7. QoS 执行

QoS 执行的具体功能说明如下。

① 支持 QoS 模型及参数：UPF 支持本书第 4.5 章所述的 QoS 模型，例如 5QI、ARP、GBR、MBR、Session-AMBR、RQA 等 QoS 参数。

② 基于 QER 的 QoS 控制：UPF 根据 PDR 执行数据流检测，根据 PDR 关联的 QER 标记 QFI；支持对特定流量的监测和控制；支持根据 QoS 参数（例如 APN-AMBR、Session-AMBR、QoS Flow MBR、SDF MBR、Bearer MBR、QoS Flow GBR 和 Bearer GBR 等）进行速率管理功能等。

③ 传输层包标记：支持传输级参数（例如 DSCP 和 VLAN 优先级等）标记功能，UPF 可根据 SMF 下发的信元，配置传输层的 IP 头中 DSCP（差分服务代码点）标记。

### 8. 计费与流量监控

计费和流量监控的具体功能说明如下。

① 用量上报：UPF 应支持基于 SDF 或者应用业务、Service identifier 或 Monitoring key 等粒度的用量监控。UPF 应支持基于流量、时间、事件等方式的用量测量和上报，以及支持会话删除时的上报。

② 计费：SMF 应支持将计费信息上报给计费功能 CHF。SMF 基于从 UPF 接收的用量上报相关信息与 CHF 交互。

# ▌4.7  安全管理

## 4.7.1  5G 安全架构

5G 网络的新业务、新架构、新技术对安全和用户隐私保护带来了新的挑战，5GC 安全机制除了要满足基本通信安全要求，还需要为不同业务场景提供安全服务，能够适应多种网络接入方式及新型网络架构，保护用户隐私，并支持提供开放的安全能力。

### 1. 新业务应用带来的安全需求

5G 业务安全需求大致可以分为以下 3 种场景。

① eMBB：不同业务类型对安全的要求不同，5G 网络需要能够提供差异化的安全保护机制。

② mMTC：面向物联网繁杂的应用种类和成百上千亿个设备的连接，5G 网络可能存在终端设备攻击风险，例如信令风暴等。

③ uRLLC：低时延和高可靠性是 uRLLC 业务的基本要求，5G 网络需要提供高级别的安全保护措施且确保通信时延满足业务要求。

### 2. 新网络架构引入的安全需求

为提高系统的灵活性和效率、降低成本，5GC 网络架构引入新的 IT 技术和架构，例如 NFV（网络功能虚拟化）、SBA（基于服务的架构）、CUPS（控制与承载分离）、Slicing（切片）、能力开放等。

① NFV/SDN：通过虚拟化技术解耦了设备的控制面和数据面，为基于多厂家通用 IT 硬件平台建立新型的设备信任关系创造了有利条件。这种虚拟化特点使原先认为安全的物理环境转变为虚拟化基础设施的安全防护。因此，5GC 需要考虑基础设施的安全、容器的隔离加固等，保障 5G 业务在 NFV 环境下能够安全运行。

② SBA：5GC 将控制面的功能解耦、聚合并服务化，实现网络功能的敏捷部署。SBA 架构下需要考虑基于 TLS 和 HTTPS 的安全保障机制，以及 NF 和 NRF 相关注册、发现、认证授权等。

③ CUPS：5GC 的控制面和用户面完全分离，用户面下沉，认证、计费、QoS 等隐私信息在用户面处理，存在隐私泄露风险。

④ Slicing：5G 网络将建立网络切片，为不同业务提供差异化的安全服务，根据业务需求针对切片定制其安全保护机制。同时，网络切片也对安全提出了新的挑战，例如切片之间的安全隔离、虚拟网络的安全部署和安全管理等。

⑤ 能力开放：5GC 网络能够向第三方开放网络服务和管理功能，因此，需要提供核心网与第三方业务间的安全保障机制，例如认证授权、隐私数据保护等。

### 3. 多种接入制式引发的安全需求

5G 网络支持多种接入技术，例如 WLAN、LTE、固定网络、5G 新无线接入技术等，不同的接入技术有不同的安全需求和接入认证机制。另外，一个用户可能持有多个终端，而一个终端可能同时支持多种接入方式，同一个终端在不同接入方式之间切换或用户在使用不同终端办理同一个业务时，要求能进行快速安全接入以保持业务的延续性。因此，5G 网络需要构建一个统一的认证框架来融合不同的接入认证方式，并优化现有的安全认证协议以提高终端在异构网络间进行切换时的安全认证效率，同时还能确保同一业务在更换终端或更换接入方式时，业务的连续性和安全性。

**4. 更高用户隐私保护的安全需求**

5G 网络中业务和场景的多样性、架构的灵活性、网络的开放性等，使用户隐私信息在多种接入技术、多层网络、多种设备和多个参与方交互的复杂网络中存储、传输和处理，用户隐私信息从封闭的平台转移到开放的平台上，接触状态从线下变成线上，因此，泄露的风险也有所增加。随着各领域对隐私保护的重视度不断提升，5G 网络有了更高的用户隐私保护需求。

综上所述，面向未来多样化的业务场景、新网络架构、多种接入制式和用户隐私安全等方面引发的安全需求，5G 网络需提供多层次、多维度统一的安全架构，预防或降低潜在的安全风险，确保网络业务的连续性、商业机密的安全性，以及终端用户信息的隐私得以保护。

## 4.7.2  5G 安全认证

5G 构筑了与接入方式无关的统一的安全框架、认证方法和密钥架构，无论采用哪种接入方式，安全框架均由 UE、AMF、AUSF、UDM 组成，5G 统一认证架构如图 4-9 所示。

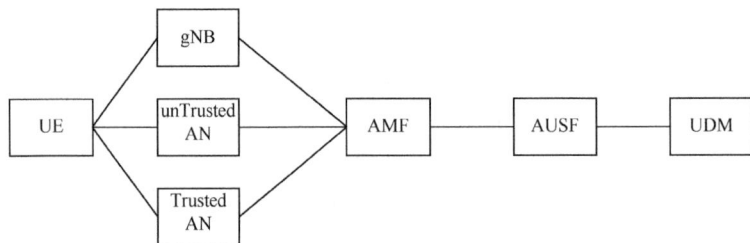

图4-9  5G统一认证架构

5G 安全框架中，各 NF 的具体功能说明如下。

① UDM：存储用户的根密钥及认证的相关签约数据，生成 5G 鉴权参数和鉴权向量，类似 4G 网络中的 HSS。

② AUSF：推导锚点密钥 KSEAF；EAP-AKA′ 认证方法中，承担网络鉴权功能；5G AKA 认证方法中承担归属网络鉴权功能。

③ AMF：根据锚点密钥 KSEAF 推导下层的 NAS 和 AS 密钥，在 5G AKA 认证方法中完成服务网络鉴权结果确认。

和 4G 一样，5G 支持 UE 和网络的双向认证，与 4G 不同的是，5G 归一了 3GPP 和非 3GPP 的认证方法，支持 EAP-AKA′ 和 5G AKA 两种，5G 认证方式见表 4-7。在实际应用中，运营商可以根据自己的策略选择所需的认证方法。

表4-7　5G认证方式

| 认证方法 | 简介 | 鉴权网元 | 鉴权向量 |
|---|---|---|---|
| EAP-AKA′ | 基于USIM的EAP认证方式 | AUSF | 五元组，包含RAND、AUTN、XRES、CK′、IK′ |
| 5G AKA | 5G AKA是EPS-AKA′的变种，与其不同的是：<br>① 增加了归属域确认流程，以防出现漫游欺诈。<br>② 支持请求多个鉴权向量，不支持预获取鉴权向量 | AMF和AUSF | 四元组，包含RAND、AUTN、XRES*、$K_{AUSF}$ |

相较于4G，5G完成了3GPP和非3GPP接入密钥生成的统一。5G密钥架构如图4-10所示，根密钥K存储在UDM和USIM卡中，通过根密钥K逐层推导出$K_{AUSF}$、$K_{SEAF}$和$K_{AMF}$。需要注意的是，使用不同认证方法时，$K_{AUSF}$的计算公式不同。无论是3GPP还是非3GPP接入，都使用相同的密钥$K_{AMF}$来推导NAS（非接入层）和AS（接入层）密钥。

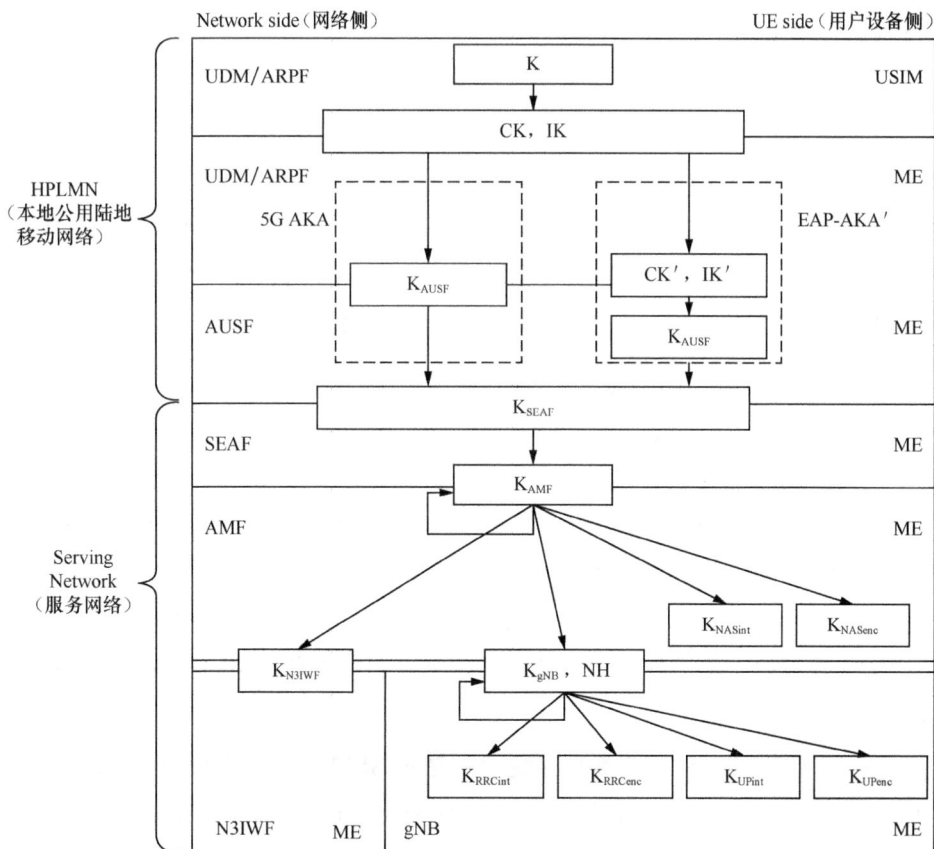

图4-10　5G密钥架构

### 4.7.3　信令面数据安全

5G信令面的机密性和完整性保护沿用了4G的机制，相较于4G，5G用户面增加了完整性保护。

5GS对UE和AMF之间的NAS协议进行加密并保护完整性。在注册过程中，完成身份验证和密钥派生后，会派生用于保护NAS消息的密钥。NAS安全性的处理方式与4G/EPS类似，不同的是，进行了一些增强，以对初始NAS消息进行附加保护。需要说明的是，初始NAS消息是注册请求和服务请求消息，即用于与5GC发起通信的消息。

在4G/EPS中，如果UE具有现有的安全上下文，则初始NAS消息将受到完整性保护，但不会被加密。这样做是为了即使MME可能已经丢失了该UE的安全上下文，或UE和MME之间不匹配，也可以使接收方MME基于GUTI（全球唯一临时UE标识）识别UE。如果UE中没有安全上下文，则不会对初始NAS消息进行加密或完整性保护。

在5GS中，添加了支持以允许对初始NAS消息进行部分加密，以保护信息元素，其中包括可能的敏感信息。这样的消息包含明文形式的一些信息元素（例如5G-GUTI、5G-S-TMSI、UE安全功能）和一些已加密的信息元素（例如MM功能、请求的S-NSSAI等）。如果UE具有现有的安全扩展，则可以完成此操作。在UE中没有任何安全性上下文的情况下，初始NAS消息仅包含明文信息元素，并在建立NAS安全性后，对其余信息元素进行加密和完整性保护。

### 4.7.4　用户隐私保护

4G时代，在核心网没有给UE分配GUTI前，UE通过IMSI（国际移动用户识别码）标识自己的身份。安全上下文建立前，IMSI在空口明文传输，存在IMSI被泄露的安全风险。在4G安全标准讨论时，由于没有明确给出IMSI攻击的实际应用场景，所以这部分的保护机制最终没有纳入标准中。在5G标准制定的过程中，IMSI攻击的实际场景逐渐清晰，再加上人们对隐私保护的重视度越来越高，IMSI保护要求应运而生。

那么如何保护IMSI呢？简单来说，就是IMSI加密了。UE使用归属网络的公钥加密SUPI（用户永久标识符）中的非路由信息，生成SUCI（用户隐藏标识符）。在初始注册（UE还没有被分配5G-GUTI）流程或者UE收到网络侧发送的身份识别请求（网络侧无法通过 5G-GUTI 识别 UE 身份）时，UE 在 NAS 消息中发送 SUCI。获取到 SUCI 后，UDM（用户数据管理）使用私钥将 SUCI 解密为 SUPI，获取用户的真实身份及签约信息。

### 4.7.5　服务化架构安全

5G 核心网将控制面的功能解耦、聚合并服务化，实现网络功能的敏捷部署，NF 间通过 SBI（服务化接口）通信。为了预防和降低 NF 仿冒、篡改、信息泄露和权限提升等安全风险，5G 核心网支持 NF 认证和 NF 授权。

① NF 认证：NF 间基于 TLS（安全传输层协议）的证书认证机制实现双向认证，预防和降低仿冒、篡改、信息泄露风险。

② NF 授权：5G 核心网基于静态授权或 OAuth2.0 框架实现 NF 间的授权，NF 完成注册后向 NRF（一个基于"去中心化"技术的数字资产项目）申请 Access Token（访问令牌），当需要服务时携带 Access Token 访问 NF Service producer（服务提供者），NF Service producer 通过 Access Token 校验结果决定是否提供服务。简单来说，Access Token 好比一个许可证，当且仅当用户手持许可证时，才能获得所需的服务。需要注意的是，许可证是有时效性的。

## / 4.8　标识管理

标识在 5G 系统中起着重要作用，网络侧对用户进行管理，必然会涉及身份标识的使用，例如运营商分配的用户永久性和临时性的身份标识，不仅可以识别特定的签约用户，还能够识别存储在该用户的永久和临时签约信息的网元实例信息。本章简要介绍在 5G 系统中常用的重要标识。

根据不同标识存活期长短不同，可以将这些标识分为永久性标识和临时性标识两种。其中主要的永久性标识，即 5G 系统分配给每个用户的签约永久标识符（SUPI，类似 EPC 中的 IMSI），用于在 3GPP 系统内唯一识别用户；同时，出于对用户隐私安全保密的考虑，也支持为用户分配全局唯一临时标识（5G-GUTI，类似 EPC 中的 GUTI），用于在 5G 系统的不同网元间传递用户信息。另外，终端设备商还支持为接入 5G 网络的用户设备分配独立于用户标识的永久标识，即永久设备标识［PEI，类似 EPC 中的 IMEI（国际移动设备识别码）］/IMEISV（国际移动设备识别码和软件版本号）。

### 1. 用户永久标识符（SUPI）

5G 系统会为每个签约用户分配全局唯一的 5G 用户永久标识符（SUPI），用于在 3GPP 系统内使用，并在 UDM（统一数据管理）/UDR（按用户的规定选路）中进行配置。

SUPI 可能包括以下内容。

① IMSI。

② 专用网络标识，用网络接入标识符（NAI）表示（使用 RFC 7542 定义的 NAI）。

③ GLI 和支持 FN-BRGs 的 5GC 运营商标识符。

④ GCI 和支持 FN-CRG 和 5G-CRG 的 5GC 运营商标识符。

当 UE 需要向网络侧表明其 SUPI 信息时（例如在注册流程中），提供的是 TS 23.003 中定义的加密后的 SUPI，即 SUCI。

SUPI 中包含归属网络的路由信息（例如在 IMSI 类型的 SUPI 中包含 MCC 和 MNC），用于支持漫游场景。

为了支持与 EPC 网络的互通，5G 系统分配给 UE 的 SUPI 应为 IMSI 类型，以确保 UE 在切换到 EPC 时能够被 EPC 网络识别。

另外，5G 网络也支持对 SUPI 进行加密保护，详细介绍参见用户隐藏标识符（SUCI）节。

### 2. 用户隐藏标识符（SUCI）

通常情况下，出于对用户信息安全保护的考虑，除了用于路由的信息（如 MCC、MNC），SUPI 不应在 NG-RAN 间以明文形式传递（除非在无认证的紧急呼叫场景下）。为避免在无线网络上传输用户的真实身份信息被攻击者轻易获取，5G 系统支持对 SUPI 进行加密保护机制，用于在 NAS 安全上下文建立前，保护在空口传输用户的 IMSI，SUCI 即为加密后的 SUPI。

SUCI 是一次性的签约标识符，每次使用 SUCI 后会再次生成新的不同的 SUCI。

用户归属网络运营商可控制是否开启签约用户的隐私加密保护功能，并在用户 USIM 卡（应用在 UMTS 手机的一种 UICC 智能卡）或者终端中存储归属网络公钥、归属网络标识符、加密模式标识符、SUCI 计算指示（控制由终端 /USIM 卡执行 SUCI 计算）、路由指示符等相关信息，并可控制这些信息的配置和更新。

终端默认支持空模式（null-scheme），如果归属网络尚未在 USIM 中配置归属网络公钥，例如UE初始注册时，则此时终端应执行空模式，即不提供SUPI加密保护。

### 3. 永久设备标识（PEI）

为接入5G系统的UE定义了永久设备标识（PEI），类似EPC网络中的IMEI和IMEISV标识。

根据不同的UE类型和应用场景，PEI有不同的类型和格式，包括IMEI/IMEISV/MAC。UE应将PEI类型指示和其对应的格式提供给网络侧。

如果UE支持至少一种3GPP接入技术，即NG-RAN/E-UTRAN/UTRAN/GERAN，则为UE分配的PEI格式必须为IMEI/IMEISV。

### 4. 5G全局唯一临时UE标识（5G-GUTI）

5G系统除了支持在终端与无线之间传递UE的SUPI时对SUPI进行加密保护，还支持为UE分配统一的5G全局唯一临时UE标识（5G-GUTI，类似EPC网络中的GUTI），用于在5G系统内传递用户信息，并满足对多种方式接入（例如3GPP和非3GPP接入共用）的UE统一识别管理的需求，以确保UE能使用同一5G-GUTI来访问AMF中的3GPP接入和非3GPP接入的安全上下文。另外，AMF能够在需要时，对分配给UE的5G-GUTI进行更新。

与4G EPC中定义的GUTI类似，5G-GUTI由全局唯一AMF标识（GUAMI）和该AMF分配给UE的5G-TMSI（可在该GUMAI范围内唯一识别UE）组成，从而确保分配给UE的5G-GUTI在5G系统内唯一。

① 5G-GUTI结构

<5G-GUTI>：=<GUAMI> <5G-TMSI>

其中，全局唯一AMF标识（GUAMI）用于标识一个或一组AMFs，由移动国家代码（MCC）、移动网络代码（MNC）、AMF域标识（AMF Region ID）、AMF组标识（AMF Set ID）及AMF指针（AMF Pointer）构成。

② GUAMI结构

<GUAMI>：=<MCC> <MNC> <AMF Region ID> <AMF Set ID> <AMF Pointer>

5G网络中的每个AMF通过AMF名称标识，形式为全局唯一的完全限定域名FQDN，一个AMF可配置一个或多个GUAMIs，但同一时刻携带不同AMF指针的GUAMI仅可与一个AMF名称关联。

### 5. 通用公共用户标识（GPSI）

为了在3GPP系统外的不同数据网络中寻址3GPP用户的签约信息，5G系统支持为 UE 分配通用的公共用户标识（GPSI，类似 EPC 网络的 MSISDN），并在 UDM/UDR 中存储 GPSI 与 SUPI 之间的关系，将其关联到相应的用户签约数据。因此，GPSI 作为公共标识，在 3GPP 系统内部和外部均可适用。需要通用公共用户标识（GPSI）来处理 3GPP 系统外部不同数据网络中的 3GPP 签约业务。

GPSI 是运营商针对数据网络 DN 提供的用户标识，如果用户访问不同的 DN，则可以有多个 GPSI，因此，GPSI 和 SUPI 之间不仅限于一对一的关系。

GPSI 可以是一个 MSISDN（是在公共电话网交换网络编号计划中，唯一能识别移动用户的号码）或外部标识符。如果签约数据中包含 MSISDN，则可在 5GS 和 EPS 中支持相同的 MSISDN 值。

### 6. 内部组标识

内部组标识是 5G 网络内的全局唯一标识，用于标识属于特定网络的一组 SUPIs（例如 MTC 设备），这些 SUPIs 可组合起来用于一个特定的组服务，适用于行业用户及专网场景。5G 系统支持将 UDR 中 UE 的签约数据与该 UE 相关的多个组关联，不同的组则通过不同内部组标识区分。

需要注意的是，在 3GPP R16 阶段定义 UE 所属的组数量是有限的，而且仅在非漫游场景下适用组标识。

UE 与所属组的关系可作为用户的会话管理签约数据的一部分，通过 UDM 提供给 SMF，SMF 收到后可应用于本地策略，并将其存储在用户的 CDR（呼叫数据记录）话单中；此外，在 PDU（分组数据单元）会话开启 PCC（个人代码呼叫）时，该信息会通过 SMF（业务管理功能）提供给 PCF（分组控制功能），在 AF 影响流量路由流程中使用。

另外，该关系也可作为接入与移动性签约数据的一部分，通过 UDM 提供给 AMF，AMF 收到后可应用本地策略，进行基于组的 NAS 级别拥塞控制，例如在 AMF 上或 SMF 上，或在二者同时配置基于内部组标识的 NAS 拥塞控制策略（UE 不感知）。

### 7. 数据网络名称（DNN）

5G 系统沿用 EPC 网络中的 APN 的定义和组成，通过数据网络名称（DNN）来标识不同的数据网络。DNN 可用于为 PDU 会话选择服务 SMF 和 UPF、对应 N6 接口，以及确定会话适用的策略等。

DNN/APN（包含网络标识和运营商标识）与 UPF/PGW/GGSN 的 DNS 名称一一对应，通常由以下两个部分组成。

① DNN/APN 网络标识（必选）：标识 UPF/PGW/GGSN 连接到的外部网络，以及（可选地）MS 可请求的服务。

② DNN/APN 运营商标识（可选）：标识 UPF/PGW/GGSN 归属运营商的 5GC/EPS/GPRS PLMN 及对应的骨干网信息。

# / 4.9　计费功能

## 4.9.1　计费架构演进

计费是运营商为了衡量用户对网络资源的占用情况，根据一定的资费政策建立的费用计算系统，并向用户收取费用。2G/3G/4G 网络中，计费系统提供了在线计费和离线计费两种计费机制，在 5G 网络中，引入了融合计费架构。

离线计费是指在用户使用网络资源时，网络侧收集相关的计费信息，之后通过一系列逻辑计费功能［包括计费触发功能（CTF）、计费数据功能（CDF）、计费网管功能（CGF）、离线计费系统（OFCS）等］逐步传递给计费系统的过程，离线计费架构如图 4-11 所示。通过此过程，网络侧生产用户的 CDR 计费话单，并传递给运营商的计费平台，用于对签约用户的计费及跨运营商之间的结算。离线计费是一种非实时影响用户业务的后计费机制。

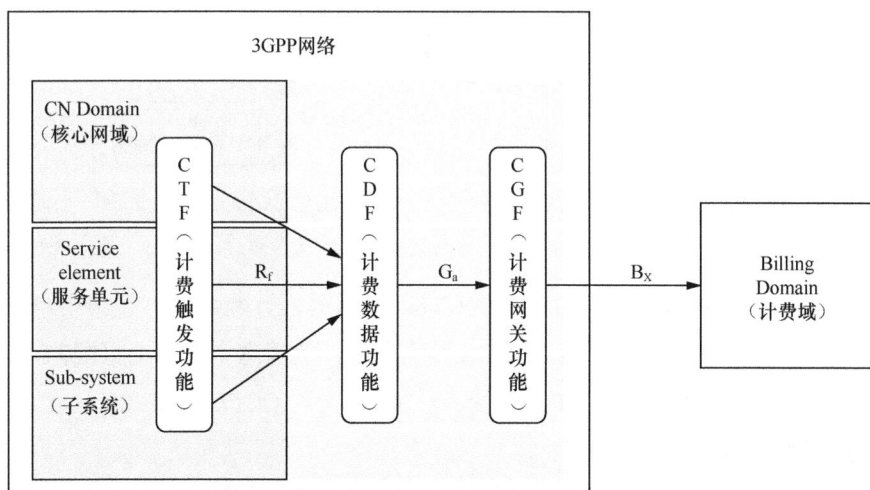

图4-11　离线计费架构

在 EPC 网络中，通常由 PGW（分组数据网络网关）实现 CTF/CDF，负责处理计费事件，搜集用户用量，并产生计费话单，之后通过 $G_a$ 接口向 CGF 发送离线话单。由 CG 计费网关实现 CGF，通过 $G_a$ 接口接收 CDF 发送的离线话单，对话单进行格式化处理后生成话单文件，然后通过 $B_x$ 接口将话单文件传送给运营商的计费系统。

相比离线计费，在线计费虽然也是在用户使用网络资源的同时收集相关的计费信息，但不同的是，用户使用核心网的资源前，必须获得一定授权，即核心网收到用户的网络资源的使用请求时，收集并组织相关计费信息，实时地向计费系统生成计费事件。计费系统收到后，会在该 UE 可用的范围内，例如有限的数据流量或时间段，返回适当的资源使用授权。因此，只要用户始终有可用的网络资源，网络侧会不断地与计费系统交互，实时更新授权。在线计费是一种可实时影响用户业务的计费机制，为保障用户的业务需要，计费系统与核心网侧保持交互。在线计费架构如图 4-12 所示。

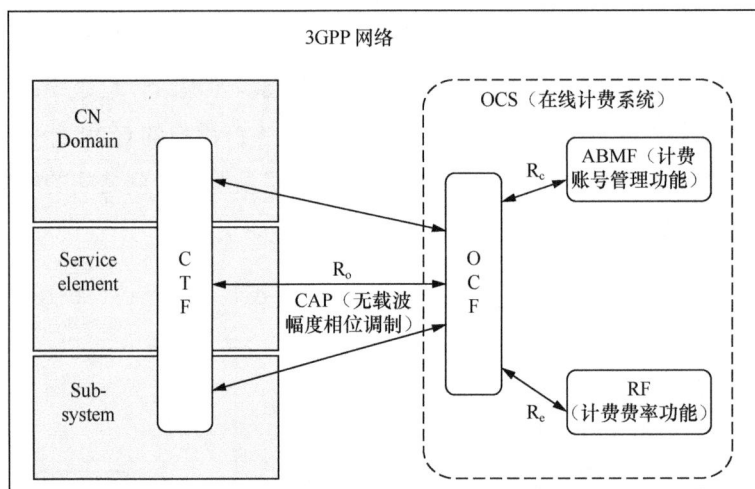

**图4-12　在线计费架构**

在 EPC 网络中，通常由 PGW 实现 CTF，负责处理计费事件，搜集用户用量，通过 $R_o$（Gy）接口向在线计费系统 OCS 发送在线计费消息申请和上报配额，并接受处理 OCS 下发的配额。由在线计费系统 OCS 实现 OCF/ABMF/RF，负责用户账户余额管理和批价处理。

随着 5G 网络的服务化，计费系统也从传统的离线计费和在线计费系统演进到融合计费系统。融合计费采用服务化接口，支持融合的在线计费和离线计费，从而简化网络，支持不同的业务场景和需求。接下来，详细阐述 5G 融合计费架构及其要求。

### 4.9.2 融合计费架构

融合计费架构将在线计费功能和离线计费功能融合在一起，同时采用统一的服务化接口。这种演进从标准架构来看，配合了 5G Core 定义的 SBA（基于服务的架构），其服务架构和服务接口的定义有利于 IT 系统云化和灵活部署的商用诉求。

融合计费系统在计费接口、计费功能及部署方式等方面，相较于传统的计费系统都有明显的区别，但计费的本质是相同的，依然是完成用户用量（时长、流量）和信息（RAT、QoS、Application 信息、URL 等）搜集、并对在线计费业务进行信用控制。Nchf 接口架构：SBI 协议对接如图 4-13 所示。

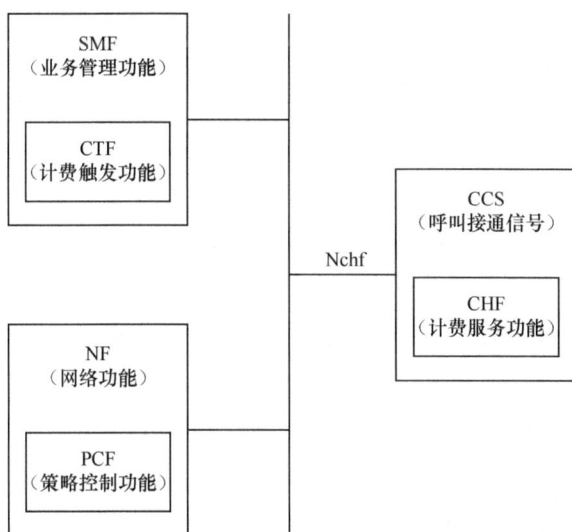

**图4-13 Nchf接口架构：SBI协议对接**

其中，CTF 是网元节点的计费触发功能模块，CHF 是融合计费服务器的融合计费功能模块。服务器通过 Nchf 接口开放业务能力。Nchf 是由 CHF 提供计费功能的 SBI 服务化接口，5GC 网络侧 SMF 内置计费触发功能 CTF 作为 Nchf 的融合计费业务使用者。SMF 通过 N4 接口向 UPF 收集对应的业务计费信息，支持在线计费与离线计费。计费侧提供 CHF 及 Nchf 接口服务，支持批价及配额管理。

5G 融合计费架构如图 4-14 所示。

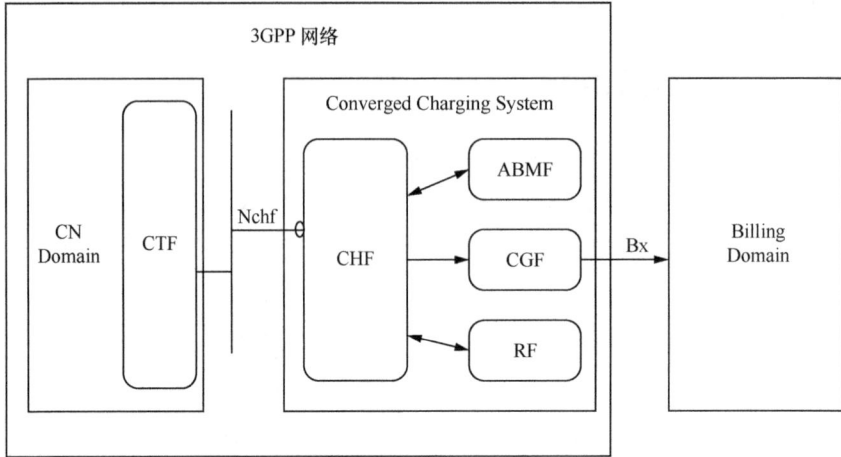

图4-14　5G融合计费架构

图 4-14 中的功能模块的具体说明如下。

① CTF（计费触发功能）：通常由 SMF 集成 CTF，负责向 CHF 生成计费事件，以实现 PDU 会话连通性的在线和离线计费。支持发现和选择 CHF 服务器、从 NRF 发现 CHF、向 CHF 请求和接收配额、按照配额或门限跟踪记录业务用量情况、上报业务用量、处理或中止重授权配额等功能。

② CHF（计费服务功能）：CHF 作为融合网关计费功能，同时提供离线计费和在线计费功能，主要提供配额管理、重授权触发、根据计费系统变更更新计费费率或中止计费、接受 SMF 上报的业务用量报告、生成 CDRs 话单等。

③ ABMF：计费账户管理功能。

④ CGF（计费网关功能）：创建 CDR 文件并将其转发到计费域（BD）。

⑤ RF：计费费率功能。

⑥ BD（Billing Domain）：计费域。

## 4.9.3　计费要求

为满足对业务数据流的计费控制，在 PCC 规则中包含了 SDF 标识及相应的计费控制参数字段，5G 支持的计费模型及计费要求的具体说明如下。

### 1. 计费模型

① 基于流量的计费。

② 基于时间的计费。

③ 基于流量和时间的计费。

④ 基于事件的计费。

⑤ 不计费，即不适用于计费控制，不生成计费话单。

**2. 计费要求**

① 根据 UE 的漫游状态，可适用不同的计费模型和费率。

② 根据 UE 的位置，可适用不同费率。

③ 根据业务的不同阶段，适用不同费率，例如，允许 UE 在业务初始阶段以某一费率下载，并在达到给定用量后适用另一费率。

④ 根据不同的时间段，可适用不同费率。

⑤ 根据承载 SDF 流的接入方式不同，可适用不同费率。

⑥ 支持基于 UE 粒度，进行 PCC 规则标识的 SDF 业务流的用量限制。

⑦ 支持对应用程序的启动或停止事件进行在线计费。

⑧ 支持控制 SMF 与 CHF 交互时是否需要 PCC 规则，例如，不需要对业务数据流 SDF 进行计费、信用控制、使用记录时，不会生成计费信息。

## 4.9.4  5G 计费信息

5GC 域网络中的计费信息是 SMF 收集的每 UE 粒度的计费相关信息。PDU 会话计费要求 SMF 收集 UE 粒度、UPF 粒度、PDU 会话粒度的计费信息并进行分类。

SMF 收集线上线下融合计费的计费信息，具体说明如下。

① 接入网和核心网络资源的使用信息：计费信息包括向 UE 传送的数据流量和 UE 发送的数据流量。

② 使用时长信息：PDU 会话的时长是从 PDU 会话建立到 PDU 会话释放的时间间隔。

③ 用户信息：计费信息中提供用户在 PDU 会话中使用的 UE 地址。

④ 数据网络信息：计费信息提供目标数据网络地址（例如 DNN）。

⑤ 开始时间：指示的 PDU 会话开始的时间。

⑥ 用户位置信息：HPLMN、VPLMN、内部或外部存在报告区域，可以包括更高精度位置信息例如 WLAN 接入点信息。

5G 在策略控制上基本沿用 4G 的 PCC 架构，主要包括 PCF、SMF、AMF、AF、NEF、CHF 等功能实体。3GPP 定义的非漫游场景的 5G 策略与计费控制架构如图 4-15 所示。

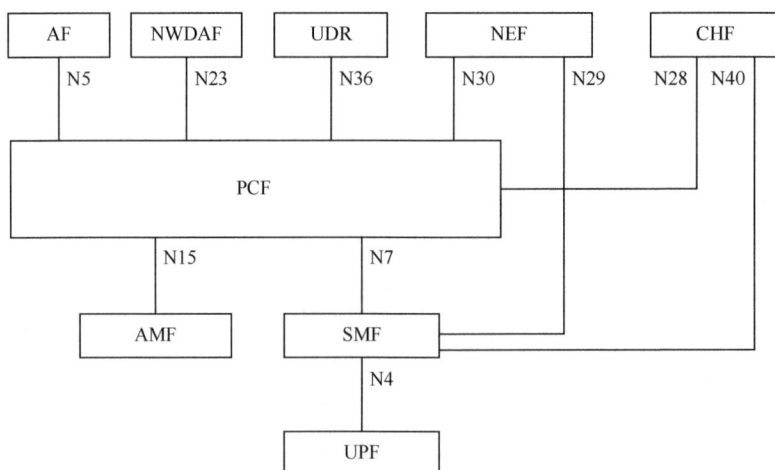

图4-15　3GPP定义的非漫游场景的5G策略与计费控制架构

5G 策略管理 NF 见表 4-8。

表4-8　5G策略管理NF

| NF | 功能说明 |
| --- | --- |
| PCF | 策略控制功能，提供5G用户的接入控制、切片选择等非会话类策略管理及会话绑定、会话控制、QoS控制、计费控制等会话类策略的管理等功能 |
| AMF | 接入和移动性管理功能，负责5G用户的网络接入控制、注册管理、连接管理、移动性管理等功能 |
| SMF | 会话管理功能，负责5G用户的会话的生命周期管理、IP地址分配、数据路由选择、业务连续性管理、策略规则匹配及流量计费处理等功能 |
| NWDAF | 网络数据分析功能，负责采集并分析网络状态信息，并对策略控制功能网元提供策略决策信息 |
| UDR | PCF的数据库，负责5G用户策略数据的存储 |
| NEF | 能力开放功能，负责将5G核心网的服务化能力及信息对外部网络进行开放 |
| UPF | 用户面功能，负责用户数据报文的路由转发、业务识别与策略执行等功能 |
| CHF | 计费功能 |
| AF | 应用层的各种服务，可以是运营商内部的应用，也可以是第三方的应用 |

5G 的策略控制功能除了类似于 3GPP EPC 体系结构中支持会话管理策略，新增 AMF 策略执行点，实现接入和移动性策略控制；新增 UE 策略执行点，实现 UE 策略控制。5G 策略控制功能见表 4-9。

表4-9　5G策略控制功能

| 策略控制 | 策略执行点 | 控制功能描述 |
|---|---|---|
| 会话策略 | SMF/GW-C | ① QoS控制：会话级别（MBR）、应用级别（GBR）/流级别（MBR）。<br>② 计费控制：计费网元选择、计费策略。<br>③ 配额管理：流量配额、时长配额 |
| 接入和移动性策略 | AMF | ① 用户服务区域的限制管理功能：PCF通过服务区限制管理修改AMF的服务区限制，服务区限制包含允许的TAI列表、不允许的TAI列表，以及可选的允许的TAI的最大数目等。<br>② 无线接入类型和频率选择优先级（RFSP）的管理功能：PCF通过修改AMF使用的RFSP索引以执行无线资源管理功能 |
| UE策略 | UE | ① 接入网络发现和选择策略（ANDSP）：UE使用它来选择非3GPP接入网。<br>② UE路由选择策略（URSP）：UE使用该策略来确定检测到的应用是否与已建立的PDU会话关联，是否可以卸载到非3GPP接入，是否触发新PDU会话的建立。<br>③ SSC模式选择策略（SSCMSP）：UE使用该策略将匹配的应用与SSC模式相关。<br>④ 网络切片选择策略（NSSP）：UE使用该策略将匹配的应用与S-NSSAI相关。<br>⑤ DNN选择策略：UE使用该策略将匹配的应用与DNN相关联。<br>⑥ PDU会话类型策略：UE使用该策略将匹配的应用与PDU会话类型相关。<br>⑦ 无缝卸载策略：UE使用该策略确定匹配的应用可被无缝卸载到PDU会话之外的非3GPP接入上。<br>⑧ 接入类型偏好：如果UE需要为匹配的应用建立PDU会话，使用该策略指示其偏好接入类型（3GPP或非3GPP） |

# 4.10  与EPC互操作功能

5G网络建设过程是一个由点到面逐步展开的过程，在5G建设初期，当用户移动到没有5G网络覆盖的地方时，需要能够继续使用4G移动网络，因此，为保障用户在5G SA和4G EPS两个系统之间移动时，正在使用的业务不受影响，网络侧和终端侧必须支持用户在5G和4G网络之间切换时业务的连续性，相关的流程统称为 4G/5G 互操作。从核心网侧看，4G/5G 互操作主要涉及 TAU（跟踪区更新）、切换、移动注册更新等流程。

## 4.10.1　5GC 与 EPC 映射

本节描述了 5GC 与 EPC 互操作架构下 UE GUTI 标识的映射关系、QoS 映射及用户入网时的网元选择等功能。

4G、5G 对等网元 AMF 与 MME 的标识间相互关系如下。

① AMF 标识（GUAMI）= <MCC> <MNC> <AMF Region ID> <AMF Set ID> <AMF Pointer>

② MME 标识（GUMMEI）= <MCC> <MNC> <MMEGI> <MMEC>

其中，MMEGI 为 MME Group ID，MMEC 为 MME Code。

映射关系如下。

① AMF Region ID = MME group ID（8 ～ 15 位）。

② AMF Set ID = MME group ID（0 ～ 7 位）+ MME Code（6 ～ 7 位）。

③ AMF Pointer = MME Code（0 ～ 5 位）。

由于上述 4G、5G 网元标识的差异，所以 4G、5G 用户的 GUTI 也有相应的映射关系，5G GUTI 与 4G GUTI 间映射如图 4-16 所示。

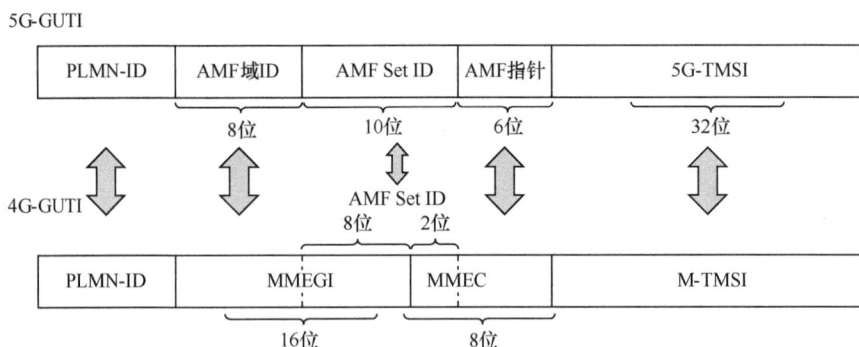

图4-16　5G GUTI与4G GUTI间映射

5G QoS 与 4G QoS 的映射关系见表 4-10，具体说明如下。

① 5G QoS 取消了 APN-AMBR，引入了 Session AMBR 参数，支持通过不同 SMF 建立到同一个 DNN 的不同的 PDU 会话。

② 5G QoS 取消了 Bearer，引入了 QoS Flow。5G QoS 与 4G QoS 二者均用于指代一类具有相同 QoS 属性的业务流，二者的差异在于，5G 网络中单用户可支

持的 QoS Flow 数量（63 个）大于 4G 单用户的 Bearer 数（11 个）。QoS Flow 和
Bearer 的映射规则和决策均由 SMF 执行，SMF 可以有选择地将部分 QoS Flow 映
射到 Bearer，并切换到 4G；AMF 分配 QoS Flow（s）对应的 EBI（EPS 承载标识），
未分配 EBI 的 QoS Flow（s），意味着不进行支持切换到 4G。

表4-10　5G QoS与4G QoS的映射关系

| 5G QoS参数 | 4G QoS参数 | 备注 |
|---|---|---|
| 5QI | QCI | 标准的5QI与4G中的QCI对应；非标准的5QI根据SMF本地配置进行映射 |
| ARP | ARP | — |
| Priority Level | 不支持 | — |
| GFBR | GBR | QoS Flow与EPS Bearer 1：1映射时，GFBR等同于GBR；QoS Flow与EPS Bearer $N$：1映射时，根据SMF本地配置，例如GBR可等同于QoS Flow中的最高GFBR |
| MFBR | MBR | QoS Flow与EPS Bearer 1：1映射时，MFBR等同于MBR；QoS Flow与EPS Bearer $N$：1映射时，根据SMF本地配置，例如MBR可等同于QoS Flow中的最高MFBR |
| Session AMBR | APN AMBR | — |
| UE AMBR | UE AMBR | — |
| Average Window | 不支持 | 仅适用于GBR QoS Flow，定义了计算GFBR/MFBR的时间窗口 |
| Maximum Data Burst Volume | 不支持 | 应用于uRLLC业务（Delay-critical类型的GBR QoS Flow），定义了要求空口在时延预算内传输的最大数据包长度，用于空口准入控制，也避免在N3 Tunnel上进行IP分片 |
| Reflective QoS | 不支持 | 反射QoS机制 |
| Notification control | 不支持 | — |
| Maximum Packet Loss Rate | Maximum Packet Loss Rate | 只应用于语音业务 |

③ 4G、5G互操作时，GBR QoS Flow 和 GBR Dedicated Bearer 之间通常为1:1
映射。

## 4.10.2　基于 N26 接口的互操作

4G/5G 互操作方案根据 MME 与 AMF 之间是否有 N26 接口，可以分为有 N26 接口的互操作方案和无 N26 接口的互操作方案。目前，业界主流的部署方案是基于有 N26 接口的互操作方案，本节主要围绕此方案展开详细介绍。

### 1. UE 注册模式

3GPP 标准定义了 UE 的多种注册模式，根据其是否能同时在 5GC 和 EPC 网络中均保留注册信息，可分为单注册和双注册两种。

（1）单注册（适用基于有 N26 接口的互操作方案）

UE 只能在一个网络中注册，即注册在 5GC 或 EPC 网络中。在单注册模式下，UE 只有一个主用 MM 状态（5GC 中的 RM 状态或 EPC 中的 EMM 状态）。当 UE 在 5GC 和 EPC 之间移动时，UE 的 5G-GUTI 映射为 EPC-GUTI，反之亦然。UE 从 5GC 移动到 EPC 时，UE 和网络可保留其 5G-GUTI 和 5G 的安全上下文，因此，在 UE 返回 5GC 时，可以重用之前已建立的 5G 安全上下文以节省信令。3GPP 标准要求，支持 5GC NAS 和 EPC NAS 的 UE，必须支持单注册模式。

（2）双注册

UE 能同时在 5GC 和 EPC 两个网络中分别保留独立的注册信息。在双注册模式下，UE 通过独立的 RRC 连接分别注册到 5GC 和 EPC，并独立维护 5G-GUTI 和 EPS-GUTI。在这种模式下，向 5GC 注册时，UE 需提供 5GC 分配的 5G-GUTI；移动到 EPC 时，需提供之前 EPC 分配 EPS-GUTI。UE 可以只注册到 5GC，或只注册到 EPC，或同时注册到 5GC 和 EPC 网络。

### 2. 基于有 N26 接口互操作的重选和切换流程

在基于有 N26 接口互操作的方案下，要求 UE 必须使用单注册方式，即 UE 一次只能在一个网络（5GC 或 EPC）中注册，互操作流程主要包含重选流程和切换流程两种。

（1）重选流程

① UE 从 4G 到 5G 的注册更新流程：如果 UE 在 EPC 中处于 ECM-IDLE 状态（处于 ECM-IDLE 的 UE 没有与 MME 建立 NAS 信令连接），UE 移动到 5GC 网络下，则按照 5G 移动性注册流程。

② UE 从 5G 到 4G 的 TAU 流程：如果 UE 在 5GC 中处于 CM-IDLE 状态（处于 CM-IDLE 的 UE 没有通过 N1 接口与 AMF 建立 NAS 信令连接），UE 移动到

LTE 网络下，则按照 TAU（跟踪区更新）流程。

（2）切换流程

① UE 从 5G 到 4G 的切换流程：当 UE 在 5GC 中处于 CM-CONNECTED 状态（处于 CM-CONNECTED 状态的 UE 通过 N1 接口与 AMF 建立了 NAS 信令连接），UE 移动到 4G 网络和 5G 网络的边缘区域，NG-RAN 根据终端的信号测量，发起 5G 到 4G 网络的切换请求。AMF 根据目标 TAI 向 DNS 获取目标 MME 地址，AMF 将 UE 上下文、UE 使用类型转发给目标 MME。

② UE 从 4G 到 5G 的切换流程：当 UE 在 EPC 中处于 ECM-CONNECTED 状态（MME 与 UE 间建立了 NAS 信令连接），UE 移动到 4G 网络和 5G 网络的边缘区域，4G 基站根据终端的信号测量，发起 4G 到 5G 的切换请求。MME 根据目标位置信息的 TAI，选择目标 AMF，并将 UE 上下文转发给选定的 AMF。

# 4.11　语音功能

数据业务驱动了通信网络向 5G 的演进，但语音业务仍然是通信网络必备的关键基础业务。5G 仍沿用 4G 的语音架构，基于 IMS 为用户提供语音业务。Vo5G 是 5G 语音解决方案的总称。

## 4.11.1　Vo5G 组网架构

Vo5G 组网架构主要包含运营支撑系统、无线网络（NR 和 LTE 网络）、IMS 网络、用户数据库、信令模块、策略管理模块、EPC 网络、5GC 网络等部分。

① 运营支撑系统（EMS、SCP、SMSC、CCF、SPG）：提供网管、签约数据存放、Web Portal 统一操作、计费、设备管理等功能。

② 无线网络（NR 和 LTE 网络）：多样化的接入方式和终端类型，5G 终端同时支持 LTE 和 5G 空口接入能力。

③ IMS 网络（P-CSCF、CSCF、S-CSCF、ATS）：支持 5G 接入类型、5G 位置信息获取、5G 用户的 IMS 注册及 5G 域选，完成用户注册、鉴权、会话路径控制、业务出发、路由选择、资源控制、业务触发、路由选择、域间互通、接入资源控制等功能。

④ 用户数据库（UDM）：UDM 支持 5G 被叫域选择查询和 5G 用户签约，为

LTE 和 5G 互操作的接入用户提供统一数据管理能力。

⑤ 信令模块（DRA、SCP、BSF、NRF）：DRA 与 SCP 支持 relay（中继）和 proxy（代理）功能，用来接收 Diameter（直径协议）/HTTP（超文本传送协议）信令并根据消息中的信息路由到其他 Diameter/HTTP 节点，实现语音流程中 Diameter/HTTP 信令的转接。BSF（绑定支持功能）支持向 NRF 进行服务注册及 UE IP 和 PCF ID 的绑定，用于实现会话绑定功能，生成会话绑定信息，NRF 负责所有 NF 服务的自动化管理，包含注册、发现、状态检测等。

⑥ 策略管理模块：PCF 支持向 BSF 进行会话绑定，提供 5G 的语音策略管理功能。

⑦ EPC 网络（MME、S/P-GW）：支持基于有 N26 接口的 4G/5G 互操作、实现 4G LTE 用户或回落到 LTE 的 5G 用户的接入及对其进行移动性管理等功能。

⑧ 5GC 网络（AMF、SMF、UPF）：支持 UE 进行 Vo5G 注册、EPS Fall Back 功能及有 N26 接口的 4G/5G 互操作，实现用户从 5G Core 网络的接入。

## 4.11.2  EPS FB 和 VoNR 对比

Vo5G 包括 VoNR（Voice over NR）和 EPS FB（EPS Fall Back）两种解决方案。其中，VoNR 是指通过 5G 基站接入 5G 核心网的纯 5G 解决方案，是 Vo5G 的目标解决方案。EPS FB 是指在 5G 建网初期，NR 覆盖不全且 eNodeB 未升级，在支持 NR 语音时，通过 EPS FB 回落到 LTE 网络，由 VoLTE 提供语音。

从业务体验上来看，EPS FB 和 VoNR 区别见表 4-11。

表4-11  EPS FB和VoNR区别

| 解决方案 | EPS FB | VoNR |
|---|---|---|
| 语音方案原理 | 打电话时，由NG-RAN触发切换回落到4G，基于VoLTE提供语音 | 用户在NR覆盖下打电话时，直接被NR基站处理，采用VoNR通话 |
| 部署前提 | ① 要求VoLTE作为基础网，4G网络覆盖，包含5G网络。<br>② EPC和5GC开N26接口，网络支持4G/5G互操作 | ① 不需要4G网络覆盖，包含5G网络。<br>② EPC和5GC开N26接口，网络支持4G/5G互操作（5G网络覆盖不全时保证语音连续性） |
| 设备改造 | ① NR基站不需要开通话音功能。<br>② 5GC需要开通EPS FB。<br>③ IMS支持接入5GC | ① NR基站需要开通话音功能。<br>② 5GC需要开通VoNR。<br>③ IMS支持接入5GC |
| 接续体验 | 接续时长为2.7～3.7s，数据业务也将跟随切换到4G | 接续时长为1～2s，数据与语音业务均在NR |

续表

| 解决方案 | EPS FB | VoNR |
|---|---|---|
| 4G/5G切换时延 | 大于200ms | 小于等于120ms |
| 视频通话体验 | 4G基站无法承载过多的视频呼叫，话务量大时很容易拥塞 | NR基站可承载大量的视频呼叫，用户在NR下体验更好 |
| 音视频通话体验 | LTE低频覆盖，穿透力强，切换等引起的中断少 | NR高频覆盖，穿透力差，切换等引起的中断多 |

# 4.12 消息功能

短信作为网络必达的信息收发通道，在5G时代会继续长期存在，语音、短信是最基础的移动通信服务，是每个移动终端必备的基础功能，是电信服务的代表功能，是全球范围内直接可达、可互通、可漫游的通信服务。但4G以来，这些基础通信业务没有升级，其功能单一、体验受限，已无法满足用户日益增长的通信需求。

4G时代，为了减少对电路域的改造，降低短信中心的升级成本，4G网络中新增了IP-SM-GW网元，主要负责转发SMSC（短消息中心）与4G终端之间的上下行短信，而原有的2G/3G终端收发短信的机制不变。4G网络短信功能架构如图4-17所示。

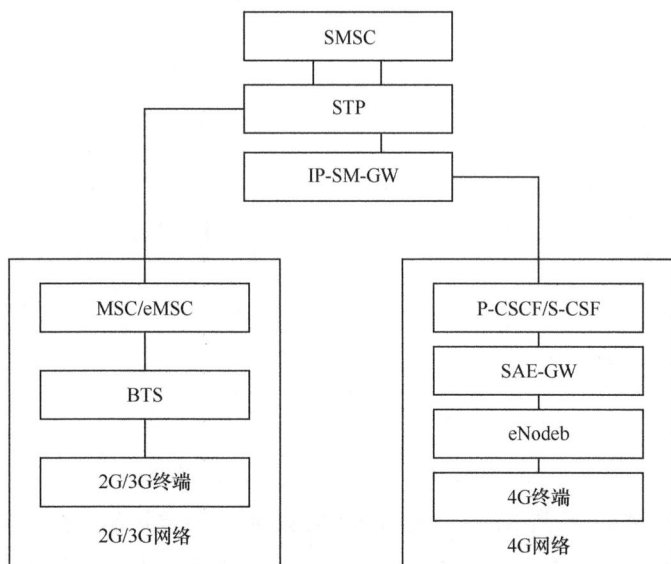

图4-17 4G网络短信功能架构

短信功能涉及的关键网元的具体说明如下。

① SMSC：Short Message Service Center，短消息中心。

② IP-SM-GW：IP-Short-Message-Gateway，短消息网关。

③ MSC/eMSC：Mobile Switching Center，移动交换中心。

④ P-CSCF：Proxy-Call Session Control Function，代理呼叫会话控制功能。

⑤ S-CSCF：Service-Call Session Control Function，服务呼叫会话控制功能。

⑥ SAE-GW：System Architecture Evolution-GateWay，系统架构演进网关。

5G 网络下消息功能包含通用 SMS over IP（IMS）、SMS over NAS（SMSF）。5G 建设初期，基站和网络覆盖是一个逐步的过程，5G IMS 终端依赖 IMS 网络提供语音业务，其对应的短消息解决方案建议优先采用 IP 短信，也就是 SMS over IP，即通过 IP 网络传输短信。5G 网络 SMS over IP 功能架构如图 4-18 所示。基于 5G 网络的 SMS over IP 方案，由 IP-SM-GW 提供短消息业务。SMS over IP 方案对网络的改造小，利用 4G 时代部署的 IP-SM-GW 网元，能够为 5G 终端提供 5G 短信业务。

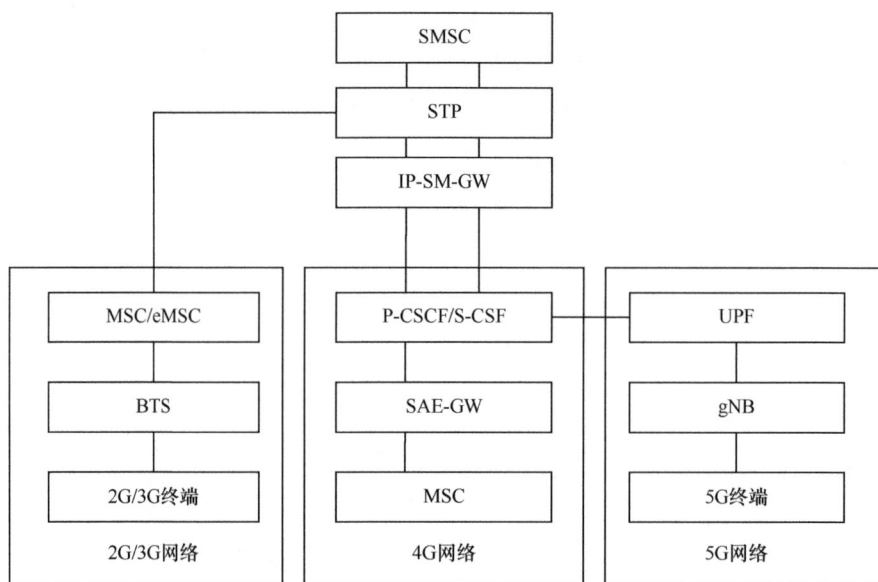

图4-18　5G网络SMS over IP功能架构

NAS 短信，也就是 SMS over NAS，SMS over NAS 服务架构如图 4-19 所示。短信通过 SGs 接口、经过 MME—MSC—SMSC 通道传输消息。SMS over NAS 方案需要在 5G 核心网中部署 SMSF 网元，可同时为人网终端和物网终端提供 5G 短信业务。

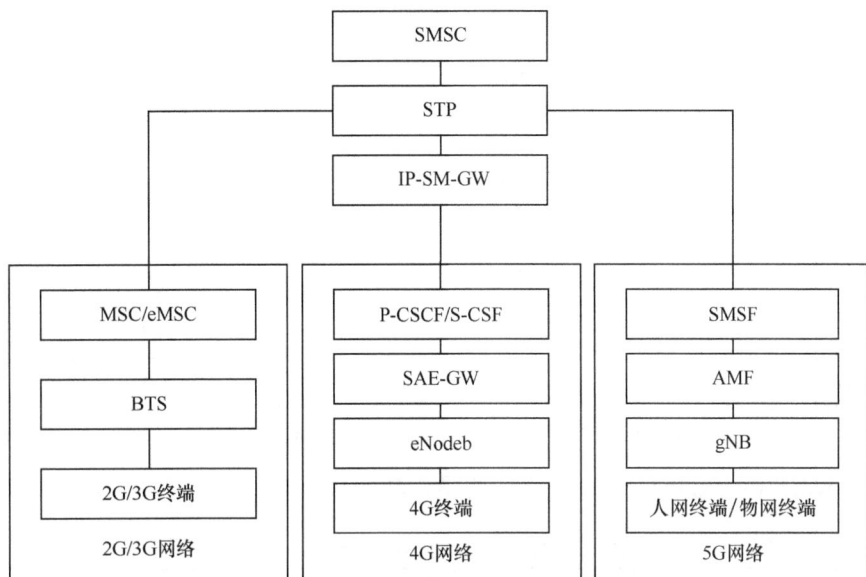

**图4-19　SMS over NAS服务架构**

由于 SMS over NAS 方案需要在 5G 核心网中部署 SMSF 网元，能够同时为人网终端和物网终端提供短信业务，所以该方案适用于 5G 网络覆盖成熟期。SMSF功能的简要说明如下。

① 负责核查用户是否具备收发短信及收发漫游短信的业务能力。

② 负责将 SMSC 接入 5G 网络，为 5G 人网终端和物网终端提供短信业务。

③ 负责协议转换，实现 5G 短信与其他消息互通的功能。

综合来看，无论采用哪种方案，都可以实现 SMSC 同时支持 2G、3G、4G、5G 短信业务，而且对现有的 SMSC 和网络结构的改造较小。5G 网络覆盖后，可根据网络中各种终端类型的应用和短信业务需求，灵活采用合适的解决方案。

## 4.13　网络数据分析功能

网络数据分析功能（NWDAF）可以从核心网网元、网管、第三方 AF 和终端用户等收集数据，用于数据分析推理，并为消费者分发网络数据分析结果，例如切片负荷分析、用户体验分析、网络性能分析和 QoS 稳定性分析等网络数据分析结果。

NWDAF 可以通过服务化接口向消费者分发网络数据分析结果，Nnwdaf 服务支持订阅和通知模式，以及请求和相应模式。这两种服务名称分别是 Nnwdaf_

EventsSubscription 和 Nnwdaf_AnalyticsInfo。

### 1. Nnwdaf_EventsSubscription

NF 服务消费者使用 Nnwdaf_EventsSubscription 服务订阅和取消订阅 NWDAF 中不同数据分析类型的通知。Nnwdaf_EventsSubscription 服务架构如图4-20所示。

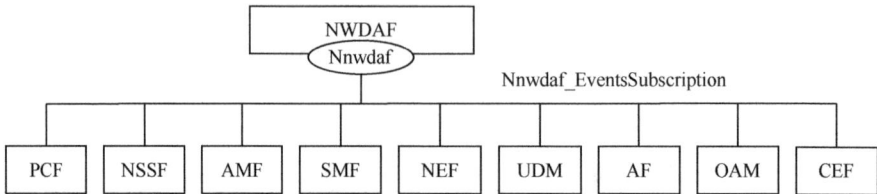

图4-20　Nnwdaf_EventsSubscription服务架构

Nnwdaf_EventsSubscription 服务的操作功能和服务类型见表 4-12。

表4-12　Nnwdaf_EventsSubscription服务的操作功能和服务类型

| 服务名称 | 操作类型 | 服务类型 |
| --- | --- | --- |
| Nnwdaf_EventsSubscription | Subscribe：订阅事件通知 | ① 切片负荷信息。<br>② 用户体验。<br>③ NF负荷。<br>④ 网络性能。<br>⑤ 终端异常行为。<br>⑥ UE移动性。<br>⑦ UE通信。<br>⑧ 用户数据拥塞。<br>⑨ QoS稳定性 |
| | unSubscribe：取消订阅事件通知 | |
| | Notify：通知NF使用者订阅的事件 | |

### 2. Nnwdaf_AnalyticsInfo

NF 服务消费者使用 Nnwdaf_AnalyticsInfo 服务从 NWDAF 请求并获取不同类型的分析信息，NF 服务消费者使用 Nnwdaf_AnalyticsInfo_Request 服务操作来请求特定数据分析信息；NWDAF 使用 Nnwdaf_AnalyticsInfo_Request 进行响应。

## 4.14　能力开放功能

5G 支持网络能力开放功能，NF 的能力和事件可由 NEF 安全地对外开放，例如第三方、应用功能。5GC 网元（例如 AMF、SMF、UDM、UDR 等）NF 支持通过 EventExposure 服务对外提供相关监控事件信息，旨在监控特定事件、事件检测，或订阅相关事件统计信息的通知。5G 的 NEF 继承并扩展 4G SCEF 的功能，并支持事件和功能从 5G 系统向运营商网络内外的应用程序开放相关网络能力。基于 3GPP TS 23.502 定义，NEF 可支持功能的具体说明如下。

① 网络能力和事件开放，NF 的能力和网络事件可由 NEF 安全的对外开放。

② 监控能力开放：监控 5G 系统中的特定事件，并使这些事件可用于授权的应用程序和网络功能，例如 UE 的位置、可达性、漫游状态和连接丢失。

③ 策略和计费能力开放：支持外部应用程序来管理特定的会话和计费策略。授权应用程序通过该服务请求会话的特定 QoS 和优先级处理等，以及配置相关计费方或计费速率。

④ 数据分析能力开放，基于 NWDAF 数据分析，支持核心网内部数据分析能力的开放等。

单个 NEF 可能支持以上功能的子集，并且一个网络中可能存在具有不同功能的 NEF。

## 4.15　双连接及冗余传输功能

双连接（Dual Connections，DC）的概念最早在 4G 网络中引入，对于同一个 PDN 连接提供 E-UTRA 的两个不同小区资源，可同时为处于连接态的 UE 服务，使 UE 具有多接收 / 发送（Rx/Tx）能力。双连接建立在主基站和辅基站上。其中，主基站负责 UE 与核心网之间信令传输，决策建立与辅基站的连接，分担 UE 的数据流量。主基站和辅基站各自独立调度无线资源。随着标准的逐步演进，双连接中的主基站和辅基站可以提供相同或不同的无线接入技术（RAT），例如，二者均提供 4G E-UTRA/5G NR 接入，或分别提供 E-UTRA 和 NR 接入，例如 5G NR 通过 4G E-UTRA 接入 4G EPC 场景。

为满足 5G 新定义的低时延高可靠 uRLLC 业务需求，3GPP R16 的标准中对双连接的支持进一步增强。在 RAN 侧基站节点支持双连接架构的基础上，扩展到网络侧 5GC 支持为 UE 的 PDU 会话提供冗余的用户面路径。

uRLLC 业务场景可分为端到端冗余用户面路径场景和 N3/N9 链路的冗余传输两种场景。

### 1. 端到端冗余用户面路径场景

双连接场景下端到端冗余的用户面路径如图 4-21 所示，该场景 UE 建立两个冗余的PDU会话,一个通过主基站到作为PDU会话锚点的UPF1,另一个通过辅基站到作为 PDU 会话锚点的 UPF2。UPF1 和 UPF2 分别由 SMF1 和 SMF2 控制,其中根据运营商 SMF 选择策略的配置,SMF1 和 SMF2 可能重合。

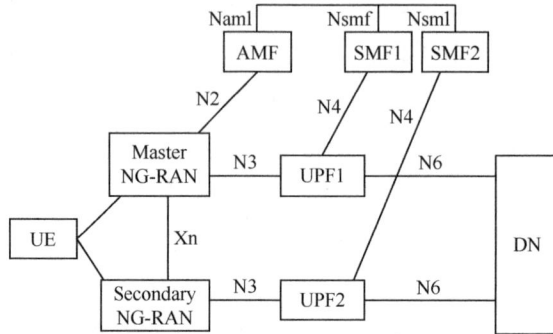

图4-21　双连接场景下端到端冗余的用户面路径

### 2. N3/N9 链路的冗余传输

5GC 提供在同一对 UPF 和 RAN 之间建立两条独立的 N3 隧道(与同一个 PDU 会话关联),使 UE 的数据包可以在两条用户面路径上冗余传输,提高数据包传输的可靠性,降低数据包转发时延。N3 链路冗余场景如图 4-22 所示。

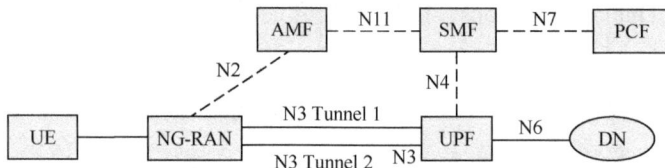

图4-22　N3链路冗余场景

NG-RAN 和 UPF 节点的两条 N3 隧道建立采用的是不同的路由信息,例如不同的 IP 地址或网络实例,以便通过不同的传输层路径转发用户数据包。

另外,在用户面路径涉及多个 UPF(包含 I-UPF 及 N9 隧道)的场景下,5GC 也提供了相应 N3/N9 隧道的冗余传输能力。N3 及 N9 链路冗余场景如图 4-23 所示。

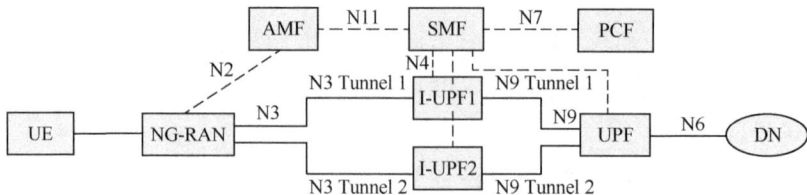

图4-23　N3及N9链路冗余场景

　　NG-RAN 和 UPF 之间有两个 N3 和 N9 隧道用于冗余传输。具体来说，UPF 复制收到的下行数据包，并为原始数据包和复制的数据包分配相同的 GTP-U 序列号。这两个数据包分别通过 N9 隧道 1 和 N9 隧道 2 发送到 I-UPF1 和 I-UPF2。I-UPF1 和 I-UPF2 分别通过 N3 隧道 1 和 N3 隧道 2 将数据包从 UPF 转发到 NG-RAN。NG-RAN 根据 GTP-U 序列号消除重复的数据包，即丢弃一个具有相同序列号的数据包。上行数据包转发时，由 NG-RAN 复制上行数据包，由 UPF 消除重复的数据包。

第 5 章

# 5GC 信令流程

05

5.1 注册管理流程

5.2 连接管理流程

5.3 UE 配置更新流程

5.4 AN Release 流程

5.5 PDU 会话管理流程

5.6 N4 会话交互流程

5.7 安全管理流程

5.8 5GS 系统内 3GPP
接入下切换流程

5.9 5GS 和 EPS 互操作流程

5.10 EPS Fall Back 流程

5.11 NG-RAN 位置报告流程

# 5.1 注册管理流程

## 5.1.1 注册流程

注册是 UE 开机后执行的第一个过程，执行该过程可以从网络接收服务。但是在 UE 连接到网络后，UE 也会执行注册过程。注册过程有几种用法。

① 初始注册：UE 开机后由 UE 用于连接到网络。

② 周期注册：处于 CM-IDLE 状态的 UE，向网络显示 UE 仍然在那里。周期性注册流程基于从 AMF 接收的时间值触发。

③ 移动性注册：此流程在很多场景中都可能触发，最典型的示例是在 UE 移出注册区域时，或者在 UE 需要更新其协商能力时，无论此时 UE 是否移出注册的位置区，UE 都会发起移动性注册更新流程。

④ AMF 重分配注册：在注册流程中，如果（R）AN 无法根据 UE 在 AN 消息中携带的 5G GUAMI 或 Requested NSSAI 查找到目标 AMF，会选择一个默认的 AMF（也称为初始 AMF）进行注册流程。因此，当初始 AMF 接收到注册请求时，初始 AMF 可能需要将注册请求重路由到另一个 AMF（因为初始 AMF 不是为 UE 服务的合适的 AMF），因此，要执行 AMF 重分配流程的注册流程，将 UE 的 NAS 消息重路由到目标 AMF，由目标 AMF 继续为 UE 提供注册服务。

⑤ 紧急注册：UE 在紧急服务时使用。

初始注册流程如图 5-1 所示。

① UE 发送 AN Message（包括 AN 参数和 Registration Request 消息）给（R）AN，上述 AN 参数中携带临时用户标识（5G-S-TMSI or GUAMI），则（R）AN 将消息发送给 AMF。

UE 还会在注册请求消息中包含请求的 NSSAI 的映射，即请求的 NSSAI 的每个 S-NSSAI 映射到 HPLMN 的配置的 NSSAI 的 S-NSSAI。保证网络能够根据签约的 S-NSSAI 验证请求的 NSSAI 中的 S-NSSAI(s)是否允许。如果 UE 使用的是默认配置的 NSSAI，则 UE 包含默认配置的 NSSAI 指示。

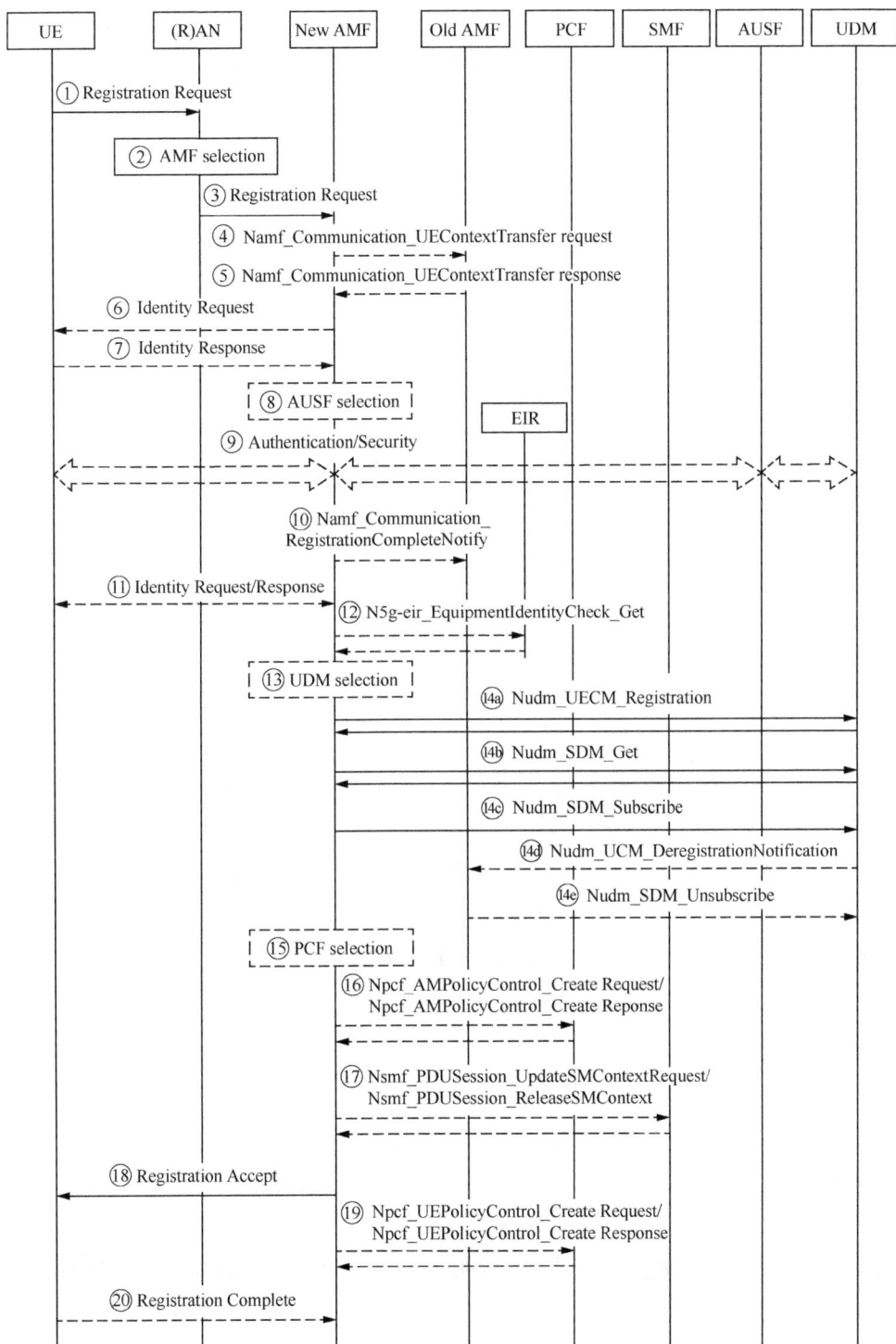

图5-1　初始注册流程

② 如果 AN 消息中未携带 5G-S-TMSI or GUAMI，或者 5G-S-TMSI or GUAMI 不能指示一个合法的 AMF，(R)AN 根据 RAT 和请求的网络切片标识（NSSAI）选择 AMF。如果 UE 是连接态，RAN 根据已有连接，将消息直接转发到对应的 AMF 上。如果（R）AN 不能选择合适的 AMF，则将注册请求转发给（R）AN 中已配置的 default AMF，由默认 AMF 选择。

③（R）AN 将 N2 Message（N2 参数、Registration Request）转发给 AMF。消息中包括 N2 参数、注册请求消息（步骤①中的）。注册请求消息中包含注册类型、PDU 会话信息，以及 UE 的网络侧能力。

④ 可选：如果 AMF 发生改变，新侧 AMF 会向旧侧 AMF 发送 Namf_Communication_UEContextTransfer Request 消息获取用户上下文。

⑤ 旧侧 AMF 回复 Namf_Communication_UEContextTransfer response 消息，携带用户的上下文信息。

⑥ 如果 UE 没有提供 SUCI，并且从旧侧 AMF 也没有获取到用户上下文，则新侧 AMF 发起 Identity Request 给 UE，向 UE 获取 SUCI。

⑦ UE 回复 Identity Response，携带 SUCI。

⑧ AMF 根据 SUPI 或者 SUCI 选择一个 AUSF 为 UE 进行鉴权。

⑨ 执行鉴权过程，参见本书 5.7.1 节。

⑩ 新侧 AMF 给旧侧 AMF 回复 Namf_Communication_RegistrationComplete Notify 消息，通知旧侧 AMF，UE 已经在新的 AMF 上完成注册。

⑪ 如果 AMF 基于本地策略需要发起 PEI 认证，且新侧 AMF 从 UE 和旧侧 AMF 的上下文中都没有获取到 PEI（永久设备标识符），则新侧 AMF 给 UE 发送 Identity Request 消息获取 PEI，UE 回复 Identity Response 携带 PEI 给 AMF。

⑫ AMF 发起 N5g-eir_EquipmentIdentityCheck_Get 流程，进行 ME identity 的核查。

⑬ AMF 基于 SUPI 选择 UDM。

⑭a~⑭c 如果新侧 AMF 是初始注册的 AMF 或者 AMF 没有 UE 合法的上下文，AMF 向 UDM 发起 Nudm_UECM_Registration 进行注册，并通过 Nudm_SDM_Get 获取签约数据。AMF 向 UDM 发送 Nudm_SDM_Subscribe 订阅签约数据变更通知服务，当订阅的签约数据周期性注册定时器发生变更时，AMF 会收到 UDM 的变更通知。

⑭d 如果 UDM 存储了 UE 接入类型与新 AMF 之间的关联信息，UDM 会发送

Nudm_UECM_DeregistrationNotification 给旧侧 AMF，通知旧侧 AMF 删除 UE 上下文。如果 UDM 指示的删除原因是初始注册，则旧侧 AMF 调用所有相关 SMF 的 Nsmf_PDUSession_ReleaseSMContext 服务操作，通知 SMF UE 已经在旧侧 AMF 上去注册。SMF 收到通知后，将释放 PDU 会话。

⑭ 旧侧 AMF 通过发起 Nudm_SDM_unsubscribe 取消 UDM 签约数据的订阅。

⑮ 如果 AMF 决定与 PCF 建立策略联系，例如当 AMF 还没有获取到 UE 的接入和移动性策略或者 AMF 没有合法的接入和移动性策略场景下，AMF 会选择 PCF。如果 AMF 从旧侧的 AMF 中获取了 PCF ID，则可以直接定位到 PCF。如果定位不到或者没有获取到 PCF ID，则 AMF 会经过 NRF 选择一个新 PCF。

⑯ 选择好 PCF 后，AMF 向 PCF 发送 Npcf_AMPolicyControl_Create Request 消息，建立 AM（接入管理）策略控制关联，PCF 根据 AMF 上报的消息中携带的信息和用户的签约数据作出策略判断，生成对应的 AM 策略关联，通过 Npcf_AMPolicyControl_Create Response 消息发送给 AMF。

⑰ 如果在注册请求消息中包含需要被激活的 PDU 会话，则 AMF 给 SMF 发送 Nsmf_PDUSession_UpdateSMContext Request 消息，激活 PDU 会话的用户面连接。如果 PDU 会话状态指示它在 UE 已经被释放，则 AMF 通知 SMF 释放 PDU 会话相关网络资源。当注册类型为移动注册更新时，将应用此步骤。

⑱ AMF 向 UE 发送 Registration Accept，通知 UE 注册请求已被接受。消息中包含 AMF 分配的 5G-GUTI、TA List 等。

⑲ 可选的，新 AMF 给 PCF 发送 Npcf_UEPolicyControl_Create Request 消息，请求建立 UE 策略关联，PCF 根据 AMF 上报的消息中携带的信息和用户的签约数据作出策略判断，生成对应的 UE 策略关联，通过 Npcf_UEPolicyControl_Create Response 消息发送给 AMF。AMF 通过 UE 配置策略更新流程发送给 UE。

⑳ 当注册流程中，AMF 有分配新的 5G-GUTI 给 UE 时，UE 发送 Registration Complete 消息给 AMF。

### 5.1.2 去注册流程

当 UE 不需要继续访问网络接受服务，或者 UE 无权限继续访问网络时，会发生去注册流程。去注册流程（UE 侧发起）如图 5-2 所示。

① UE 发起的去注册：当 UE 不需要继续访问网络接受服务，或者 UE 无权限继续访问网络时，会发生去注册流程。如果是 UE 主动退出网络，则 UE 会主动

发起去注册流程通知网络。

② 网络侧发起的去注册：当 UE 无权限继续访问网络时，或者因为操作维护原因网络侧需要 UE 去注册，或者去注册定时器超时，会发生网络侧发起的去注册流程。

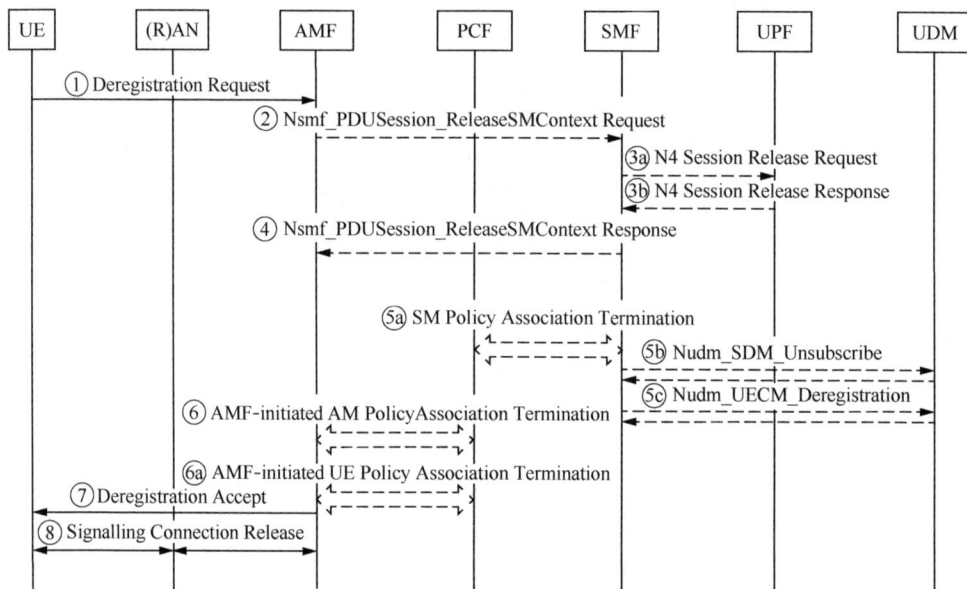

图5-2　去注册流程（UE侧发起）

① UE 发送 Deregistration Request（UE originating）消息给 AMF，消息中携带 5G-GUTI、Deregistration type（例如 Switch off）和 Access Type。

② 如果 UE 当前没有建立的 PDU 会话，则不需要执行步骤 2～步骤 5，即 SMF 不用释放 PDU 会话和相应的用户面资源。如果 UE 有 PDU 会话，则 AMF 发送 Nsmf_PDUSession_ReleaseSMContext Request 消息给 SMF，消息中携带 SUPI、PDUSessionID，通知 SMF 释放 PDU 会话资源和相关用户面资源。

③ SMF 发送 N4 会话释放请求给 UPF 释放会话相关的所有隧道资源和上下文。

• SMF 向 PDU 会话的 UPF 发送 N4 Session Release Request（N4 会话 ID）消息，UPF 将丢弃 PDU 会话的剩余数据包，释放所有与 N4 会话关联的隧道资源和上下文。

• UPF 回复 N4 Session Release Response 给 SMF。

④ SMF 回复 Nsmf_PDUSession_ReleaseSMContext Response 消息响应 AMF。

108

⑤a SMF 断开与 PCF 之间的联系。如果该会话应用了动态 PCC，则 SMF 向 PCF 发送 Npcf_SMPolicyControl_Delete Request 消息，请求删除 PDU 会话相应的信息，终止动态策略的下发。PCF 释放会话资源，给 SMF 回复 Npcf_SMPolicyControl_Delete Response 消息。

⑤b～⑤c SMF 断开与 UDM 之间的联系。

• 如果 SMF 处理的是 UE 最后一个 PDU 会话，则 SMF 会执行 Nudm_SDM_Unsubscribe 取消订阅签约数据变更通知服务。

• SMF 执行 Nudm_UECM_Deregistration 服务操作，删除在 UDM 中存储的 PDU 会话与 SMF ID 以及 DNN 之间的联系。

⑥ 如果 AMF 与 PCF 存在联系并且 UE 在任何接入方式下，不注册到网络，则删除 AMF 与 PCF 的 AM 策略关系。AMF 向 PCF 发送 Npcf_AMPolicyControl_Delete Request 消息请求删除与 PCF 的 AM 策略关系。PCF 向 AMF 发送 Npcf_AMPolicyControl_Delete Response 消息，确认 AM 策略控制关系已删除。

⑥a 如果 AMF 与 PCF 之间与该 UE 有关，且该 UE 在任何接入方式下都不再注册，则删除 AMF 与 PCF 的 UE 策略关系。AMF 向 PCF 发送 Npcf_UEPolicyControl_Delete Request 消息请求删除与 PCF 的 UE 策略关系。PCF 向 AMF 发送 Npcf_UEPolicyControl_Delete Response 消息，确认 UE 策略关系已删除。

⑦ AMF 发送 NAS message Deregistration Accept 给 UE。该步骤可选，例如去注册类型是 switch-off，则不用发送该消息。

⑧ AMF 发送 N2 UE Context Release Request 到（R）AN，释放 N2 信令连接，流程结束。

# 5.2 连接管理流程

## 5.2.1 UE 触发的服务请求流程

服务请求流程用于空闲状态 UE 与 AMF 之间建立信令连接，也可以用于空闲态或连接态 UE 激活已建立的 PDU 会话的用户面连接。服务请求流程也可用于释放与 AMF 之间的连接。

UE 发起服务请求的主要目的如下。

① 将空闲态 UE 转换成连接态，以发送上行数据和信令。

② 作为对 paging 消息的响应。

③ 激活一个 PDU 会话的用户面连接。

当处于 CM-IDLE 态的 UE 有数据或者信令向网络侧发送时，触发该流程；当 UE 处于 CM-CONNECT 态时，也可以通过该流程，激活指定的某些 PDU 会话，建立用户面连接，进行数据传输。

处于 CM 空闲状态的 UE 发起服务请求过程，以便发送上行链路信令消息、用户数据，以请求紧急服务回退，或作为对网络寻呼请求的响应。如果服务间隙定时器正在运行，则 UE 不能从 CM-IDLE 发起 UE 触发的服务请求。在接收到服务请求消息后，AMF 可以执行认证。在建立到 AMF 的信令连接之后，UE 或网络可以通过 AMF 发送信令消息，例如从 UE 到 SMF 的 PDU 会话建立。

CM-CONNECTED 中的 UE 使用服务请求过程来请求激活 PDU 会话的用户平面连接，并响应来自 AMF 的 NAS 通知消息。当激活 PDU 会话的用户平面连接时，UE 中的 AS 层将其指示给 NAS 层。

服务请求过程由 3GPP 接入的多 USIM UE 在以下几种情况使用。

① CM-CONNECTED 状态，请求释放 UE 连接、停止数据传输、丢弃任何未决数据，并可选地存储寻呼限制信息。

② CM-IDLE 状态请求删除寻呼限制信息。

如果监管优先服务（例如紧急服务、紧急回叫等待）正在进行，则多 USIM UE 不应执行带有释放请求指示的 UE 触发的服务请求过程。在紧急呼叫之后，UE 在足以进行紧急回叫的持续时间内，不应执行具有释放请求指示的 UE 触发的服务请求过程。

③ CM-IDLE 状态，用拒绝寻呼指示来响应寻呼。该指示表示应释放 N1 连接，不应建立用户平面连接。UE 可选地提供寻呼限制信息。UE 可能无法用拒绝寻呼指示来响应寻呼，例如通过 UE 实现的相关限制。

需要注意的是，处于 RRC 非活动 /CM-CONNECTED 状态的多 USIM UE 决定拒绝 RAN 寻呼，请求释放 UE 连接。通过实施，UE 可以丢弃其在释放之前接收到的任何数据或 NAS PDU。

对于任何服务请求，如果需要，AMF 都会用服务接受消息进行响应，以同步 UE 和网络之间的 PDU 会话状态。如果网络无法接受服务请求，AMF 会向 UE 发送服务拒绝消息。AMF 可以通过拒绝服务请求来引导 UE 离开 5GC。在引导

UE 脱离 5GC 之前，AMF 应考虑首选和支持的网络行为，以及 UE 的 EPC 可用性。服务拒绝消息可以包括请求 UE 执行注册过程的指示或原因码。

对于此过程，受影响的 SMF 和 UPF（如果有的话）都在为 UE 提供服务的PLMN（公共陆地移动网）的控制之下，例如在归属路由漫游的情况下，如果未触发 V-SMF 重定位，则 HPLMN 中的 SMF 与 UPF 二者均不涉及。

对于用户数据引起的服务请求，如果用户平面连接激活不成功，则网络可能会采取进一步行动。UE 触发的服务请求流程如图 5-3 所示。

如果处于 CM-IDLE 状态的 UE 从 3GPP 接入发起服务请求过程，则应在服务请求过程中激活所有具有冗余 I-UPF 或用于 uRLLC 的冗余 N3/N9 隧道的 PDU会话的用户平面。如果要添加或替换，或删除冗余 I-UPF，则在图 5-3 的步骤 6c、步骤 6d、步骤 7a、步骤 7b、步骤 8a、步骤 8b、步骤 9、步骤 10、步骤 17a、步骤 17b、步骤 20a、步骤 20b、步骤 21a、步骤 21b、步骤 22a 和步骤 22b 中为每个 I-UPF 执行 N4 会话程序来管理 I-UPF。如果冗余 N3/N9 隧道用于 uRLLC，并且要添加或替换，或删除 I-UPF，则在步骤 6c、步骤 6d、步骤 7a、步骤 7b、步骤 8a、步骤 8b、步骤 9、步骤 10、步骤 17a、步骤 17b 中为每个 N3/N9 通道执行N4 会话过程以更新隧道。

① UE 发送 Service Request 消息（包含在 RRC Message 里面）给（R）AN，消息里面携带激活的 PDU Sessions、分配的 PDU Sessions、加密参数、PDU Session状态、5G-S-TMSI、NAS 消息和 Exempt Indication。

②（R）AN 通过 N2 Message 消息将 Service Request 信息转发给 AMF，N2Message 消息中携带 N2 Parameters 与 Service Request。N2 Parameters 包含位置信息和 UE Context request。

当用户处于空闲态时，NG-RAN 通过 RRC 流程获得 5G-S-TMSI，NG-RAN通过 5G-S-TMSI 选择 AMF，位置信息与 UE 所在小区相关。

③ AMF 发起对 Service Request 消息的 NAS 鉴权。需要注意的是，ServiceRequest 消息如果已经进行完整性保护，则不用执行鉴权操作。

如果 Service Request 流程仅用户恢复信令连接，接下来则只用执行步骤⑫～步骤⑭，流程结束。

④ AMF 给需要激活的 PDU 会话对应的 SMF 发送 Nsmf_PDUSession_ UpdateSMContext Request 消息，请求恢复 PDU 的会话连接。需要激活的 PDU 会话根据UE 在 Service Request 消息中 List Of PDU Sessions To Be Activated 信元指定。

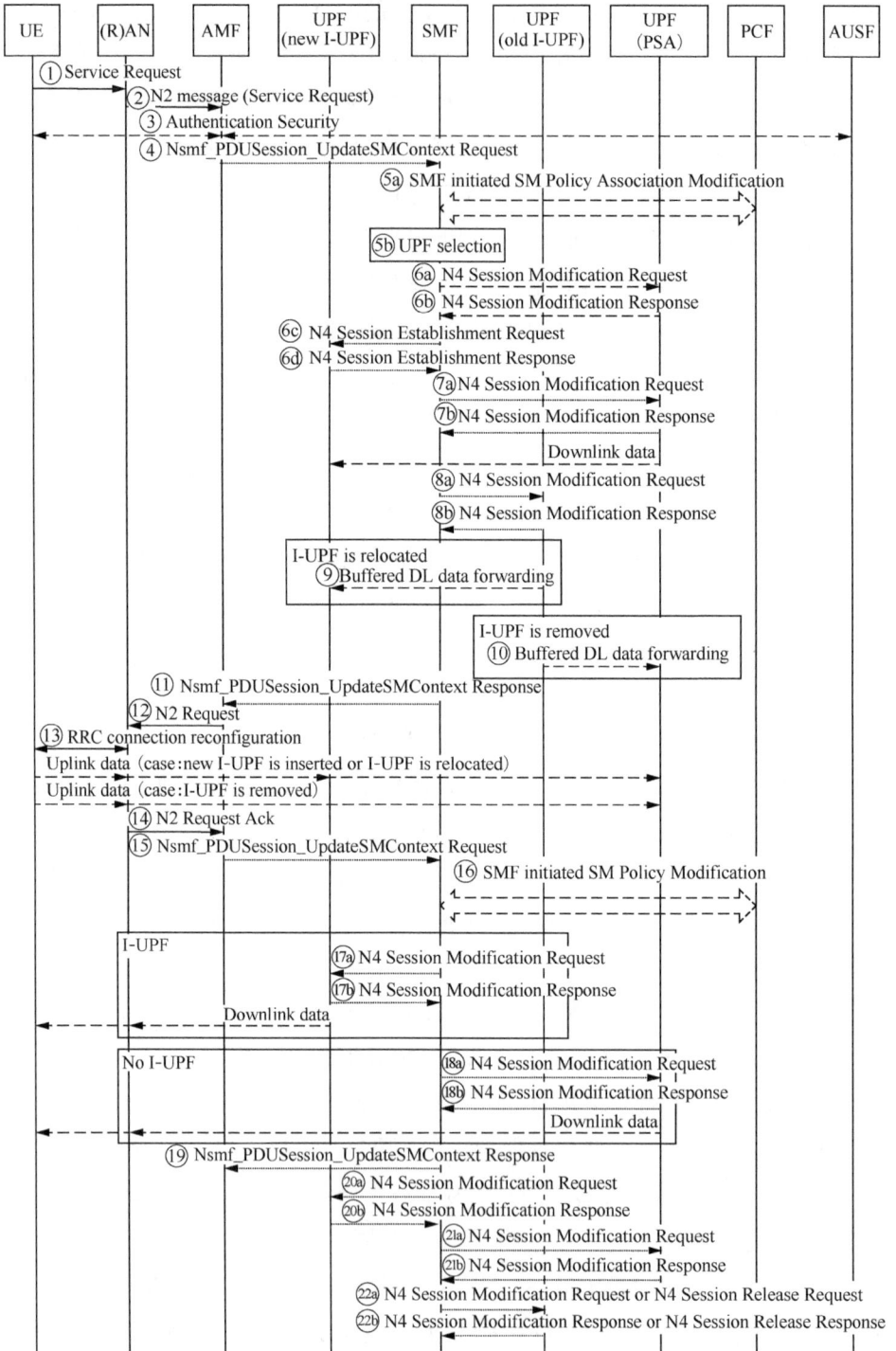

图5-3　UE触发的服务请求流程

⑤ SMF 发起 SM 策略关联修改流程，并根据 AMF 提供的位置信息选择 UPF。

● 如果在步骤④中 AMF 通知 SMF PDU 会话的接入类型可以改变，并且部署了 PCC，则 SMF 发起 SMF initiated SM Policy Association Modification 流程，如何策略控制请求触发条件已满足（如接入类型更改），则 PCF 提供更新 PCC 规则。

● SMF 根据 AMF 提供的位置信息选择 UPF。选择的 UPF 可能是当前的 UPF，也可能是新 UPF 作为中间 UPF，或者是增加一个新中间 UPF，或者删除一个中间 UPF。

⑥ SMF 与新 UPF 之间建立连接，新 UPF 为 I-UPF，SMF 给新侧 I-UPF 发送 N4 Session Establishment Request，下发 UPF 用于用户面数据报文检测和策略执行的规则，建立新的连接。新侧 I-UPF 给 SMF 回复 N4 Session Establishment Response 消息，SMF 启动定时器，待定时器超时释放旧侧 I-UPF 上的资源。如果 I-UPF 发生变更，且 CN 隧道信息由 UPF 分配，则进入步骤⑥a和步骤⑥b。

● 根据网络部署，UPF（PSA）分配的 N3 或 N9 接口的 CN 隧道信息可能在服务请求过程中发生变化，例如 UPF 连接不同 IP 域。如果需要使用不同的 CN 隧道信息，并且 CN 隧道信息由 UPF 分配，则 SMF 向 UPF（PSA）发送 N4 Session Modification Request 消息，并请求提供目标网络实例的 CN 隧道信息。

● UPF（PSA）向 SMF 发送 N4 Session Modification Response 消息，向 SMF 提供 CN 隧道信息。UPF（PSA）将 CN 隧道信息与 SMF 提供的上行报文检测规则进行关联。

● 如果 SMF 选择一个新的 UPF 作为 PDU 会话的中间 UPF（即 I-UPF），或者 SMF 为没有中间 UPF 的 PDU 会话选择插入中间 UPF，则 SMF 向新的 I-UPF 发送 N4 Session Establishment Request 消息，提供报文检测、数据转发，在中间 UPF 上安装执行和报告规则。PSA 的 CN 隧道信息（N9），即用于建立 PDU 会话的 N9 隧道信息，也提供给中间 UPF。如果业务请求是由网络触发的，SMF 选择了新的 UPF 替换旧的（中间）UPF，且 UPF 分配了隧道端点信息，则 SMF 还请求新 I-UPF 分配第二隧道端点，旧 I-UPF 将缓存的 DL 数据发送给新 I-UPF 分配第二隧道端点。

● 新中间 UPF 向 SMF 发送 N4 Session Establishment Response 消息。UPF 按照 SMF 在步骤⑥a中的请求提供 DL CN 隧道信息。SMF 启动一个定时器，在步骤㉒a中使用定时器释放旧 I-UPF 中的资源（如果有）。

⑦ SMF 将新侧 I-UPF 的下行隧道信息发送给锚定点 UPF（PSA），UPF（PSA）可以将下行数据发送给新侧 I-UPF。

- SMF 给 UPF（PSA）发送 N4 Session Modification Request 消息，将新侧 I-UPF 的下行隧道信息发送给 UPF（PSA），UPF（PSA）开始向新侧 I-UPF 发送下行数据。

- UPF（PSA）给 SMF 回复 N4 Session Modification Response 消息。SMF 启动一个定时器，在步骤㉒a中使用定时器释放旧 I-UPF 中的资源（如果有）。

⑧ 当网络侧有数据发送，并且旧 UPF 确定要删除时，旧 UPF 不能继续作为数据缓存点，需要建立新的转发隧道，便于旧侧 I-UPF 将缓存的数据发送到新的缓存点。

- SMF 发送 N4 Session Modification Request（New UPF address、New UPF DL Tunnel ID）给旧侧 I-UPF，将新的下行缓存数据转发的隧道信息告知旧侧 I-UPF。

如果 SMF 分配新侧 I-UPF，从新侧 I-UPF 的 DL 隧道信息作为 N3 终止点。如果 SMF 没有分配 I-UPF，从新 UPF（PSA）的 DL 隧道信息作为 N3 终止点。

- 旧侧 UPF 给 SMF 回复 N4 Session Modification Response 消息。

⑨ 如果 I-UPF 被更改并建立了到新侧 I-UPF 的转发隧道，则旧（中间）UPF 将其缓存数据转发给作为 N3 终结点的新（中间）UPF。新 UPF 不应该发送从 UPF（PSA）接收的缓存下行数据包，直到从旧侧 I-UPF 接收到结束标记数据包或步骤⑥c中启动的定时器超时。

⑩ 如果旧侧 I-UPF 被删除，PDU Session 没有分配新的 I-UPF，且旧（中间）UPF 与 UPF（PSA）的转发隧道已经建立，则旧（中间）UPF 将缓存的数据转发给作为 N3 终结点的 UPF（PSA）点。UPF（PSA）不应该发送从 N6 接口接收的缓存的 DL 数据，直到它从旧侧 I-UPF 接收到结束标记数据包或步骤⑦a中启动的定时器超时。

⑪ SMF 接受了 PDU 会话激活请求，向 AMF 回复 Nsmf_PDUSession_ Update SMContext Response 消息，携带 N2 SM 信息包括 PDU Session ID、QFI、QoS 配置文件、CN N3 隧道信息、s-NSSAI、N1 SM 容器等。如果连接到 RAN 的 UPF 是 UPF（PSA），则 N3 CN 隧道信息是 UPF（PSA）的 UL CN 隧道信息。如果连接到 RAN 的 UPF 是新的 I-UPF，则 CN N3 隧道信息是 I-UPF 的 UL 隧道信息。

⑫ AMF 向（R）AN 发送 N2 Request 消息。消息中包括 N2 SM information received from SMF、security context、Mobility Restriction List、Subscribed UE-AMBR、MM NAS Service Accept、list of recommended cells/TAs/NG-RAN node identifiers、UE Radio Capability 等信息。需要说明的是，在 N2 消息中包括 UE 的接入类型允许的 NSSAI。订阅信息包括跟踪要求，AMF 将在 N2 请求中包括跟踪

要求。

⑬（R）AN 根据其 UP 连接被激活的 PDU 会话和数据无线承载的所有 QoS 流的 QoS 信息，与 UE 执行 RRC Connection Reconfiguration，完成 RRC 的信令连接。

⑭（R）AN 向 AMF 发送 N2 Request Ack 消息，消息中携带 N2 SM information 和 PDU 会话 ID，N2 SM information 包括 AN 的隧道信息、接受的 QoS 流列表以及拒绝的 QoS 流列表。

⑮ 如果步骤 ⑭ 中携带了 N2 SM information 且 AMF 收到了该信息，AMF 给 PDU 会话对应的 SMF 发送 Nsmf_PDUSession_UpdateSMContext Request 消息，将 N2 SM information 消息转发给 SMF。

⑯ 如果启用了动态 PCC 且 PCF 已经订阅了该服务，则 SMF 发起 PCC 流程，SMF 发送 Npcf_SMPolicyControl_Update Request 消息给 PCF，向 PCF 发起关于新的位置信息的通知。PCF 根据新的位置信息，决定是否下发新的控制策略，并通过 Npcf_SMPolicyControl_Update Response 消息响应给 SMF。

⑰ 如果第⑧步建立的是与 I-UPF 的隧道信息，则 SMF 向新侧 I-UPF 发送 N4 Session Modification Request，提供新的 AN 隧道信息，此时新侧 I-UPF 的下行数据可以转发到（R）AN 和 UE。

● 如果 SMF 在步骤 ⑤b 中选择了新的 UPF 作为 PDU 会话的中间 UPF，则 SMF 向新侧 I-UPF 发起 N4 会话修改流程，并提供隧道信息，新侧 I-UPF 的下行数据可以转发给 NG-RAN 和 UE。

● 新侧 I-UPF 给 SMF 回复 N4 Session Modification Response。

⑱ 如果第⑧步建立的是与 UPF（PSA）的隧道信息，SMF 向 UPF（PSA）发送 N4 Session Modification Request 消息，将 AN 的隧道信息发送给 UPF（PSA）。UPF（PSA）的下行数据此时可以被转发到（R）AN 和 UE 上。

● 如果需要建立或修改用户面，且修改后没有 I-UPF，则 SMF 向 UPF（PSA）发起 N4 会话修改流程，并提供 AN 隧道信息，UPF（PSA）的下行数据可以转发给 NG-RAN 和 UE。对于被拒绝的 QoS 流列表中的 QoS 流，SMF 应指示 UPF 删除与 QoS 流关联的规则（例如报文检测规则等）。

● UPF（PSA）回复 N4 Session Modification Response。

⑲ SMF 给 AMF 回复 Nsmf_PDUSession_UpdateSMContext Response。

⑳ 第⑧步中建立了数据转发隧道，并且启动了定时器，如果定时器超时，则需要释放转发隧道，第⑳步和第㉑步分别用于释放第⑧步中两种场景的隧道。

● SMF 发送 N4 Session Modification Request 给作为 N3 终节点的新侧 I-UPF，释放建立的转发隧道。新侧 I-UPF 回复 N4 Session Modification Response 给 SMF。

● 建立的与新侧 I-UPF 的数据转发隧道，SMF 发送 N4 Session Modification Request 给作为 N3 终节点的新侧 I-UPF，释放建立的转发隧道。新侧 I-UPF 回复 N4 Session Modification Response 给 SMF。

● 建立于 UPF（PSA）的数据转发隧道，则执行 ㉑ 步。

㉑ SMF 发送 N4 Session Modification Request 给作为 N3 终节点的 UPF（PSA），释放建立的转发隧道。之后，UPF（PSA）回复 N4 Session Modification Response 给 SMF。

㉑a SMF 发送 N4 Session Modification Request 给作为 N3 终节点的 UPF（PSA），释放建立的转发隧道。

㉑b 释放掉转发隧道后，UPF（PSA）回复 N4 Session Modification Response 给 SMF。

㉒ SMF 发送 N4 Session Modification Request 给旧侧 I-UPF 更新 AN 隧道信息，或者发送 N4 Session Release Request 给旧侧 I-UPF，删除旧侧 UPF 上的资源。

㉒a 如果在步骤 ⑤b 中，SMF 决定继续使用旧 UPF，则 SMF 发送 N4 会话修改请求，提供 AN 隧道信息。如果 SMF 决定在步骤 ⑤b 中选择新 UPF 作为中间 UPF，而旧 UPF 不是 PSA UPF，则在步骤 ⑥b 或 ⑦b 中的定时器超时后，SMF 发起 N4 Session Release Request，向旧的中间 UPF 发送 N4 会话释放请求（释放原因）。

㉒b 旧 UPF 通过 N4 Session Modification Response 或 N4 Session Release Response 确认资源的修改或释放。

### 5.2.2 网络触发的服务请求流程

网络侧触发的服务请求流程如图 5-4 所示。网络需要向 UE 发送信号时启用此流程。当该流程被 SMSF、PCF、LMF、GMLC、NEF、AMF 或 UDM 触发时，图 5-4 中的 SMF 和 UPF（如果适用）应被相应的 NF 替换。如果 UE 在 3GPP 接入中处于 CM 空闲状态或 CM 连接状态，则网络侧将启动触发的服务请求流程。

当 UE 处于 CM-IDLE 态，网络侧有数据或信令需要向 UE 发送时，触发该流程。当 UE 处于 CM-CONNECT 态时，也可通过该流程，激活指定的某些 PDU 会话，建立用户面连接进行数据传输。

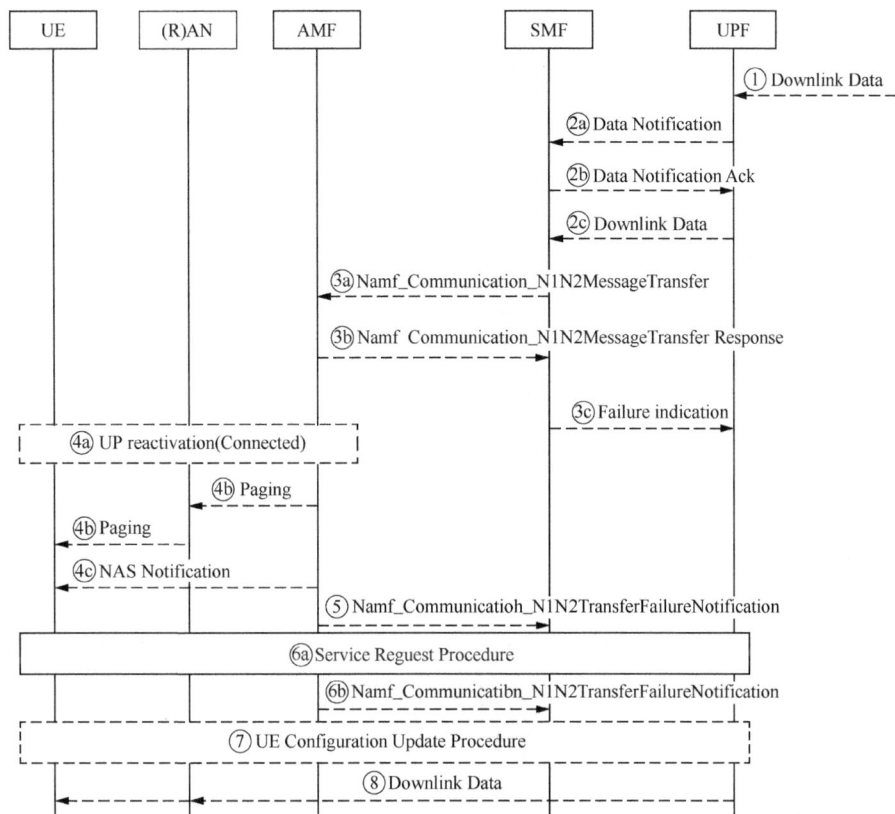

图5-4 网络侧触发的服务请求流程

① 当 UPF 接收到 PDU 会话的下行数据时，如果没有存储的隧道信息，则根据 SMF 的指示，UPF 可以缓存下行数据（步骤②a和步骤②b），或者将下行数据转发给 SMF（步骤②c）。

② UPF 通知 SMF 有数据下达。

②a 对于任何 QoS 流，当第一个下行数据包到达时，如果 SMF 先前尚未通知 UPF 不向 SMF 发送 Data Notification，则 UPF 将向 SMF 发送 Data Notification。

②b SMF 向 UPF 回复 Data Notification Ack。

②c 如果 SMF 指示 UPF 由 SMF 缓存数据，则 UPF 将下行数据包转发到 SMF（即 SMF 将缓冲数据包）。

③ SMF 根据 UE 是否可达的情况，决定是否给 AMF 发送消息。

③a UE可达情况下，SMF给AMF发送Namf_Communication_N1N2MessageTransfer 消息，消息中包括 PDU 会话 ID、N2 SM information、ARP、寻呼策略、N1N2 转发失败通知目的地址等信息。

③b AMF 回复响应消息给 SMF。

③c 如果 AMF 感知 UE 不可达或者仅可达高优先级服务，则通知 SMF，SMF 将发送 Failure indication 给 UPF，告知 UPF 停止相关数据服务，例如停止发送 Data Notification 消息、停止缓存数据和丢弃缓存数据。

④ AMF 根据 UE 的状态，决定下一步需要执行的动作。

④a 如果 UE 处于 CM-CONNECT 态，则不需要进行寻呼，为 PDU 会话激活用户面连接，具体可参考 UE 触发的服务请求流程中的步骤 ⑫ ～步骤 ㉒。流程结束，不用执行本流程中的其余步骤。

④b 如果 UE 处于 CM-IDLE 态，则 AMF 发送 Paging 消息给（R）AN，在 UE 注册的区域范围内寻呼 UE。

④c 如果 UE 处于 CM-CONNECT 态，且步骤③a中 PDU Session ID 与 Non-3GPP（非 3GPP）接入关联，则 AMF 向 UE 发送非 3GPP 接入类型的 Nas Notification 消息，省略步骤 ⑤。

⑤ 如果 AMF 下发了 Paging，但寻呼无响应，则 AMF 给 SMF 回复 Namf_Communication_N1N2TransferFailure Notification 消息，通知 SMF 寻呼失败，流程结束。

⑥a 如果 UE 收到寻呼请求，发起 Service Request 流程，则流程与 UE 触发的 Service Request 流程一样。

⑥b 收到寻呼拒绝提示后，AMF 发送 Namf_Communication_N1N2Message Transfer Failure Notification 通知 SMF。

⑦ 如果 AMF 已寻呼 UE 以触发服务请求过程，则 AMF 应启动 UE 配置更新过程并分配新的 5G-GUTI。

⑧ Service Request 流程成功，发送下行数据。

## 5.3 UE 配置更新流程

UE 的配置可以由网络侧随时发起 UE 配置更新流程而进行更新。UE 配置包括以下两项内容。

① AMF 决定并提供的接入和移动性管理相关参数、配置的 NSSAI 及其与签约 S-NSSAI 的映射、允许的 NSSAI 及其与签约 S-NSSAI 的映射、服务间隙时间，以及拒绝的 NSSAI 列表。如果 UE 配置更新过程在 S-NSSAI 网络片特定身份验证

和授权后由 AMF 触发，截断的 5G-S-TMSI 配置和优先级订阅指示（例如 MPS）。

② PCF 提供的 UE 策略。当 AMF 想改变 UE 的接入和移动性管理相关参数配置时，AMF 会发起 UE 配置更新流程。当 PCF 希望在 UE 中改变或提供新的 UE 策略时，PCF 将发起 UE 配置更新流程。如果 UE 配置更新流程要求 UE 发起注册流程，则 AMF 会显式地向 UE 做指示。

### 5.3.1　接入和移动性管理相关参数的 UE 配置更新

当 AMF 需要更新 UE 配置中的接入和移动性管理相关参数时，AMF 发起 UE 配置更新流程。该流程也用于触发 UE 进行移动注册更新流程，例如 MICO 仅移动端发起的连接参数被修改，连接态的 UE 立即发起移动注册更新流程与网络侧进行协商，或者允许的 NSSAI 参数被修改，UE 在进入空闲态之后会发起移动注册更新流程进行参数协商。如果注册流程是必需的，则 AMF 会在 UE 配置更新流程中向 UE 指示。

另外，AMF 会在发起的 UE 配置更新流程中向 UE 指示 UE 是否应该确认，如果 AMF 修改 UE 的 NAS 参数（如 NSSAI 信息、5G-GUTI、TAI List、移动性限制、MICO），就需要 UE 确认，而修改 NITZ（网络标识和时区）参数时就不需要 UE 确认。接入和移动性管理相关参数的 UE 配置更新如图 5-5 所示。

① AMF 根据各种因素（例如 UE 移动性变化、网络策略、从 UDM 处接收到用户数据更新通知、网络切片配置改变）决定是否需要发起 UE 配置更新流程，以及 UE 是否需要发起注册流程。如果此时 UE 处于 CM-IDLE 状态，则 AMF 可以等待 UE 进入连接态，或者直接发起网络触发的服务请求流程从而使 UE 进入连接态，然后再发起 UE 配置更新流程，AMF 的行为取决于网络实现。

② AMF 发送 UE Configuration Update Command 消息给 UE 进行 UE 配置参数的更新。命令消息中包括一个或多个 UE 参数，例如配置更新指示、5G-GUTI、TAI 列表、允许 NSSAI、允许的 NSSAI 与签约 S-NSSAI 的映射、服务 PLMN 配置 NSSAI、配置的 NSSAI 与签约 S-NSSAI 的映射、拒绝 S-NSSAI、NITZ、移动性限制、LADN 信息、MICO、运营商定义接入类别定义。

另外，AMF 可以在命令消息中包括配置更新指示参数。

如果 AMF 指示网络切片签约变更，则 UE 本地删除所有 PLMN 的网络切片配置，然后根据接收到的信息更新当前 PLMN 的配置，需要注意的是，UE 还应确认此命令消息。

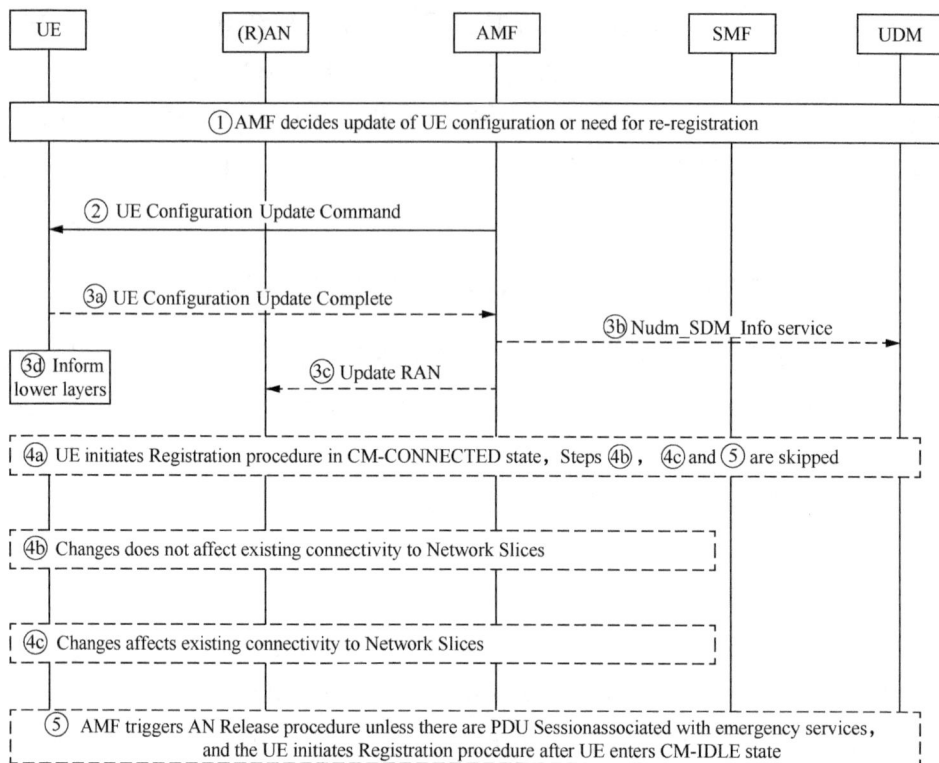

图5-5　接入和移动性管理相关参数的UE配置更新

③ UE 根据步骤 ② 配置更新命令中指示，对命令消息进行确认，AMF 收到 UE 的确认消息后对 UDM 进行网络切片签约变化的确认，并将新 5G-GUTI 中 UE 标识索引值传递给无线。

③a 如果配置更新命令中指示 UE 要确认命令消息，那么 UE 应该向 AMF 发送 UE Configuration Update complete 消息。除非只修改 NITZ 参数的场景，否则，AMF 都会请求 UE 对配置更新命令进行确认。如果 UE 不需要发起注册流程，则跳过步骤 ④a、④b、④c 和 ⑤。如果配置更新命令中的配置更新指示参数包括需要发起注册流程的指示，则 UE 应根据配置更新命令中包含的 NAS 参数，执行步骤 ④a / ④b / ④c 和步骤 ⑤。

③b 如果配置更新命令中指示网络切片签约发生变化，则 AMF 还使用 Nudm_SDM_Info 服务操作向 UDM 确认，表示 UE 收到网络切片签约变更指示，并对其进行处理。

③c 如果 AMF 在 3GPP 接入上重新配置了 5G-GUTI，AMF 在步骤 ③a 收到 UE 的确认消息后，会通知（R）AN 新的 UE 标识索引值（来自新的 5G-GUTI）。

③d 如果 UE 在步骤 ③a 中配置了新的 5G-GUTI，那么 UE 将新的 5G-GUTI 传递给 3GPP 接入的下层，向 UE 的 RM 层指示配置更新完成消息在无线接口上传输成功。

④ 根据配置更新命令携带的不同参数，UE 可能在连接态就立即发起注册流程和网络侧协商参数，或者 AMF 立即释放 UE 的 NAS 信令连接，使 UE 进入空闲态，立即发起注册流程协商参数，或者直到 UE 下次注册流程时再协商参数。

④a 如果配置更新命令只包含不需要 UE 进入 CM-IDLE 状态就可以修改的 NAS 参数（例如 MICO 参数），则 UE 在确认配置更新命令后立即发起注册流程，重新与网络侧协商更新的 NAS 参数，步骤 ④b、④c 和步骤 ⑤ 省略。

④b 如果 AMF 向 UE 提供的新允许的 NSSAI，或允许 NSSAI 的新映射关系，或新配置的 NSSAI 不影响现有切片［即 UE 连接的 S-NSSAI（s）］的连续性，则 AMF 在接收到步骤 ③a 中的确认后，不需要释放 UE 的 NAS 信令连接，也不需要 UE 立即发起注册流程。UE 可以立即使用新允许的 NSSAI，或新允许 NSSAI 的映射，但是 UE 不能连接到那些属于新配置的 NSSAI 范围，直到 UE 执行注册流程，并根据新配置的 NSSAI 携带请求的 NSSAI，跳过步骤 ④c 和步骤 ⑤。

④c 如果 AMF 向 UE 提供的新允许的 NSSAI，或允许 NSSAI 的新映射关系，或新配置的 NSSAI 影响到现有网络切片的连通性，则 AMF 还包括在 UE 配置更新命令消息中携带新的允许 NSSAI 以及映射关系。如果 AMF 不能在签约的 S-NSSAI 更新后确定新允许的 NSSAI，则 AMF 不会在 UE 配置更新命令消息中包含任何允许 NSSAI。AMF 在配置更新命令中包括 UE 发起注册流程的指示，在步骤 ③a 中收到确认后，AMF 应释放 UE 的 NAS 信令连接。

⑤ 当 UE 进入 CM-IDLE 态后发起适当的注册流程，并且接入层信令中不包含 5G-S-TMSI 或 GUAMI。

## 5.3.2 透明 UE 策略传递的 UE 配置更新

当 PCF（策略控制功能）想要更新 UE 策略信息时，将启动 UE 配置更新过程。

在非漫游场景中，V-PCF（被访问 PCF）不参与此过程，H-PCF（主 PCF）则承担 V-PCF 的角色。

在漫游场景中，V-PCF 与 AMF（访问和可移动性管理功能）互动，H-PCF 与 V-PCF 互动。透明 UE 策略传递的 UE 配置更新如图 5-6 所示。

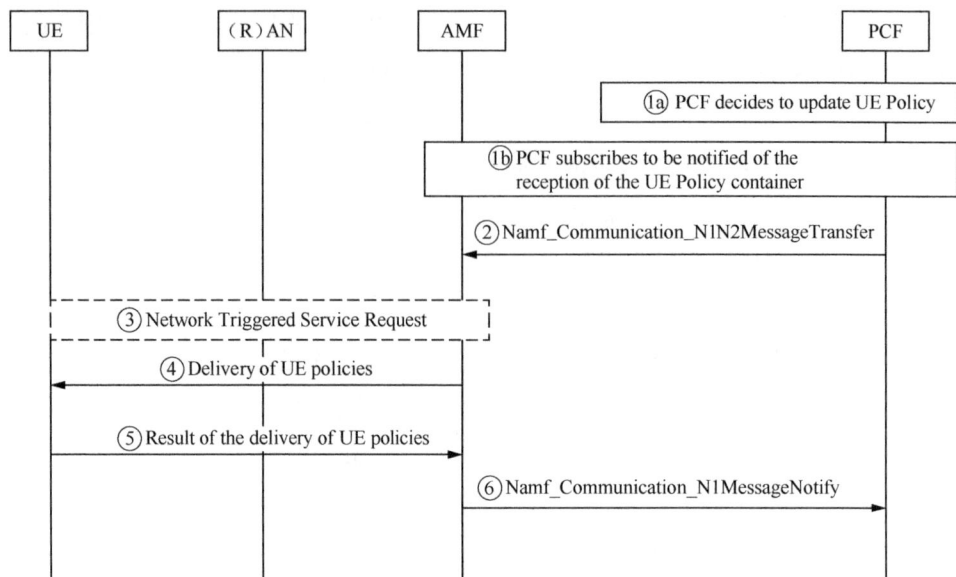

**图5-6 透明UE策略传递的UE配置更新**

①a PCF 决定根据触发条件更新 UE 策略流程。

①b 如果 PCF 尚未订阅 AMF 关于 UE 响应 UE 策略信息更新的通知，则 PCF 订阅 AMF 关于 UE 策略信息更新的通知。

② PCF 调用 AMF 提供 Namf_Communication_N1N2MessageTransfer 服务操作。该消息包括 SUPI、UE 策略容器以及通知目标地址。

③ 如果 UE 已在 3GPP 接入或非 3GPP 接入中注册，并可由 AMF 接入，则 AMF 应通过已注册并可接入的，向 UE 透明地传输 UE 策略容器。如果 UE 在 3GPP 和非 3GPP 接入中均已注册，并且在 3GPP 和非 3GPP 接入中均可到达并由同一 AMF 提供服务，则 AMF 将根据本地策略通过其中一个接入向 UE 透明地传输 UE 策略容器。

如果 AMF 无法通过 3GPP 接入和非 3GPP 接入到达 UE，则 AMF 发送 Namf_Communication_N1N2TransferFailureNotification 向 PCF 报告 UE 策略容器无法交付给 UE。

④ 如果 UE 处于 CM-CONNECT 状态，则 AMF 将从 PCF 接收的 UE 策略容器（UE 接入选择和 PDU 会话相关策略信息）透明地传输到 UE。

⑤ UE 更新 PCF 提供的 UE 策略，并将结果发送到 AMF。

⑥ AMF 使用 Namf_Communication_N1MessageNotify 将 UE 的响应转发给 PCF。

# 5.4　AN Release 流程

当 UE 长时间不活动时，（R）AN 上 UE 不活动定时器超时后，（R）AN 会发起 AN Release 流程节省网络资源，AN Release 流程可以释放 UE 逻辑上的 NG-AP（应用协议）信令连接和关联的 N3 用户面连接，以及（R）AN 的 RRC 信令和资源。但是如果 NG-AP 信令连接因（R）AN 或 AMF 故障而断开，则 AN Release 由 AMF 或（R）AN 在本地进行，不使用（R）AN 和 AMF 之间的任何信令。AN Release 会导致 UE 的所有 UP 连接都被去激活。

AN Release 流程用于释放逻辑 NG-AP 信令连接、N3 用户面连接，以及（R）AN RRC 信令和资源。该流程可以由 AMF 或者（R）AN 发起。AN Release 流程如图 5-7 所示。

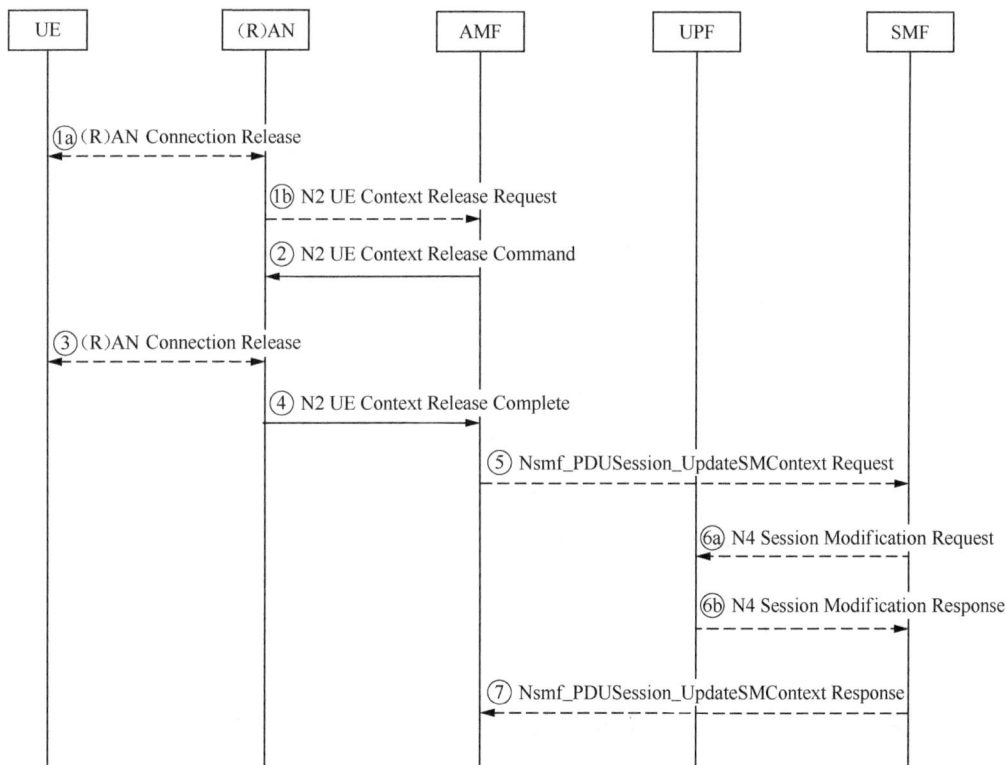

图5-7　AN Release流程

● (R)AN 发起的原因：例如无线链路失败、用户不活动、系统间重定位，以及 UE 释放了信令连接等。

● AMF 发起的原因：例如 UE 去注册等。

① 如果是（R）AN 发起的流程，（R）AN 向 AMF 发送 N2 UE Context Release Request 消息。AMF 判断消息中携带了 PDU 会话 ID，且 N3 用户面链路是激活可用的，则先执行步骤 ⑤～步骤 ⑦，对相应的 PDU 会话进行去激活。再执行接下来的步骤 ②～步骤 ④。

①a 如果（R）AN 确认了某些情况的发生（例如，无线链路失败）或其他（R）AN 内部原因，则（R）AN 可以决定发起 UE 上下文释放。

①b（R）AN 向 AMF 发送 N2 UE Context Release Request 消息，消息中携带释放原因值（例如 AN Link Failure 和 User Inactivity）和用户面资源激活的 PDU 会话 ID 列表。

② AMF 给（R）AN 发送 N2 UE Context Release Command 消息。如果是 AMF 发起的 AN Release 流程，则流程从该步开始依次执行步骤 ③～步骤 ⑦。

③ 如果（R）AN 与 UE 之间的连接还没有完全释放，则（R）AN 请求 UE 释放（R）AN 连接，并且在收到 UE 释放连接的确认后，（R）AN 删除 UE 的上下文。

④（R）AN 向 AMF 发送 N2 UE Context Release Complete，表示 N2 连接已经释放。

⑤ AMF 给 SMF 发送 Nsmf_PDUSession_UpdateSMContext Request 去激活对应的 PDU 会话的用户面资源。

⑥ SMF 发起 N4 会话修改流程。

⑥a SMF 给 UPF 发送 N4 Session Modification Request 消息，指示 UPF 删除 AN 隧道信息或者 UPF 的隧道信息。缓存开关表示 UPF 是否应该缓存传入的下行 PDU。

● 如果 PDU 会话中使用了多个 UPF，且 SMF 确定释放其中带有 N3 终结点的 UPF，则当前 N3 的 UPF 向 N9 的 UPF（例如 PSA）执行步骤 ⑥a，随后 SMF 向 N3 UPF 释放 N4 会话。如果释放原因为用户不活动或 UE 重定向，则 SMF 应保留 GBR QoS 流；否则，在 AN 释放过程完成后，SMF 应触发 UE 的 GBR QoS 流的 PDU 会话修改过程。

● 如果 uRLLC 使用冗余的 I-UPF，则针对每个 I-UPF 执行 N4 Session Modification Request 流程。冗余的 I-UPF 会根据 SMF 提供的缓存指示，缓存该 PDU Session 的下行报文，或者丢弃该 PDU Session 的下行报文，或者将该 PDU Session 的下行

报文转发给 SMF。

⑥b UPF 发送 N4 Session Modification Response 消息响应 SMF 的请求。

⑦ SMF 给 AMF 回复 Nsmf_PDUSession_UpdateSMContext Response 消息，流程结束。

# 5.5 PDU 会话管理流程

会话管理流程就是终端与 DN 之间建立相应的数据通道传递数据包，保证业务端到端的传输质量的过程，以手机上网为例，最终到达互联网来访问相关的网页、视频，畅游互联网世界，这些都需要通过会话管理流程来实现。PDU 会话保存有用户面的数据路由、QoS、计费、切片、速率等可能与计费相关的重要信息。5G 终端在有业务需求的时候会发起建立 PDU 会话的申请，在 5G 网络中建立 PDU 会话只能由终端发起。

## 5.5.1 PDU 会话建立流程

PDU 会话建立都是由 UE 发起的，以非漫游场景和漫游中的 Local Breakout 场景下建立 PDU 会话为例，PDU 会话建立流程如图 5-8 所示。

① UE 向 AMF 发送会话建立请求消息，该消息中包括 S-NSSAI、DNN、PDU Session ID、Requested PDU Session Type（Request Type）、Old PDU Session ID，N1 SM container 等信息。

为了建立一个新的 PDU 会话，UE 产生一个新的 PDU 会话 ID。通过传输 NAS 消息在"N1 SM container"中包括"PDU Session Establishment"请求，UE 发起 PDU 会话建立流程。

② AMF 根据 S-NSSAI、DNN 等信息为 PDU 会话选择 SMF。

如果 NAS 消息没有包含 S-NSSAI，则 AMF 决定一个默认的 HPLMN S-NSSAI 为请求的 PDU 会话，或者通过 UE 的订阅为请求的 PDU 会话。如果只包含一个默认的 S-NSSAI，或者基于供应商策略，在 LBO（本地疏导）的情况下，则一个服务 PLMN 的 S-NSSAI 匹配 HPLMN。

如果 NAS 消息包含一个服务 PLMN 的 S-NSSAI，但是没有包含 DNN，则 AMF 为请求的 PDU 会话决定 DNN，如果 DNN 存在 UE 的订阅信息，则为

S-NSSAI 选择默认的 DNN；否则，服务的 AMF 选择一个本地配置的 DNN。

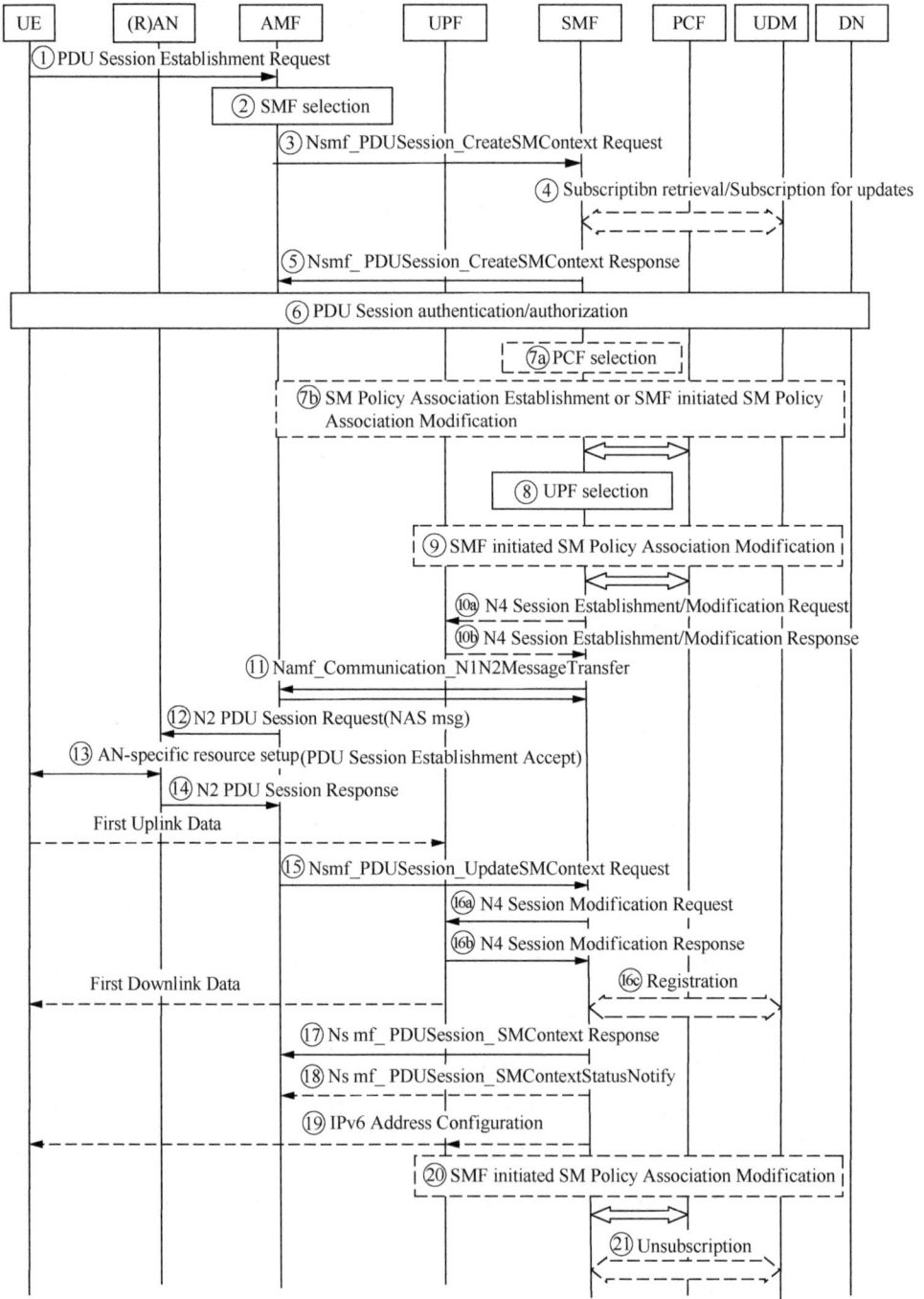

图5-8　PDU会话建立流程

③ AMF 向 SMF 发送 Nsmf_PDUSession_CreateSMContext Request 请求创建 SM 上下文。

如果 AMF 没有 UE 提供的与 SMF 关联的 PDU 会话 ID（例如请求类型为 "initial request"），则将调用 "Nsmf_PDUSession_CreateSMContext Request"。

如果 AMF 已经拥有与 SMF 关联的 PDU 会话 ID（例如请求类型为 "existing PDU Session"），则将调用 "Nsmf_PDUSession_UpdateSMContext Request"。

④ SMF 通过 Nudm_SDM_Get（Nudm_Get UE Session Management Subscription Data Request）消息获取 SUPI、DNN、S-NSSAI 等相应的会话管理签约数据，通过 Nudm_SDM_Subscribe（Nudm_Subscribe Create Request）消息获取订阅数据变更的通知。

⑤ SMF 向 AMF 返回 Nsmf_PDUSession_CreateSMContext Response 确认接受创建 PDU 会话。

⑥ 可选的 PDU Session authentication/authorization。

如果请求类型是 "Existing PDU Session"，则 SMF 不会执行 secondary authentication/authorization；如果请求类型是 "Emergency Request" 或者 "Existing Emergency PDU Session"，则 SMF 不会执行 secondary authentication/authorization。

⑦ⓐ SMF 为 PDU 会话选择 PCF。如果使用动态 PCC，则 SMF 执行 PCF 选择；如果请求类型是 "Existing PDU Session" / "Existing Emergency PDU Session"，则 SMF 使用 PDU 会话中已经选择的 PCF，否则，SMF 使用本地策略。

⑦ⓑ SMF 执行 SM Policy Association Establishment procedure，与 PCF 建立 SM 策略关联，并获得 PDU 会话的默认 PCC 规则。

⑧ SMF 根据 UE 位置、DNN、S-NSSAI 等信息选择 UPF，并根据 UE 在 UDM 中签约时确定的 IP 地址类型，为 UE 分配 IP 地址，也可以由 UPF 根据本地地址池为 UE 分配 IP 地址。

⑨ SMF 执行 SMF 触发的 SM Policy Association Modification procedure，以提供已满足的策略控制请求触发条件的信息。如果请求类型为 "初始请求"，并且部署了动态 PCC，PDU 会话类型为 IPv4（或 IPv6，或 IPv4v6），则 SMF 将分配的 UE IP 地址或前缀通知 PCF（如果满足策略控制请求触发条件）。

⑩ 如果请求类型指示 "初始请求"，则 SMF 将与所选 UPF 启动 N4 会话建立过程，否则，它将与所选 UPF 启动 N4- 会话修改过程。

⑩ⓐ SMF 向 UPF 发送 N4 会话建立或修改请求，并为该 PDU 会话提供要安装

在 UPF 上的数据包检测、执行和报告规则。

⑩b UPF 通过发送 N4 会话建立或修改响应进行确认。

⑪ SMF 向 AMF 发送 Namf_Communication_N1N2MessageTransfer 消息，携带的信息包括发送给（R）AN 的 N2 SM Information，其中包含 PDU Session ID、QFI、QoS Profile、CN Tunnel Info 等信息。发送给 UE 的 N1 SM Container，其中包含 PDU Session Establishment Accept、selected SSC mode、S-NSSAI（s）、UE Requested DNN、Allocated IPv4 Address 等信息，通知（R）AN 和 UE 需要建立 PDU 会话。

⑫ AMF 向（R）AN 发送 N2 PDU Session Request，请求消息中包含 N2 SM Information 和 NSA 信息［包含 PDUSession ID 和 N1 SM 容器（PDU 会话建立接受）］。如果在步骤 ⑪ 中不包括 N2 SM 信息，则使用 N2 下行链路 NAS 传输消息。

⑬（R）AN 与 UE 发起信令交互，将 SMF 需要发送给 UE 的 PDU Session ID、N1 SM Container 消息转发至 UE，请求 UE 建立 PDU 会话，并为 PDU 会话分配（R）AN 隧道信息。

⑭（R）AN 向 AMF 发送 PDU Session Response，建立 AN 隧道信息，响应消息中包含 AN Tunnel Info、List of Accepted 或 Rejected QFI 等。AN 隧道信息对应的是，与 PDU 会话连接的 N3 隧道的接入网络地址。

⑮ AMF 向 SMF 发送 Nsmf_PDUSession_UpdateSMContext 请求（SM Context ID、N2 SM Information 和 Request Type），将从（R）AN 接收到的 N2 SM Information 转发给 SMF。

⑯a SMF 向 UPF 发起一个 N4 Session Modification Request，并提供 AN 隧道信息及相应的转发规则。

如果 SMF 决定对 PDU 的一个或多个 QoS 流执行冗余传输，则 SMF 还指示 UPF 通过转发规则在下行链路方向上对 QoS 流执行分组复制。

⑯b UPF 向 SMF 提供 N4 Session Modification Response。

⑯c 如果步骤③中的请求类型既不指示"Emergency Request"，也不指示"Existing Emergency PDU Session"，并且 SMF 尚未注册此 PDU 会话，则 SMF 使用 Nudm_UECM_Registration 为给定的 PDU 会话向 UDM 注册。UDM 进一步在 UDR 上存储信息，调用 Nudr_DM_Update。对于没有认证的 UE 或者一个漫游 UE，SMF 不在 UDM 注册。

⑰ SMF 向 AMF 发送 Nsmf_PDUSession_UpdateSMContext Response，从 AMF 订阅 UE 移动性事件通知（例如位置报告、UE 移入或者移出区域等信息）。

⑱ 如果 PDU 会话建立不成功，则 SMF 通知 AMF 通过调用 Nsmf_PDUSession_SMContextStatusNotify（Release）进行释放。需要注意的是，SMF 也释放创建的 N4 会话、分配的 PDU 会话地址，以及其与 PCF 的关系。

⑲ 在 PDU 会话类型是 IPv6 或 IPv4v6 的情况下，SMF 生产一个 IPv6 路由器并发送给 UE。

⑳ 当 5GS 网桥信息可用的触发器被激活时，SMF 可以启动 SM Policy Association Modification 流程。如果 UE 已经指示支持 "transferring Port Management Information Containers"，则 SMF 通知 PCF 5GS 网桥信息可用。

㉑ 如果执行步骤④后 PDU 会话建立失败，则 SMF 执行以下流程。

如果 SMF 不再为此处理 UE 的 PDU 会话（HPLMN 的 DNN、S-NSSAI），则 SMF 使用 Nudm_SDM_Unsubscribe 取消订阅相应的会话管理订阅数据的修改。此时，UDM 可以通过 Nudr_DM_Unsubscribe 取消订阅来自 UDR 的修改通知。

## 5.5.2 PDU 会话修改流程

在 UE 能力变更、QoS 参数有修改等场景下，UE 和网络侧都可以发起 PDU 会话修改流程。以非漫游场景和漫游中的 Local Breakout 场景下 PDU 会话修改为例，PDU 会话修改流程如图 5-9 所示。

① 发送 PDU 会话修改请求。

⑴a（UE 发起的修改）UE 通过传输 NAS 消息来发起 PDU 会话修改过程，NAS 消息由（R)AN 转发给 AMF，并带有用户位置信息的指示。AMF 调用 Nsmf_PDUSession_UpdateSMContext［SM 上下文 ID、N1 SM 容器（PDU 会话修改请求）］，发送给 SMF 更新 UE SM 上下文。

⑴b（PCF 发起的 SM 策略关系修改）PCF 执行 PCF initiated SM Policy Association Modification 步骤，通知 SMF 策略的修改。

⑴c（SMF 请求修改）UDM 识别本地配置策略有修改，通过 Nudm_SDM_Notification（SUPI，即会话管理订阅数据）更新 SMF 的订阅数据，SMF 更新数据后发送 ACK，发起 PDU 会话修改。

⑴d（SMF 请求修改）本地配置的 QoS 策略发生变化，SMF 发起 PDU 会话修改。

⑴e（AN 发起的修改）（R)AN 向 AMF 发送 N2 消息（PDU Session ID、N2 SM Information），包括 QFI、用户位置信息和 QoS 流被释放的指示。AMF 向 SMF 发送 Nsmf_PDUSession_UpdateSMContext（SM 上下文 ID 和 N2 SM 信息），通知

SMF 发起 PDU 会话修改。

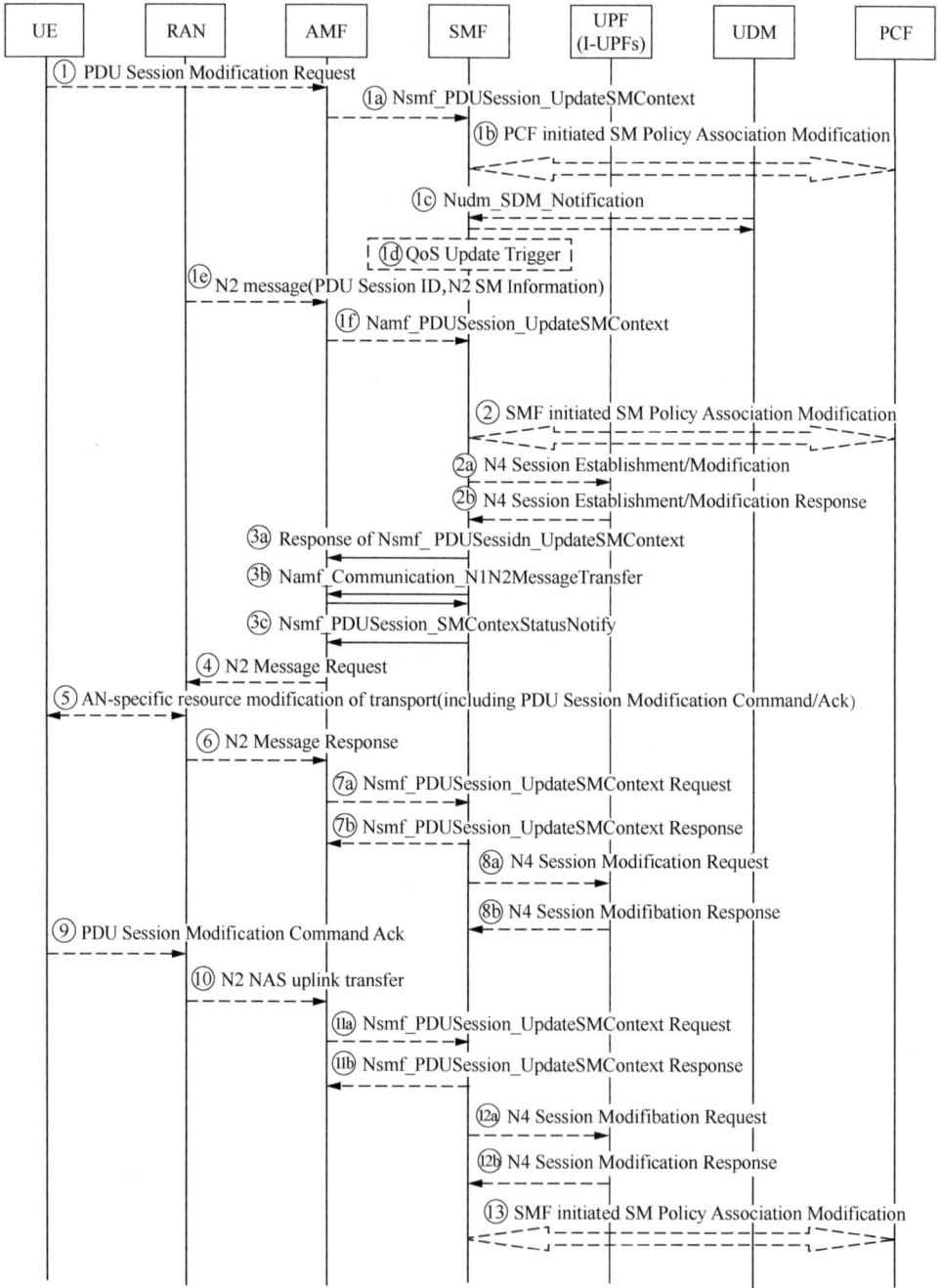

图5-9　PDU会话修改流程

①f（AMF 发起的修改）如果 UE 支持 CE 模式，不仅 CE 模式的使用在 AMF

中的 UE 上下文中的增强覆盖限制信息中从受限变为无限制，而且 UE 已经建立了 PDU 会话，则当 AMF 确定 NAS-SM 定时器应因增强覆盖限制的变化而更新时，AMF 应触发对服务于 UE PDU 会话的 SMF 的 PDU 会话修改，并且仅当 AMF 中 UE 上下文中增强覆盖限制消息中的 CE 模式的使用不受限制时，才包括扩展的 NAS-SM 指示。

② SMF 通过执行 SMF 发起的 SM Policy Association Modification 步骤向 PCF 报告一些订阅事件。如果 PDU 会话修改过程由步骤⑯或⑭触发，则可以跳过此步骤。

㉒a SMF 用新的 QoS 流或修改的 QoS 流相关的 N4 规则来更新 UPF。

㉒b UPF 对 SMF 做出响应。

㉓a 对于 UE 或 AN 发起的修改，SMF 通过 Nsmf_PDUSession_UpdateSMContext Response 响应 AMF。响应内容包括 N2 SM Information、N1 SM container 等。N2 SM Information 携带 AMF 必须提供给（R）AN 的信息，包括 QoS 配置文件和相应的 QFI 等，N1 SM container 承载 AMF 必须提供给 UE 的 PDU Session Modification Command。

㉓b 对于 SMF 请求的修改，SMF 调用 Namf_Communication_N1N2MessageTransfer。

SMF 可以针对每个 QoS 流指示是否应由相应的冗余传输指示符执行冗余传输。如果 SMF 在步骤 ㉒a 中决定激活冗余传输，则 SMF 将分配的附加 CN 隧道信息包括在 N2 SM 信息中。如果在步骤 ㉒a 中 SMF 决定使用两个 I-UPF 对新的 QoS 流执行冗余传输，则 SMF 在 N2 SM 信息中包括两个 I-UPS 的分配的 CN 隧道信息。

㉓c 对于源自 UDM 更新的 SMF 相关参数而请求的修改，SMF 调用 Nsmf_PDUSession_SMContextStatusNotify 向 AMF 提供 SMF 导出的 CN 辅助 RAN 参数调整。

④ AMF 向（R）AN 发送 N2 信息，包括从 SMF 接收到的 N2 SM 信息和 NAS 信息。

⑤（R）AN 向 UE 发出从 SMF 接收的有关特定信令交换信息。例如在 NG-RAN 情况下，可以在 UE 修改与 PDU 会话有关的必要（R）AN 资源的情况下，对 RRC 连接重配置。

⑥（R）AN 向 AMF 通过发送 N2 PDU Session Ack Message 对 N2 PDU Session Request 进行响应。

⑦a AMF 通过 Nsmf_PDUSession_UpdateSMContext Request 把从（R）AN 获得的 N2 SM Information 和用户位置信息转发给 SMF，通知 SMF（R）AN 已经更新 QoS 信息。

⑦b SMF 发送 Nsmf_PDUSession_UpdateSMContext Response 进行响应。

⑧a 当 N4 会话有修改时，SMF 通过 N4 Session Modification Request 消息更新 N4 会话，将更新的 QoS 信息通知 PDU 会话修改流程涉及的 UPF。

⑧b UPF 发送 N4 Session Modification Response 进行响应。

⑨ UE 向（R）AN 发送包含 PDU Session ID、N1 SM container［PDU Session Modification Command Ack,（Port Management Information Container）］的 NAS 消息，确认接受 PDU 会话修改。

⑩（R）AN 将接收的 NAS 消息转发至 AMF。

⑪a AMF 通过 Nsmf_PDUSession_UpdateSMContext Request 请求服务操作将从 AN 接收到的 N1 SM container（PDU Session Modification Command Ack）和用户位置信息转发给 SMF。

⑪b SM 回复 Nsmf_PDUSession_UpdateSMContext Response 进行响应。

⑫a 当 N4 会话有修改时，SMF 通过 N4 Session Modification Request 消息更新 N4 会话，将更新的 QoS 信息通知 PDU 会话修改流程中涉及的 UPF。

⑫b UPF 发送 N4 Session Modification Response 进行响应。

⑬ 如果 SMF 在步骤 ⑪b 或者步骤 ② 中与 PCF 进行了交互，则 SMF 将发送 SMF initiated SM Policy Association Modification 消息给 PCF，通知是否执行 PCC 决定。

### 5.5.3　PDU 会话释放流程

PDU 会话释放流程用于释放与 PDU 会话相关的所有资源，包括 PDU 会话使用的任何 UPF 资源、PDU 会话使用的任何访问资源、为基于 IP 的 PDU 会话分配的 IP 地址或前缀等。UE 或网络侧都可以触发会话释放流程。PDU 会话释放流程如图 5-10 所示。

① 发起会话释放流程

①a（UE 请求）当 UE 不再需要执行相关业务时,（R）AN 将 UE 请求的 PDU Session Release Request 转发至 AMF，AMF 调用 Nsmf_PDUSession_UpdateSMContext 服务操作将请求转发至 SMF。

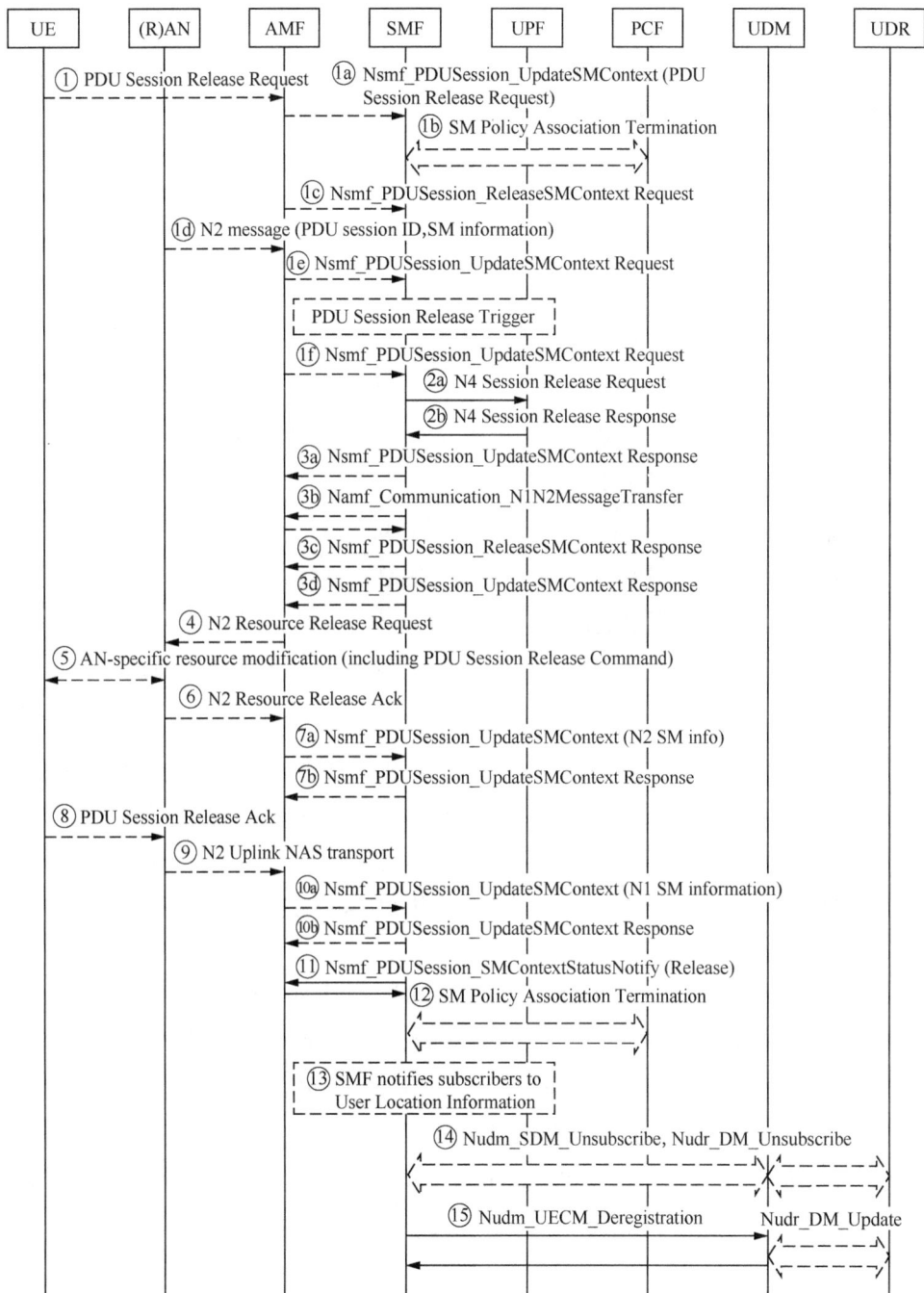

图5-10　PDU会话释放流程

①b（PCF触发的PDU会话释放）PCF调用SM Policy Association Termination 来

133

请求释放 PDU 会话。

①c 在 UE 和 AMF 之间的 PDU 会话状态不匹配的情况下，AMF 调用 Nsmf_PDUSession_ReleaseSMContext Request 服务操作，请求释放 PDU 会话。

①d（R）AN 可以决定向 SMF 指示 PDU 会话相关资源被释放，例如，当释放 PDU 会话的所有 QoS 流时。

①e（由 SMF 发起的 PDU 会话释放）在以下情况下，SMF 可以决定释放 PDU 会话。

- 基于来自 DN 的请求（取消 UE 访问 DN 的授权）。
- 根据 UDM(用户签约数据变更) 或 CHF 的请求。
- 如果 SMF 从 AMF 接收到 UE 不在 LADN 服务区域的事件通知。
- 基于本地配置的策略域。
- 如果（R)AN 通知 SMF 在移动过程中 PDU 会话资源建立失败。

①f AMF 调用 Nsmf_PDUSession_UpdateSMContext Request 服务操作，请求释放 PDU 会话，其中释放 SM 上下文之前可能需要 N1 或 N2 SM 信令。

② SMF 释放分配给 PDU 会话的 IP 地址或前缀，并释放相应的用户平面资源。

②a SMF 向 PDU 会话的 UPF 发送 N4 Session Release Request（N4 Session ID）消息。UPF 收到请求消息后将丢弃与该 PDU 会话相关的数据包，并释放与 N4 会话相关的所有隧道资源和上下文。

②b UPF 通过向 SMF 发送 N4 Session Release Response 来确认 N4 Session Release Request。

③ 如果 PDU Session Release 步骤由上面的步骤 ①a、步骤 ①b、步骤 ①d 或步骤 ①e 触发，则 SMF 创建包括 PDU Session Release Command 消息（PDU Session ID）的 N1 SM。该 ID 可以指示触发器建立具有相同特性的新 PDU 会话。

③a 如果 PDU Session Release 是由 UE 在步骤 ①a 中启动的，或已由（R)AN 在步骤 ①d 中触发，则 SMF 向 AMF 发送 Nsmf_PDUSession_UpdateSMContext Response，携带的信息包含 N2 SM Resource Release Request，N1 SM container（PDU Session Release Command）。

③b 如果 PDU 会话释放由 SMF 或 PCF 发起，则 SMF 调用 Namf_Communication_N1N2MessageTransfer 服务操作。

③c 如果 PDU 会话释放由 AMF 发起，即 SMF 在步骤 ①c、步骤 ①e 中从 AMF

接收到 Nsmf_PDUSession_ReleaseSMContext Request 信息，则 SMF 回复 Nsmf_PDUSession_ReleaseSMContext 响应 AMF。

㉛d 如果 PDU Session Release 是由 AMF 在步骤⑪中发起的，即 SMF 从 AMF 接收到 Nsmf_PDUSession_UpdateSMContext Request 信息，并带有释放指示以请求 PDU 会话释放，则 SMF 回复 Nsmf_PDUSession_UpdateSMContext Response 来响应 AMF。其中应包括 N1 SM 容器（PDU Session Release Command）以在 UE 处释放 PDU 会话。

④ 当 UE 处于空闲态时，并且指示需要发送 N1 SM 消息，AMF 指示网络侧发起 Service Request 流程向 UE 发送 NAS 信息（PDU Session ID、N1 SM container）；当 UE 处于连接态时，并且在步骤③中从 SMF 接收的消息包括 N2 SM 资源释放请求，则 AMF 在步骤④中传输从 SMF 接收的 SM 信息（N2 SM Resource Release Request 和 N1 SM container）到（R）AN。

⑤ 当（R）AN 接收到 N2 SM 请求以释放与 PDU 会话相关的 AN 资源时，（R）AN 与 UE 发起特定信令交互以释放对应的 AN 资源。

⑥（R）AN 向 AMF 发送 N2 SM Resource Release Ack。

⑦a AMF 发送 Nsmf_PDUSession_UpdateSMContext Request，将 N2 SM Resource Release Ack 和用户位置信息发送给 SMF，通知 SMF（R）AN 已经释放相关 PDU 会话资源。

⑦b SMF 发送 Nsmf_PDUSession_UpdateSMContext Response 响应 AMF。

⑧ UE 向（R）AN 发送 NAS 消息［PDU Session ID 和 N1 SM container（PDU Session Release Ack）］来确认 PDU 会话释放命令。

⑨（R）AN 向 AMF 发送 N2 NAS Uplink Transport 消息，携带 PDU Session ID 和 N1 SM container（PDU Session Release Ack）。

⑩a AMF 调用 Nsmf_PDUSession_UpdateSMContext N1 SM information 到 SMF。

⑩b SMF 发送 Nsmf_PDUSession_UpdateSMContext Response 到 AMF。

⑪ 如果执行步骤㉛a、步骤㉛b 或步骤㉛d，则 SMF 会等到它收到所需的步骤③中提供的 N1 和 N2 信息的答复。SMF 调用 Nsmf_PDUSession_SMContextStatusNotify 通知 AMF 该 PDU 会话的 SM 上下文已经释放。AMF 释放 SMF ID、PDU Session ID、DNN 和 S-NSSAI。

⑫ 如果此会话部署了动态 PCC，SMF 调用 SM Policy Association Termination 来删除 PDU 会话相应的信息。

⑬ SMF 通知已订阅用户位置信息关联的 PDU 会话更改任何实体。

⑭ 如果这是 SMF 处理 UE 关联（DNN 和 S-NSSAI）的最后一个 PDU 会话，则 SMF 通过 Nudm_SDM_Unsubscribe（SUPI、DNN 和 S-SSAI）服务操作向 UDM 取消订阅会话管理订阅数据更改通知。

⑮ SMF 调用 Nudm_UECM_Deregistration 服务操作，包括 DNN 和 PDU Session ID，以及括 DNN 和 PDU 会话 ID 的 Nudm_UECM_Deregistration 服务操作。UDM 删除 SMF 标识，以及 DNN 与 PDU Session ID 间存储的关系。

# 5.6 N4 会话交互流程

## 5.6.1 N4 节点级别流程

N4 节点级别流程用于维护 SMF 和 UPF 间的偶联关系，主要包含 N4 偶联建立流程、N4 偶联更新流程、N4 偶联释放流程，以及 N4 偶联上报流程等。

### 1. N4 偶联建立流程

N4 偶联建立流程用于建立 SMF 与 UPF 之间的 N4 偶联，以便 SMF 后续使用 UPF 的资源建立 N4 会话。SMF 与 UPF 可以在此流程中交互各自支持的特性。该流程可以由 SMF 发起，也可以由 UPF 发起。SMF 发起的 N4 偶联建立流程如图 5-11 所示。

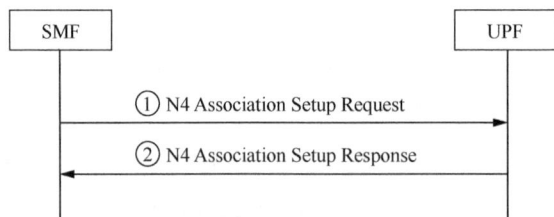

图5-11　SMF发起的N4偶联建立流程

① SMF 向 UPF 发送 N4 Association Setup Request 消息、携带发送节点的唯一标识符 Node ID，以及节点启动时的 UTC（世界协调时）Recovery Time Stamp 等信元。

② UPF 向 SMF 回复 N4 Association Setup Response 消息、携带发送节点的唯一标识符 Node ID、节点启动时的 UTC Recovery Time Stamp，以及响应原因值 Cause 等信元。

## 2. N4 偶联更新流程

N4 偶联更新流程用来修改 SMF 与 UPF 之间已有的 N4 偶联。该流程可以由 UPF 发起，也可以由 SMF 发起，用于更新用户面支持的特性或可用资源。SMF 发起的 N4 偶联更新流程如图 5-12 所示。

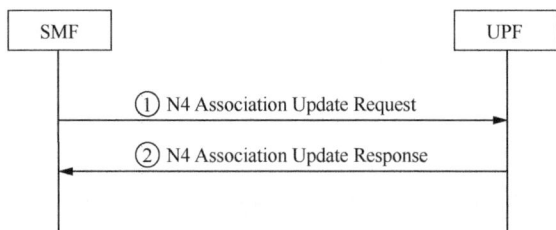

图5-12 SMF发起的N4偶联更新流程

① SMF 向 UPF 发送 N4 Association Update Request 消息、携带发送节点的唯一标识符 Node ID，以及支持的特性 UP Function Features 等信元。

② UPF 向 SMF 回复 N4 Association Update Response 消息、携带发送节点的唯一标识符 Node ID，以及响应原因值 Cause 等信元。

## 3. N4 偶联释放流程

N4 偶联释放流程用于断开 SMF 与 UPF 之间的 N4 偶联。N4 偶联释放流程可以由 SMF 发起，也可以由 UPF 请求 SMF 发起。SMF 发起的 N4 偶联释放流程如图 5-13 所示。

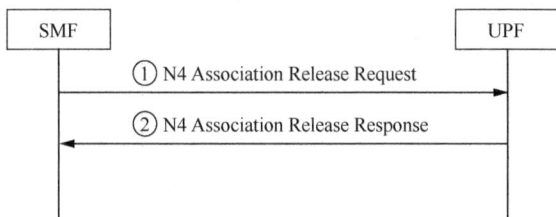

图5-13 SMF发起的N4偶联释放流程

① SMF 向 UPF 发送 N4 Association Release Request 消息、携带发送节点的唯一标识符 Node ID 等信元。

② UPF 向 SMF 回复 N4 Association Release Response 消息、携带发送节点的唯一标识符 Node ID，以及响应原因值 Cause 等信元。

## 4. N4 偶联上报流程

N4 偶联上报流程用于 UPF 向 SMF 上报节点信息，例如上报影响到 GTP-U 对端所有 N4 会话的用户面路径故障。SMF 发起的 N4 偶联上报流程如图 5-14 所示。

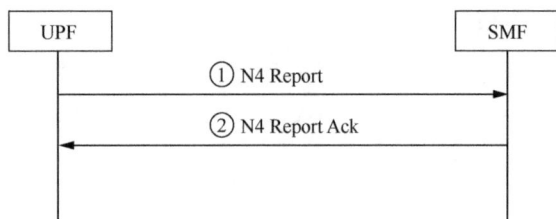

图5-14 SMF发起的N4偶联上报流程

① UPF 检测到需要上报的事件，并通过向 SMF 发送 N4 Report 消息启动流程。该消息包含 UPF ID、事件和状态列表。

② SMF 返回 N4 Report Ack 消息，该消息包含 SMF ID。事件参数包含事件名称和 UPF 标识。

### 5.6.2 N4 会话管理流程

N4 会话管理流程用于创建、更新和删除 UPF 中的 N4 会话上下文。N4 会话管理流程包括 N4 会话建立流程、N4 会话修改流程、N4 会话释放流程，以及 N4 会话级别上报流程。这些流程都是由 SMF 发起的。

#### 1. N4 会话建立流程

N4会话建立流程用于在UPF上为PDU会话创建初始的N4会话上下文。SMF 分配 N4 会话标识，并提供给 UPF。N4 会话标识用于在交互过程中标识 N4 会话上下文。SMF 会保存 UE 的 N4 会话标识与 PDU 会话的关系。

N4 会话建立流程如图 5-15 所示。

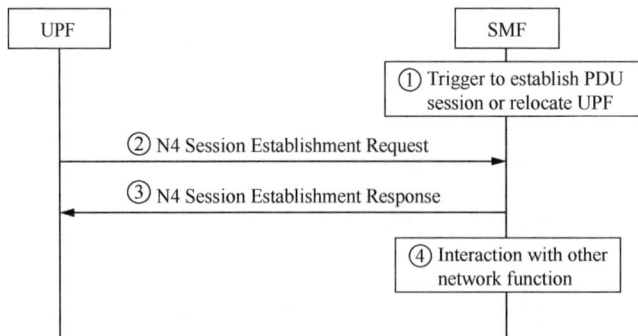

图5-15 N4会话建立流程

① SMF 收到建立新的 PDU 会话的触发请求或者为已建立的 PDU 会话更改 PDU。

② SMF 向 UPF 发送 N4 Session Establishment Request 消息，包含定义 UPF 需要如何操作的结构化控制信息。

③ UPF 返回 N4 Session Establishment Response 消息，该消息包含 UPF 需要提供给 SMF 的所有信息，以响应接收到的控制信息。

④ SMF 与 AMF 或 PCF 交互，执行后续会话修改等业务流程。

**2. N4 会话修改流程**

在需要修改 PDU 会话相关参数时，通过 N4 会话修改流程更新 UPF 上现有的 N4 会话上下文。N4 会话修改流程如图 5-16 所示。

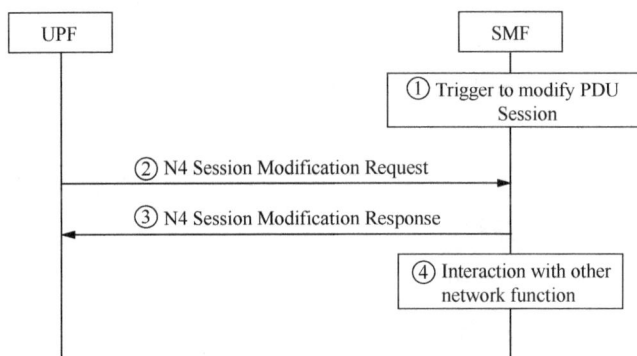

图5-16　N4会话修改流程

① SMF 收到修改已有 PDU 会话的触发请求。

② SMF 向 UPF 发送 N4 Session Modification Request 消息，其中包含结构化控制信息的更新。该信息定义了 UPF 是如何进行操作的。

③ UPF 通过 N4 会话标识识别需要修改的 N4 会话上下文。然后，UPF 根据 SMF 发送的参数列表更新该 N4 会话上下文的参数。UPF 返回 N4 Session Modification Response 消息。该消息包含 UPF 需要向 SMF 提供的所有信息，以响应接收到的控制信息。

④ SMF 与 AMF 或 PCF 交互，执行后续会话释放等业务流程。

**3. N4 会话释放流程**

N4 会话释放流程用于删除 UPF 上已有 PDU 会话的 N4 会话上下文。N4 会话释放流程如图 5-17 所示。

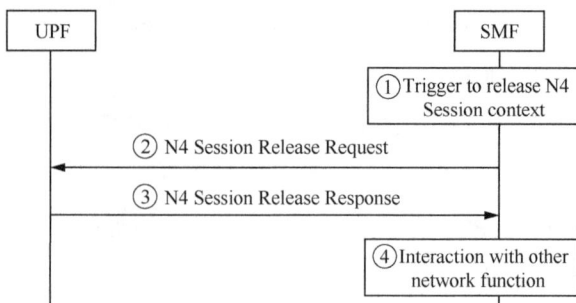

图5-17　N4会话释放流程

① SMF 收到删除 PDU 会话的触发请求。

② SMF 向 UPF 发送 N4 Session Deletion Request 消息。

③ UPF 通过 N4 会话 ID 识别需要删除的 N4 会话上下文，并删除整个会话上下文。UPF 返回 N4 Session Deletion Response 消息。该消息包含 UPF 需要向 SMF 提供的所有信息。

④ SMF 与 AMF 或 PCF 交互，执行后续会话级别上报或删除等业务流程。

**4. N4 会话级别上报流程**

N4 会话级别上报流程用于 UPF 向 SMF 上报事件。该流程用于 UPF 上报与单个 PDU 会话的 N4 会话相关的事件。N4 会话级别上报流程如图 5-18 所示。

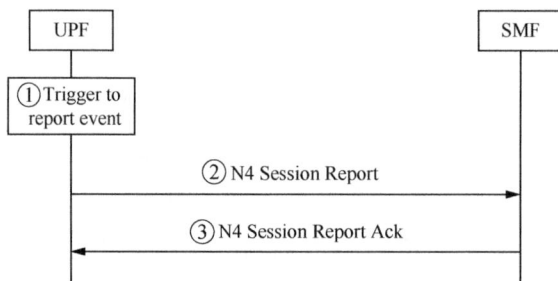

图5-18　N4会话级别上报流程

① UPF 检测到事件需要上报，上报触发的具体条件如下。

a. 用量报告

用量信息需要在 UPF 中收集并上报给 SMF。

b. 流量检测开始

当 SMF 请求流量检测，并且检测到 PDR 的流量开始时，UPF 向 SMF 上报流量检测开始，并指示对应的 PDR ID。

c. 流量检测停止。

当 SMF 请求流量检测，并且检测到 PDR 的流量结束时，UPF 向 SMF 上报流量检测停止，并指示对应的 PDR ID。

d. UP 连接去激活的 PDU 会话 QoS 流的第 1 个下行数据检测

当 UPF 接收到下行报文，但没有下行数据传输的 N3 或 N9 隧道，且已完成缓存，UPF 需要向 SMF 上报下行数据到达通知。如果 PDU 会话类型为 IP，则 UPF 还需要上报 DSCP（差分服务代码点）。

e. 指定周期内的 PDU 会话不活动检测

在 PFCP 会话建立或修改的流程中，当 SMF 提供了一个 PDU 会话的不活动定时器，并且 UPF 检测到 PDU 会话在不活动定时器指定的时间内没有数据传输时，UPF 应该向 SMF 上报 PDU 会话不活动事件。

f. UL（上行链路）、DL（下行链路）或往返数据延迟测量汇报

当为 QoS 流启用 uRLLC 的 QoS 监控时，UPF 计算 QoS 流的 UL、DL 或往返数据延迟。如果 N3 或 N9 接口上的冗余传输被激活，UPF 将对两条 UP 通道进行数据延迟监测，并分别报告两条 UP 通道的数据延迟。

g. TSC（传送控制）管理信息可用

当 TSC 管理信息可用时，UPF 向 SMF 提供 TSC 管理信息。

② UPF 向 SMF 发送 N4 Session Report 消息，该消息包含 N4 会话标识和上报 trigger（触发）参数和测量信息参数列表。其中上报 trigger 参数包含触发该报告的事件名称，测量信息参数包含 SMF 请求通知的实际信息。

③ SMF 根据收到的 N4 会话 ID 识别 N4 会话上下文，并将上报的信息应用到对应的 PDU Session 中。SMF 返回 N4 Session Report Ack 消息。

# 5.7　安全管理流程

安全管理流程实现的功能包括用户身份保密、身份识别、鉴权、NAS 安全算法协商等，各流程功能的具体说明如下。

## 1. 用户身份保密

避免在网络上传输用户的真实身份，被攻击者轻易获取用户信息，包含网络为 UE 分配临时身份标识 GUTI，以及 SUPI 到 SUCI 的加密机制。

### 2. 身份识别

当网络侧无法识别 UE 的身份时，会向 UE 发起身份识别流程，包含识别用户身份标识 SUCI 及设备标识 PEI。

### 3. 鉴权

UE 和网络双向认证，校验双方身份信息是否真实。5G 鉴权流程由 UE、SEAF、AUSF 和 UDM 交互完成，并且归一了 3GPP 和非 3GPP 的认证方法，支持 EAP-AKA′ 和 5G AKA 两种。

### 4. 用户身份保密

UE 和网络双向鉴权后，协商后续通信过程中信令加密和完整性保护所使用的安全算法和密钥。NAS 安全算法协商完成后，AMF 与 UE 之间的 NAS 消息都会进行加密和完整性保护。

## 5.7.1 鉴权流程

鉴权的目的主要是实现 UE 和网络之间的相互认证，并生成安全的密钥用于后续网络通信流程加密使用。

### 1. 初始鉴权及鉴权方式选择

UE 首次接入网络、数据加密和完整性检查失败等场景，SEAF（AMF）调用 AUSF 的鉴权服务进行初始化鉴权。此外，5G 归一了 3GPP 和非 3GPP 的认证方法，支持 EAP-AKA′（用于无线网络中的安全认证协议，属于 4G 和 5G 网络的增强版本）和 5G AKA（第 5 代认证和密钥协议）两种。初始鉴权流程如图 5-19 所示。

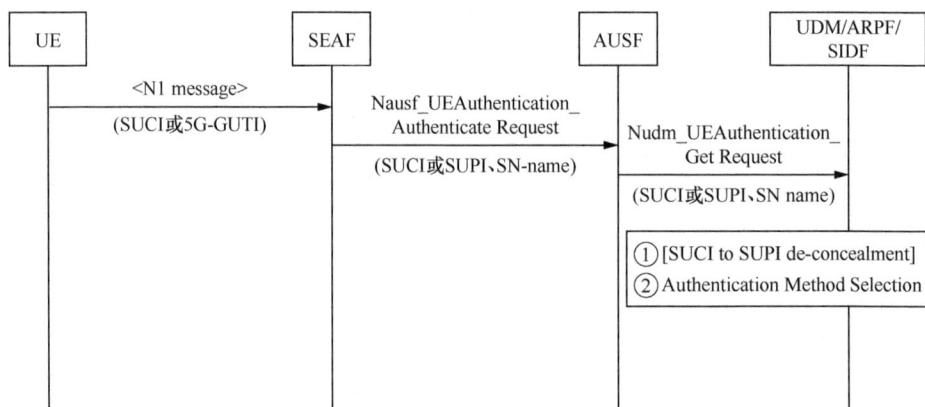

图5-19 初始鉴权流程

① 在 UE 向网络建立 N1 NAS 信令连接的过程中，SEAF 可根据 UE 在网络中的状态和协议判断是否需要启动安全认证。UE 应在注册请求中使用 SUCI 或 5G-GUTI。

② SEAF 发起初始化鉴权流程，通过向 AUSF 发送 Nausf_UEAuthentication_Authenticate Request 消息来调用 Nausf_UEAuthentication 服务。消息中包含 SUCI 或 SUPI，如果 SEAF 判断 UE 已有合法 5G-GUTI，则消息中包含 SUPI；否则，消息中包含 SUCI。

AUSF 接收到 Nausf_UEAuthentication_Authenticate Request 消息后，通过将服务网络名称与预期服务网络名称进行比较，来检查服务网络中的请求 SEAF 是否有权使用 Nausf_UEAuthentication_Authenticate Request 中的服务网络名称。

a. UE 应按照如下步骤构建服务网络名称。

● 将服务代码设置为"5G"。

● 将网络标识设置为正在进行身份验证的网络的服务网络标识。

● 将服务代码和服务网络标识用分隔符"："连接起来。

b. SEAF 应按照如下步骤构建服务网络名称。

● 将服务代码设置为"5G"。

● 将网络标识符设置为 AUSF，然后向其发送认证数据的服务网络标识。

● 将服务代码和服务网络标识用分隔符"："连接起来。

需要注意的是，如果服务网络未被授权使用，那么 AUSF 向 SEAF 发送 Nausf_UEAuthentication_Authenticate Response 消息，提示"serving network not authorized"，流程结束；如果服务网络被授权使用，则执行后续流程。

③ AUSF 向 UDM 发送 Nudm_UEAuthentication_Get Request 消息，消息中包含 SUCI 或 SUPI，以及服务网络名称。如果消息中包含的是 SUCI，那么 UDM 在处理请求前先将 SUCI 解密为 SUPI。UDM 或 ARPF 根据 SUPI 获取用户签约信息，根据用户签约信息选择鉴权方式。

**2. EAP-AKA' 鉴权**

EAP-AKA' 是一种基于 USIM 的 EAP 认证方式。EAP-AKA' 鉴权流程中由 AUSF 承担鉴权职责，AMF 只负责推衍密钥和透传 EAP 消息。EAP-AKA' 鉴权流程如图 5-20 所示。

① UDM 或 ARPF 首先生成鉴权向量 EAP-AKA' AV，包含 RAND、AUTN、XRES、CK' 和 IK'。

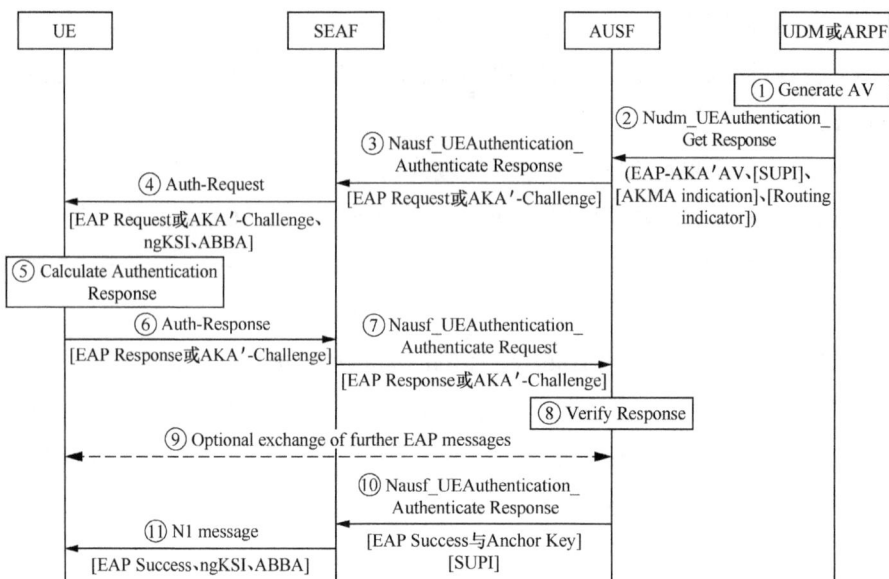

图5-20　EAP-AKA′鉴权流程

② UDM 通过 Nudm_UEAuthentication_Get Response 消息将 EAP-AKA′ AV 发送给 AUSF。如果初始鉴权流程中，Nausf_UEAuthentication_Authenticate Request 消息包含 SUCI，则 Nudm_UEAuthentication_Get Response 消息中会携带 AV′ 和 SUPI。

③ AUSF 通过 Nausf_UEAuthentication_Authenticate Response 消息将 EAP-Request/AKA′-Challenge 发送给 SEAF，同时携带 RAND（在 GSM 通信中的一个随机数）、AUTN（鉴权令牌）。

④ SEAF 在 NAS 消息的请求消息中将 EAP-Request/AKA′-Challenge 透传给 UE，同时携带 RAND、AUTN。

⑤ UE 根据 AUTN 来验证 AV′ 的更新。

● 如果 AV′ 更新通过验证，则 USIM 计算相应 RES。USIM 将 RES、CK、IK 返回给 ME，ME 计算出 CK′ 和 IK′。

● 如果验证失败，则 UE 向 SEAF 返回 Authentication failure（鉴权失败）并明确原因。如果失败原因为 Synchronization failure，则 SEAF 向 UE 发起一个新的鉴权流程；如果是其他失败原因，则 SEAF 拒绝鉴权。

⑥ UE 通过 Auth-Response 消息将 EAP-Response 或 AKA′-Challenge 消息发送给 SEAF。

⑦ SEAF 通过 Nausf_UEAuthentication_Authenticate Request 消息将 EAP-Response 或 AKA′-Challenge 消息透传给 AUSF。

⑧ AUSF 验证 EAP-Response 或 AKA′-Challenge 消息，判断鉴权是否成功。

● 如果验证失败，则认为鉴权失败，AUSF 返回 error，流程结束。

● 如果验证成功，则认为鉴权成功，AUSF 根据 CK′ 和 IK′ 推导出 $K_{AUSF}$ 和 $K_{SEAF}$，并执行后续流程。

⑨ AUSF 和 UE 通过 SEAF 透传交换 EAP-Request 或 AKA′-Notification、EAP-Response 或 AKA′-Notification 消息。

⑩ AUSF 通过 Nausf_UEAuthentication_Authenticate Response 消息向 SEAF 发送 EAP Success 消息，该消息将透明地转发给 UE。Nausf_UEAuthentication_Authenticate 响应消息包含 $K_{SEAF}$，如果 AUSF 在启动认证时从 SEAF 收到 SUCI，则 AUSF 还应在响应消息中包含 SUPI。

⑪ SEAF 通过 N1 消息向 UE 发送 EAP Success 消息。

### 3. 5G-AKA 鉴权

5G-AKA 是 EPS-AKA 的升级，在 EPS-AKA 的基础上增加了归属网络鉴权确认流程，以防欺诈攻击。相较于 EPS-AKA 由 MME 完成鉴权功能，5G-AKA 中由 SEAF（AMF）和 AUSF 共同完成鉴权功能，SEAF 负责服务网络鉴权，AUSF 负责归属网络鉴权。5G-AKA 鉴权流程如图 5-21 所示。

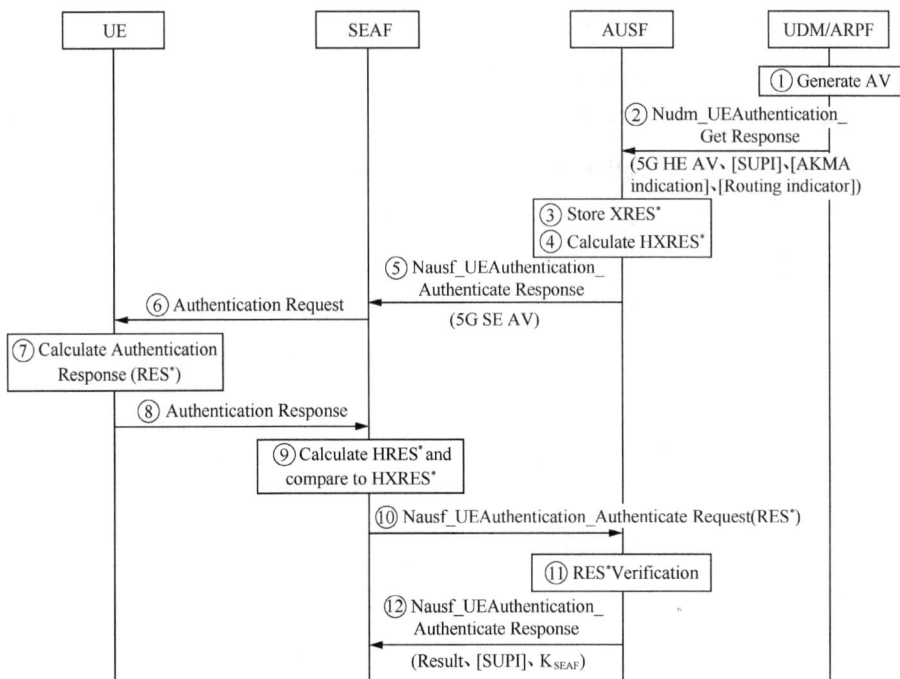

图5-21　5G-AKA鉴权流程

① UDM/ARPF 生成鉴权向量 5G HE AV（5G 本地环境认证向量），包含 RAND、AUTN、XRES*（预期响应）和 $K_{AUSF}$（密钥）。

② UDM 通过 Nudm_UEAuthentication_Get Response 消息将 5G HE AV 返回给 AUSF，并知会 AUSF 采用的是 5G-AKA 认证方法。如果初始鉴权流程中，Nudm_UEAuthentication_Get Request 包含 SUCI，则 Nudm_UEAuthentication_Get Response 消息中包含 SUPI。

③ AUSF 收到 5G HE AV 后，暂时存储 XRES*、SUPI 或 SUCI。

④ AUSF 通过 XRES*、$K_{AUSF}$ 计算出 HXRES*（预期响应的哈希值）、$K_{SEAF}$（会话密钥），生成鉴权向量 5G AV，包含 RAND、AUTN、HXRES* 和 $K_{SEAF}$。

⑤ AUSF 移除 5G AV 中的 $K_{SEAF}$ 生成 5G SE AV（5G 会话和服务认证向量）（RAND、AUTN、HXRES*），并通过 Nausf_UEAuthentication_Authenticate Response 消息将 5G SE AV 发送给 SEAF。

⑥ SEAF 在 NSA 信息 Authentication Request 中将 RAND、AUTN 发送给 UE，发起鉴权流程。

⑦ UE 根据 AUTN 鉴权网络。

● 如果鉴权失败，则 UE 向 SEAF 返回 Authentication failure 并明确原因。如果失败原因为 Synchronization failure，则 SEAF 向 UE 发起一个新的鉴权流程；如果是其他失败原因，则 SEAF 拒绝鉴权。

● 如果鉴权成功，则 UE 计算鉴权响应 RES*、$K_{AUSF}$ 和 $K_{SEAF}$，并执行后续流程。

⑧ UE 通过 Authentication Response 消息将 RES* 发送给 SEAF。

⑨ SEAF 通过 RES* 计算出 HRES*，比较 HRES* 和 HXRES* 以判断服务网络鉴权是否成功。

● 果 HRES* 和 HXRES* 不一致，则 SEAF 认为服务网络鉴权失败。

● 如果 UE 在初始 NAS 消息中使用了 SUCI，则 SEAF 向 UE 发送 Authentication Reject 消息拒绝鉴权。

● 如果当 UE 在初始 NAS 消息中使用了 5G-GUTI，则 SEAF 向 UE 重新获取 SUCI 并再次尝试鉴权。

● 如果 HRES* 和 HXRES* 一致，则 SEAF 认为服务网络鉴权成功，并执行后续流程。

⑩ SEAF 通过 Nausf_UEAuthentication_Authenticate Request 消息将从 UE 收到的鉴权响应参数 RES* 发送给 AUSF。

⑪ AUSF 收到 Nausf_UEAuthentication_Authenticate Request 消息后，比较收到的 RES* 和存储的 XRES* 是否一致。如果二者一致，则认为归属网络鉴权成功；如果二者不一致，则认为归属网络鉴权失败。

⑫ AUSF 通过 Nausf_UEAuthentication_Authenticate Response 消息向 SEAF 发送归属网络鉴权结果。

● 如果归属网络鉴权成功，则消息中会同时包含 $K_{SEAF}$，后续 AMF 根据 $K_{SEAF}$ 推衍 $K_{AMF}$。如果初始鉴权流程中，SEAF 发送了 SUCI 给 AUSF，则鉴权成功后，AUSF 会在消息中携带 SUPI。

● 如果鉴权失败，则 SEAF 向 UE 发送 Authentication Reject 消息拒绝鉴权，或者重新发起身份识别流程后尝试再次鉴权。

### 4. AUSF 通知 UDM 鉴权结果

鉴权完成后，AUSF 将鉴权结果发送给 UDM，UDM 结合鉴权结果和运营商的策略检测后续流程中是否存在欺诈风险，提升网络的安全性。AUSF 通知 UDM 鉴权结果流程如图 5-22 所示。

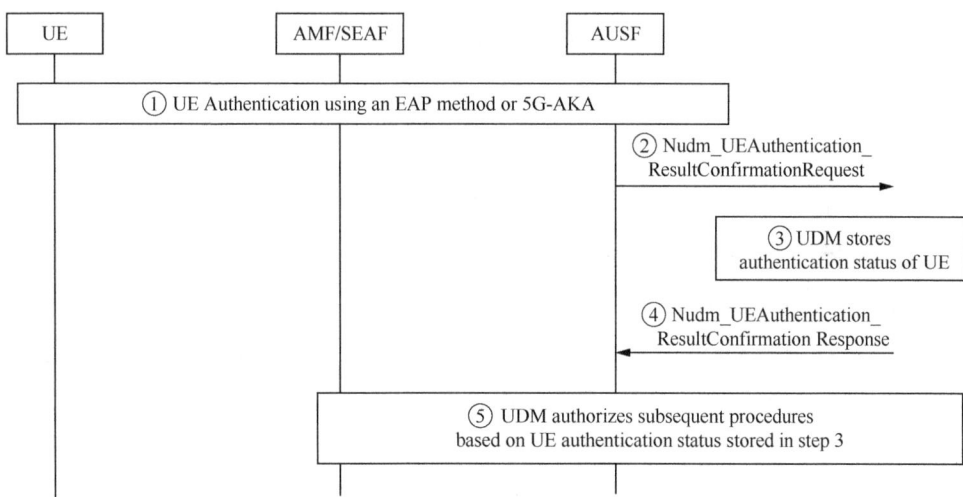

图5-22 AUSF通知UDM鉴权结果流程

① UE（用户设备）认证时，使用的是 EAP 方法或 5G-AKA。

② AUSF 通过 Nudm_UEAuthentication_ResultConfirmation Request 消息通知 UDM 鉴权结果，包含 SUPI、鉴权时间、认证方法（EAP-AKA′ 或 5G-AKA）和服务网络名称。

③ UDM 存储 UE 的认证状态（SUPI、认证结果、时间戳和服务网络名称）。

④ UDM 通过 Nudm_UEAuthentication_ResultConfirmation Response 响应 AUSF。

⑤ 后续收到 UE 的相关服务请求时，UDM 结合鉴权结果和归属网络的策略检测是否存在欺诈风险并实施相应的保护措施。

## 5.7.2 用户身份识别流程

用户身份识别流程包含以下场景。

● 如果 UE 以 5G-GUTI 注册到网络且首次鉴权失败，则 AMF 向 UE 发送身份识别请求以获取 UE 的 SUCI，然后进行二次鉴权。

● 如果 UE 以 5G-GUTI 注册到网络且 AMF 无法识别该 5G-GUTI，则 AMF 向 UE 发送身份识别请求以获取 UE 的 SUCI。

● 如果 UE 以 5G-GUTI 注册到网络且 AMF 需要获取 UE 的 PEI，则 AMF 向 UE 发送身份标识请求以获取 UE 的 PEI。

用户身份识别流程如图 5-23 所示。

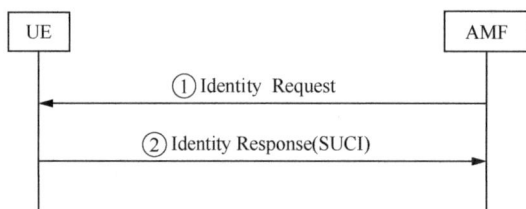

图5-23　用户身份识别流程

① AMF 向 UE 发送身份标识请求消息 Identity Request。该消息中包含关键信元 "identity-type"，用于指定请求的身份标识。

② UE 收到 Identity Request 消息后，通过 Identity Response 消息将请求的身份标识发送给 AMF。该消息中包含关键信元 "mobile-identity"，用于指示发送的身份标识。

## 5.7.3 NAS 安全模式命令流程

UE 和网络完成鉴权流程后，通过 NAS 安全模式命令流程协商后续通信过程中信令加密和完整性保护所使用的安全算法和密钥。NAS 安全算法协商完成后，AMF 与 UE 之间的 NAS 消息都会进行加密和完整性保护，提高网络的安全性。

AMF 与 UE 之间的 NAS 信令加密和完整性保护流程如图 5-24 所示。

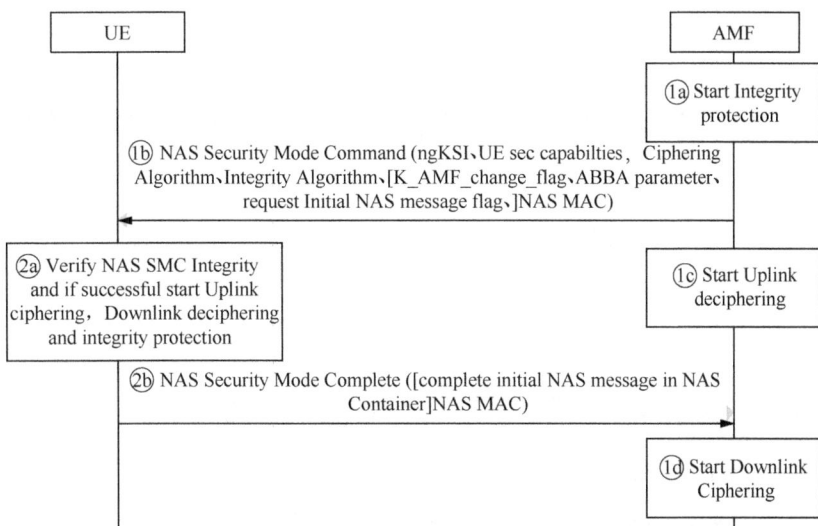

图5-24 AMF与UE之间的NAS信令加密和完整性保护流程

①a AMF 在发送 NAS Security Mode Command 消息之前，结合配置的算法优先级和 UE 在初始 NAS 消息中上报的安全能力，选择保护算法、计算密钥，启动完整性保护。

①b AMF 向 UE 发送 Security Mode Command 消息。NAS 安全模式命令消息包括重放的 UE 安全功能、选定的 NAS 算法以及用于识别 $K_{AMF}$ 的 ngKSI。

①c AMF 在发送 NAS Security Mode Command 消息后激活 NAS 上行链路解密。

①d AMF 收到 Security Mode Complete 消息后对其进行完整性校验和解密，并开始对下行信令进行加密。

②a UE 收到 Security Mode command 消息后，对该消息进行完整性校验。校验通过后，比较 AMF 返回的 UE 安全能力是否与自身保存的安全能力匹配。如果匹配，则 UE 启动加密和完整性保护；如果 AMF 发送的 Security Mode Command 消息中要求 UE 重新推衍 $K_{AMF}$，则 UE 将重新推衍 $K_{AMF}$。

②b UE 向 AMF 发送 Security Mode Complete 消息，该消息已经过加密和完整性保护。如果 AMF 在 Security Mode Command 消息中携带了请求完整初始 NAS 消息的标志，或者 UE 发送的初始 NAS 消息未经过保护，那么 Security Mode Complete 消息将携带包含完整初始 NAS 消息的 NAS message Container。

NAS 信令加密和完整性保护流程成功之后，AMF 对所有发送的 NAS 消息进行加密和完整性保护，对所有接收的 NAS 消息进行完整性校验和解密。

# 5.8　5GS 系统内 3GPP 接入下切换流程

Handover（切换）流程用于将 UE 从一个源 NG-RAN 节点切换到一个目标 NG-RAN 节点，切换过程使用 Xn 或 N2 接口。这个过程可能由于新的无线条件、负载均衡或特定的服务都可能触发切换流程。

## 5.8.1　基于 Xn 接口 NG-RAN 间的切换流程

基于 Xn 接口 NG-RAN 间的切换流程以 UPF 未改变的 Xn Handover 流程为例，该流程用于源 NG-RAN 与目标 NG-RAN 存在 Xn 接口，当 AMF 和 UPF 不改变时发起的切换场景。UPF 未改变的 Xn Handover 流程如图 5-25 所示。

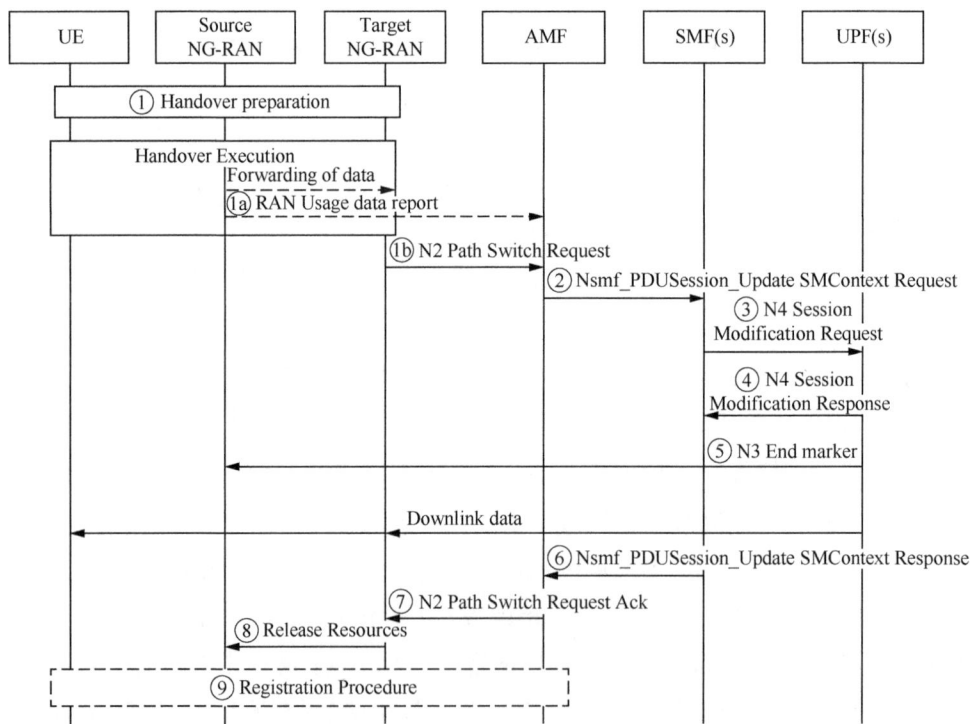

图5-25　UPF未改变的Xn Handover流程

① 发送 N2 Path 切换请求。

⑩ 如果 PLMN 已配置辅助 RAT 使用情况报告，则源 NG-RAN 节点在切换执

行阶段可以提供 RAN 使用情况数据报告。

⑯ 目标 NG-RAN 给 AMF 发送 N2 Path Switch Request 消息，通知 AMF 用户已经移动到新的区域，并且提供需要切换的 PDU 会话列表。如果 PDU 会话的 QoS 流不被目标 NG-RAN 所接受，或者目标 NG-RAN 在不支持网络切片的情况下，消息中会携带需要拒绝的 PDU 会话列表。

② AMF 给 SMF 发送 Nsmf_PDUSession_UpdateSMContext Request 消息，携带 AN 的隧道信息。

③ SMF 发送 N4 Session Modification Request 消息给 UPF，提供 AN 隧道信息，以及通知 UPF 丢弃原始的 Data Notification 消息或者不再发送后续 Data Notification 消息。如果 SMF 分配了新的 CN 隧道信息，则将其提供给 UPF。

④ UPF 发送 N4 Session Modification Response 消息给 SMF，通知 SMF PDU 会话切换完成，并且将 CN 隧道信息携带给 SMF。如果有 PDU 会话需要去激活，则 UPF 释放掉 N3（R）AN 隧道信息。

⑤ 结束 N3 标记，之后进行数据下载。

⑥ SMF 回复 Nsmf_PDUSession_UpdateSMContext Response 消息给 AMF，携带 N2 SM 信息（CN 隧道信息，更新的 CN PDB 用于接受 QoS 流，更新的 TSCAI 用于接受 QoS 流）。

⑦ AMF 回复 N2 Path Switch Request Ack 给 NG-RAN，携带 N2 SM Information、Failed PDU Sessions 和 UE Radio Capability ID。

⑧ 目标 NG-RAN 通过发送 Release Resources message 给源 NG-RAN，确认切换流程成功，触发源侧释放资源。

⑨ [可选] 如果有触发注册流程条件（参考注册流程），则 UE 可能会发起移动性注册更新流程，流程结束。

## 5.8.2　基于 N2 接口 NG-RAN 间的切换流程

基于 N2 接口 NG-RAN 间的切换流程，当 NG-RAN 之间不存在 Xn 接口时，或者基于 Xn 接口的切换流程失败（例如目标 NG-RAN 与源 UPF 之间无 IP 连接）时，需要通过 N2 接口进行切换，基于 N2 接口的切换流程分为准备阶段和执行阶段。其中，准备阶段主要完成目标侧的资源准备，执行阶段则完成路径切换。

① 准备阶段

源 NG-RAN 节点发起切换流程后，准备阶段主要完成的工作是目标侧核心网和无线网的资源分配，包括 SMF 选择新的目标 UPF 作为中间 UPF、目标 UPF 和 UPF（PSA）之间建立 N9 接口隧道、目标 NG-RAN 分配无线资源、目标 NG-RAN 和目标 UPF 之间建立 N3 接口隧道，以及目标 AMF 上建立 UE 上下文。

② 执行阶段

源 NG-RAN 节点通知 UE 切换，UE 切换后，目标 NG-RAN 通知目标 AMF。目标 AMF 通知源 AMF，源 AMF 释放被拒绝切换的会话。目标 SMF 将目标 UPF 的信息通知 UPF（PSA），完成下行数据通道的切换。切换完成后，一般后续还跟随注册流程、释放源 UPF 和源 NG-RAN 上面的资源，并释放间接数据转发隧道的资源。

基于 N2 接口的切换流程中包含直接转发和间接转发两类。

① 直接转发

如果源 NG-RAN 向 SMF 指示源 NG-RAN 和目标 NG-RAN 之间存在直接转发路径，则 SMF 可以决定在切换流程中使用直接转发路径，即源 NG-RAN 将缓存的下行数据直接转发给目标 NG-RAN。

② 间接转发

源 NG-RAN 通过源 UPF 和目标 UPF 将缓存的下行数据转发给目标 NG-RAN。

### 1. 切换准备流程

基于 N2 接口的切换流程中的准备阶段如图 5-26 所示。

① 源 NG-RAN 发送 Handover Required 给源 AMF，通知有用户要进行切换。源 NG-RAN 处理的所有 PDU 会话都应包含在 Handover Required message 消息中，指示源 NG-RAN 请求哪些 PDU 会话进行切换。消息中携带 Direct Forwarding Path Availability，指示是否支持直接转发路径。如果支持直接转发路径，则源 NG-RAN 直接将下行数据转发给目标 NG-RAN；如果不支持，则需要建立间接转发隧道。间接转发隧道是指源 NG-RAN 通过 5G 核心网将下行数据转发给目标 NG-RAN。

② 如果源 AMF 不再服务 UE，则源 AMF 选择一个可服务的目标 AMF。

③ 源 AMF 发送 Namf_Communication_CreateUEContext Request 消息给目标 AMF 以发起切换资源分配流程。消息中包含用户的上下文信息和 N2 信息。如果源 AMF 和目标 AMF 是同一个 AMF，则跳过该步骤。

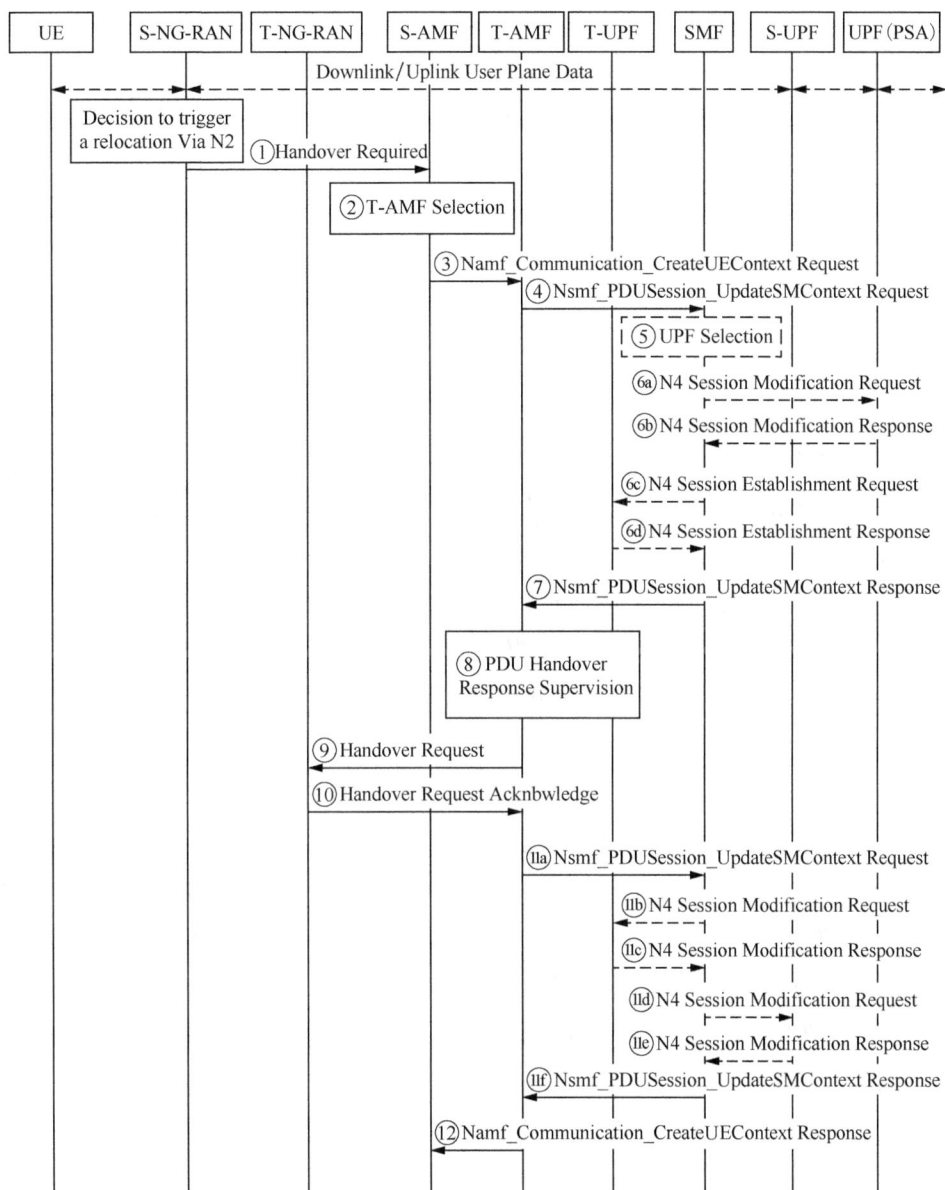

图5-26　基于N2接口的切换流程中的准备阶段

④ 对于源 NG-RAN 指示的每个 PDU Session，AMF 发送 Nsmf_PDUSession_ UpdateSMContext Request 消息给关联的 SMF，建立目标 AMF 与 SMF 的联系，告知 SMF 需要切换的 PDU 会话 ID、目的 ID、T-AMF ID 以及 N2 信息。PDU 会话标识表示的是，N2 切换的候选 PDU 会话。Target ID 表示 UE 的位置信息。SM N2 Info 包含 Direct Forwarding Path Availability。

⑤ SMF 根据 Target ID 判断指示的 PDU Session 是否可以接受 N2 切换，以及 UE 是否移出了 UPF 的服务范围，从而决定是否选择新的 UPF。

⑥ 如果 SMF 选择一个新的 UPF 作为 PDU Session 的中间 UPF，则 SMF 需要向 UPF（PSA）更新 CN 隧道信息，具体分为以下几种情况。

⑥a 如果 SMF 选择一个新的 UPF 作为 PDU Session 的中间 UPF，并且需要使用不同的 CN Tunnel Info，则 SMF 向 UPF（PSA）发送 N4 Session Modification Request 消息。当核心网隧道信息由 SMF 分配时，SMF 提供核心网隧道信息（N9），需要安装在 UPF（PSA）上的核心网隧道信息（N9）关联的上行报文检测规则。

⑥b UPF（PSA）向 SMF 发送 N4 Session Modification Response 消息。如果 UPF（PSA）分配了 UPF（PSA）的 CN 隧道信息（N9），则向 SMF 提供 CN 隧道信息（N9）。UPF（PSA）将核心网隧道信息（N9）与 SMF 提供的上行报文检测规则进行关联。

⑥c 如果 SMF 为 PDU 会话选择新的中间 UPF，即目标 UPF（T-UPF），CN 隧道信息由 T-UPF 分配，则向 T-UPF 发送 N4 Session Establishment Request 消息，提供在 T-UPF 上安装报文检测、执行和上报规则。该 PDU 会话的 UPF（PSA）的 CN 隧道信息（N9）也提供给 T-UPF，用于建立 N9 隧道。

⑥d 目标 UPF（T-UPF）向 SMF 发送 N4 会话建立响应消息，携带下行 CN 隧道信息和上行 CN 隧道信息（即 N3 隧道信息）。SMF 启动定时器来释放源 UPF 的资源。

⑦ SMF 回复 Nsmf_PDUSession_UpdateSMContext Response 给目标 AMF，消息中携带 PDU 会话 ID 和 N2 SM 信息。其中，N2 SM 信息包含了 N3 用户面地址、上行 CN 隧道 ID 和 QoS 参数。如果直接转发数据通道不可用，则 N2 SM 信息中还包括指示转发数据不可用的标识。如果在步骤⑤中没有接受 PDU Session 的 N2 切换，则 SMF 不会在响应消息中携带 PDU 会话的 N2 SM 信息，防止在目标 NG-RAN 上建立无线资源。

⑧ AMF 监控来自相关 SMF 的 Nsmf_PDUSession_UpdateSMContext Response 消息。等待切换候选 PDU 的最大延迟指示的最低值为 AMF 等待 Nsmf_PDUSession_UpdateSMContext Response 消息的最大时间。在最大等待时间超时或收到所有 Nsmf_PDUSession_UpdateSMContext Response 消息后，AMF 继续执行 N2 切换流程。

⑨ 目标 AMF 根据 Target ID 确定目标 NG-RAN。目标 AMF 给目标 NG-RAN

发送 Handover Request 消息，请求建立无线侧网络资源。

⑩ 目标 NG-RAN 回复 Handover Request Acknowledge 给目标 AMF，此时目标 NG-RAN 做好接收分组数据单元的准备。消息中包括可切换的 PDU 会话列表和无法切换的 PDU 会话列表。其中，可切换的 PDU 会话列表中每个 PDU 会话的 N2 SM 信息包含目标 NG-RAN 的 N3 地址和隧道信息。

⑪ 该步骤主要是与目标 NG-RAN、目标 UPF、源 UPF 间相互交互 SM N3 转发信息列表，确定数据转发通道。

- 如果采用直接转发，则执行步骤⑪a和步骤⑪f。
- 如果采用间接转发，则依次执行步骤⑪a到步骤⑪f。

⑪a AMF 给 SMF 发送 Nsmf_PDUSession_UpdateSMContext Request 消息，告知 SMF 目标 NG-RAN 的 N3 转发信息列表。

⑪b SMF 通过发送 N4 Session Modification Request 给目标 UPF（T-UPF），将目标 NG-RAN 的 SM N3 转发信息列表更新到目标 UPF（T-UPF）。如果源 NG-RAN 指示建立转发隧道，则 SMF 向目标 UPF（T-UPF）发送分配下行数据转发通道标识。

⑪c 目标 UPF 分配隧道信息，给 SMF 回复 N4 Session Modification Response，携带目标 UPF（T-UPF）的 SM N3 转发信息列表。

⑪d SMF 给源 UPF 发送 N4 Session Modification Request，告知目标 UPF SM N3 转发信息列表，以及建立数据间接转发通道信息的指示。

⑪e 源 UPF 给 SMF 发送 N4 Session Modification Response，携带源 UPF SM N3 转发信息列表。

⑪f SMF 给目标 AMF 回复 Nsmf_PDUSession_UpdateSMContext Response 消息。SMF 在消息中包含 N2 SM Information。该信息中包含发送给源 NG-RAN 的下行转发隧道信息。

- 间接转发：SMF 在消息中包含目标 UPF（T-UPF）或者源 UPF 的下行转发信息。转发信息包括 N3 UP address 和 the DL Tunnel ID。
- 直接转发：SMF 在消息中包含目标 NG-RAN 的 N3 转发信息。

⑫ 目标 AMF 发送 Namf_Communication_CreateUEContext Response 消息给源 AMF，携带包含下行数据隧道信息的 N2 SM 信息给源 AMF。

**2. 切换执行流程**

基于 N2 接口的切换流程中的执行阶段如图 5-27 所示。

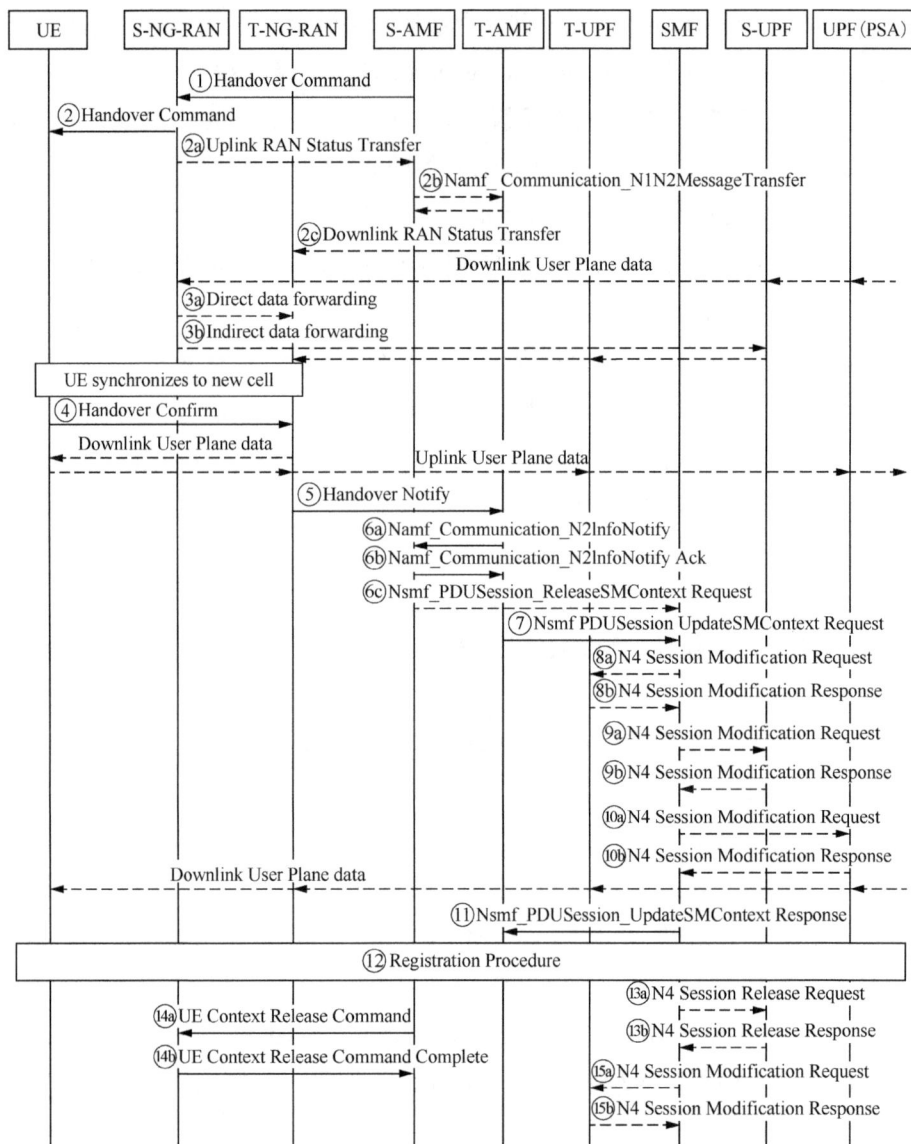

**图5-27　基于N2接口的切换流程中的执行阶段**

① 源 AMF 给源 NG-RAN 发送 Handover Command 消息，通知切换准备完成。消息中包括切片准备阶段从目标 NG-RAN 处获取的接受切换的 PDU 会话列表和拒绝切片的 PDU 会话列表，以及每个会话的 N2 SM 信息。如果是直接转发，则 SM 转发信息是目标 NG-RAN 的 N3 转发隧道信息；如果是间接转发，则 SM 转发信息是源 UPF N3 转发隧道信息。

② 源 NG-RAN 把 Handover Command 消息发送到 UE。收到这条消息后，UE

将释放被目标 NG-RAN 所拒绝 PDU 会话资源。

㉒a ~ ㉒c 源 NG-RAN 发送上行运行状态迁移消息给源 AMF。如果 UE 的所有无线承载都不应被以 PDCP 状态保存处理，则源 NG-RAN 可以省略发送该消息。如果有 AMF 迁移，则源 AMF 通过 Namf_Communication_N1N2MessageTransfer 业务操作发送给目标 AMF 和目标 AMF 应答消息。源 AMF 或目标 AMF（如果 AMF 迁移）通过下行运行状态迁移消息将信息发送给目标 NG-RAN。

③ 源 NG-RAN 开始通过直接转发通道 ③a 或者间接转发通道 ③b 将下行数据转发到目标 NG-RAN。

● **直接转发**：源 NG-RAN 直接将下行数据转发给目标 NG-RAN。

● **间接转发**：源 NG-RAN 将数据转发给源 UPF，源 UPF 转发给目标 UPF（T-UPF），目标 UPF（T-UPF）再转发给目标 NG-RAN。

④ UE 成功同步到目标小区后，发送 Handover Confirm 消息给目标 NG-RAN，确认 UE 切换成功。上行数据经过 UE > 目标 NG-RAN > 目标 UPF（T-UPF）> UPF（PSA）进行发送，目标 NG-RAN 将缓存的下行数据发送给 UE。

⑤ 目标 NG-RAN 发送 Handover Notify 消息到目标 AMF，通知目标 AMF，UE 已经位于目标小区，目标 NG-RAN 上切换成功。

⑥ 目标 AMF 通知源 AMF 已经收到了 Handover Notify 消息，源 AMF 对没有成功接收的 PDU 会发起会话释放流程。

⑥a 目标 AMF 通过发送 Namf_Communication_N2InfoNotify 消息给源 AMF，通知已从目标 NG-RAN 上收到了 Handover Notify 消息。源 AMF 启动一个定时器来监督源 NG-RAN 中资源的释放。

⑥b 源 AMF 回复 Namf_Communication_N2InfoNotify Ack 消息给目标 AMF。

⑥c 如果有 PDU 会话没有被目标 AMF 接受，则源 AMF 在收到 ⑥a 步骤的 N2 Handover Notify 消息后，向 SMF 发送 Nsmf_PDUSession_ReleaseSMContext Request 消息，触发 PDU 会话释放流程。

⑦ 目标 AMF 给 SMF 发送 Nsmf_PDUSession_UpdateSMContext Request 消息，携带每个 PDU 会话切换完成标识，指示 N2 切换成功。

⑧ 如果插入了新的目标 UPF（T-UPF）或者重新分配了一个中间 UPF，则执行此步骤。

⑧a 如果插入了新的目标 UPF（T-UPF）或者重新分配了一个中间 UPF，则 SMF 应该向目标 UPF（T-UPF）发送 N4 会话修改请求，指示目标 NG-RAN 的下行隧道信息。

⑧b 目标 UPF（T-UPF）回复 N4 Session Modification Response 消息给 SMF。

⑨ 如果没有重新分配 UPF，则 SMF 将向源 UPF 发送 N4 会话修改请求，指示下行目标 NG-RAN 隧道信息。

⑨a SMF 给源 UPF 发送 N4 Session Modification Request 消息，将目标 NG-RAN 的 DL AN 隧道信息携带源 UPF。

⑨b 源 UPF 回复 N4 Session Modification Response 消息给 SMF。

⑩ SMF 给 UPF（PSA）发送 N4 Session Modification Request 消息。该步骤完成 UPF（PSA）到目标 NG-RAN 的路径切换。

⑩a SMF 给 UPF（PSA）发送 N4 Session Modification Request 消息，将目标 NG-RAN 的 N3 AN 隧道信息或者目标 NG-RAN 的 DL AN 隧道信息携带给 UPF（PSA）。

⑩b UPF（PSA）回复 N4 Session Modification Response 消息给 SMF。UPF（PSA）向 SMF 发送 N4 会话修改响应消息，为了协助目标 NG-RAN 中的重排序功能，UPF（PSA）在切换路径后立即向旧路径上的每个 N3 隧道发送一个或多个 "end marker" 报文。源 NG-RAN 将 "end marker" 报文转发给目标 NG-RAN。此时，UPF（PSA）如果插入新的目标 UPF（T-UPF）或重新分配一个已有的中间源 UPF，则通过目标 UPF（T-UPF）向目标 NG-RAN 发送下行数据包。

⑪ SMF 回复 Nsmf_PDUSession_UpdateSMContext Response 给目标 AMF，确认收到了 Handover Complete，切换流程完成。如果采用间接数据转发，则 SMF 启动间接数据转发定时器，用于释放间接数据转发隧道的资源。

步骤 ⑫ ～步骤 ⑮ 属于 Handover 后续的注册流程和转发通道释放流程。

⑫ UE 发起移动性注册更新流程，详细介绍请参考注册流程，需要注意的是，步骤 ④、步骤 ⑤ 和步骤 ⑩ 需要跳过。

⑬ 如果存在源 UPF，则 SMF 给源 UPF 发送 N4 PFCP Session Deletion Request 消息，释放资源和间接转发通道的删除。

⑬a 步骤 ⑪ 中间接数据转发定时器超时后，SMF 给源 UPF 发送 N4 PFCP Session Deletion Request，释放资源和间接转发通道的删除消息。

⑬b 源 UPF 回复 N4 PFCP Session Deletion Response 消息，确认资源和间接转发通道已经释放。

⑭ AMF 通知源 NG-RAN 释放无线侧资源。

⑭a 当 ⑥a 步骤中定时器超时后，AMF 给源 NG-RAN 发送 UE Context Release Command 消息，释放无线侧资源。

⑭b 源 NG-RAN 释放资源后,回复 UE Context Release Complete 消息给 AMF。

⑮ SMF 通知目标 UPF(T-UPF)释放间接转发资源。

⑮a 当间接转发承载定时器超时后,SMF 发送 N4 Session Modification Request 给目标 UPF(T-UPF),释放间接转发资源。

⑮b 目标 UPF(T-UPF)确认释放掉间接转发资源后,给 SMF 回复 N4 Session Modification Response 消息。

# 5.9 5GS 和 EPS 互操作流程

用户单注册状态下,基于 N26 接口 5GS 到 EPS 切换流程、基于 N26 接口 EPS 道 5GS 切换流程、基于 N26 接口 5GS 到 EPS 空闲态移动性流程,以及基于 N26 接口 EPS 到 5GS 空闲态移动性流程。

## 5.9.1 基于 N26 接口 5GS 到 EPS 切换流程

当 UE 在 5GC 中处于 CM-CONNECT 状态时,UE 移动到 EPC 网络下,则发生 5GS 到 EPS 的切换。基于 N26 接口的系统间切换,可用于为用户提供连续性无缝切换的业务,例如语音业务。当 AMF 和 MME 之间存在 N26 接口时,可使用基于 N26 接口的 5G 到 4G 的互操作流程实现无缝切换。

为支持 5GS 和 EPS 间切换,与 5G 的注册流程相比,UE 的首次 5G 注册流程新增如下变更点。

① UE 在 Registration Request 消息中 5GMM capability 信元的 S1 mode 比特置 1,AMF 根据此信息判断 UE 具备 4G 接入能力。

②AMF 调用 UDM 的 Nudm_UECM_Registration service operation 时,通过不携带双注册标识或携带的双注册标识为 0,告知 UDM 保留 AMF 或者 MME 的单注册。单注册模式下,UE 只有一个激活的 MM 状态,即 5GC 的 RM 状态或 EPC 的 EMM 状态。对于 3GPP 接入,网络只保留 AMF 上的或 MME 上的 UE 的一个有效的 MM 状态。

③ AMF 在 Registration Accept 消息中携带 5GS network feature support IE,其中的"IWK N26"比特置为 0 或者不携带,标识网络侧中部署了 N26 接口。

④ UE 的订阅可能包括对核心网类型(EPC)的限制和对 E-UTRAN 的限制。

UE 的订阅如果包括这些限制，则 UDM+HSS 会向 AMF 提供这些限制。AMF 将 RAT 和核心网类型限制包含在切换限制列表中，（R）AN、AMF 和（R）AN 使用这些限制条件来确定 UE 在 EPS 或 E-UTRAN 下的移动性。

基于 N26 接口 5GS 到 EPS 切换流程如图 5-28 所示。

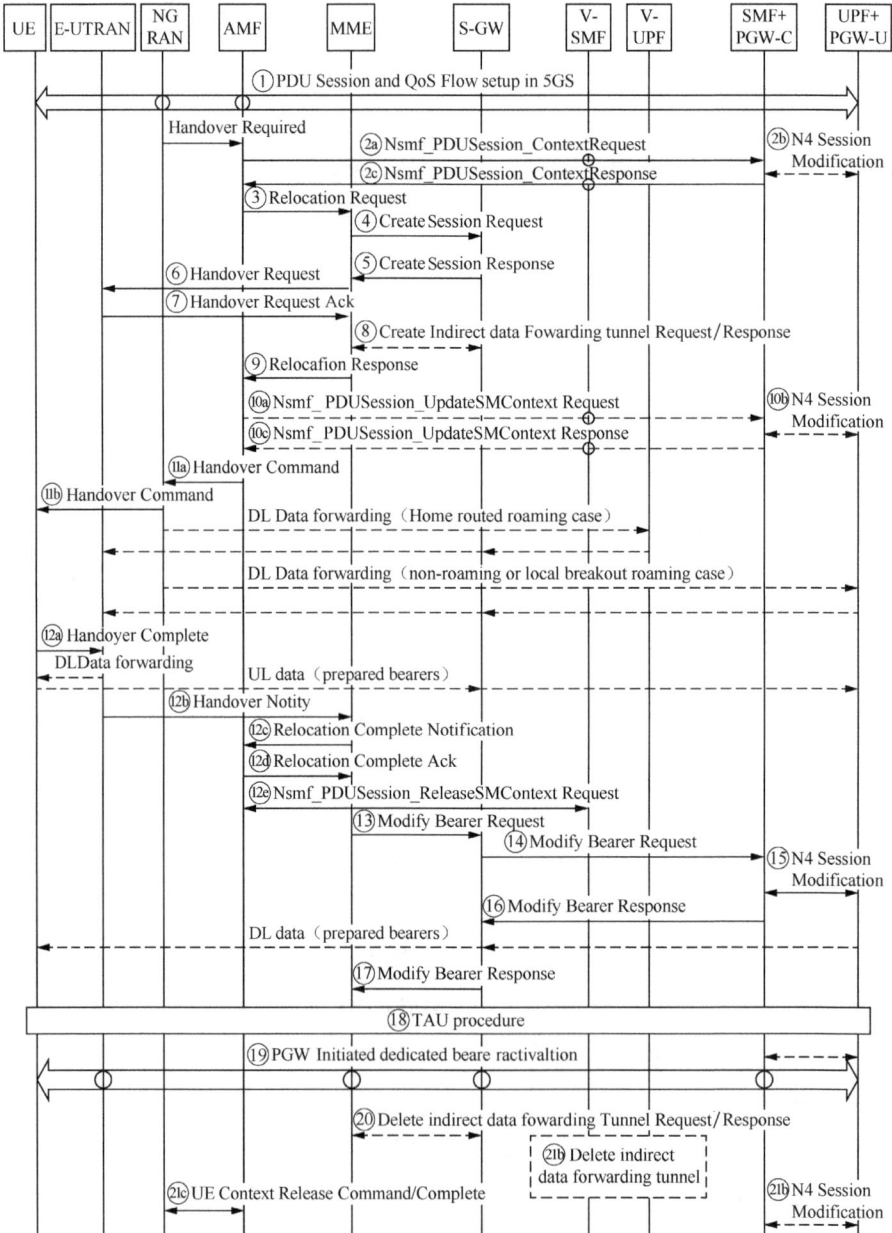

图5-28　基于N26接口5GS到EPS切换流程

① NG-RAN 决定将 UE 切换到 E-UTRAN，例如 IMS 语音回落 EPS 网络场景。NG-RAN 发送 Handover Required 消息（携带目标 eNB ID，Direct Forwarding Path Availability 等信息）到 AMF，通知有用户要进行切换。

② AMF 向 SMF+PGW-C 发送 Nsmf_PDUSession_ContextRequest 请求 SM 上下文；SMF+PGW-C 发送 N4 Session Modification 给 UPF+PGW-U，为每个 EPS 承载建立 CN 隧道，并且提供 EPS 承载上下文给 AMF；SMF+PGW-C 回复 Nsmf_PDUSession_ContextResponse 给 AMF，并且提供 EPS 承载上下文给 AMF。

③ AMF 给目标 MME 发送 Forward Relocation Request，AMF 将 PDN 连接上下文、安全上下文、MM 上下文通过 N26 发送给目标 MME。

④ MME 选择 S-GW 并向 S-GW 发送 Create Session Request 消息，通知 S-GW 建立承载。

⑤ S-GW 分配本地资源，并向 MME 返回 Create Session Response 消息。

⑥ MME 发送 Handover Request 消息给 E-UTRAN，请求建立无线网络资源，包含承载信息和安全上下文信息。

⑦ E-UTRAN 向 MME 发送 Handover Request Ack 消息。此时 E-UTRAN 做好在已经建立的 E-RAB 上接收 GTP 分组数据单元的准备。

⑧ 如果采用 Indirect Forwarding 的数据转发方式（即 NG-RAN 缓存的下行数据要通过核心网网元转发给 E-UTRAN），MME 向 S-GW 发送 Create Indirect Data Forwarding Tunnel Request 消息，包含目标 E-UTRAN 的转发通道的地址和 TEID。S-GW 向 MME 发送 Create Indirect Data Forwarding Tunnel Response 消息。

⑨ MME 向 AMF 发送 Forward Relocation Response 消息。对于间接转发方式，消息中还包含 S-GW 的间接转发通道的地址和 TEID。

⑩ 如果使用 Indirect Forwarding 数据转发的方式，则 AMF 向 SMF+PGW-C 发送 SGW 间接转发通道的地址和 TEID，用于建立间接转发隧道，SMF+PGW-C 可能选择一个中间的 UPF+PGW-U 进行数据转发。

⑩a AMF 发送 Nsmf_PDUSession_UpdateSMContext Request 给 SMF+PGW-C，将 S-GW 的地址和 TEID 发送给 SMF+PGW-C。

⑩b 基于 EPS bearer ID 与 QoS Flow ID 之间的映射关系，SMF+PGW-C 将数据转发的承载映射到 5G QoS Flow。SMF+PGW-C 将 QFI、S-GW 地址和 TEID 发送给 UPF+PGW-U。SMF+PGW-C 或者 UPF+PGW-U 分配数据转发的 CN 隧道信息。

⑩c SMF+PGW-C 返回 Nsmf_PDUSession_UpdateSMContext Response，携带

数据转发的 CN 隧道信息和 QoS Flow 消息。

⑪ AMF 发送 Handover Command 给 NG-RAN，通知切换准备完成。NG-RAN 把 Handover Command 消息发送到 UE，通知 UE 切换到目的接入网络。此时下行数据可以通过 UPF+PGW-U 和 SGW，从 NG-RAN 发送到目的 E-UTRAN。

⑫ UE 成功切换到目标小区后，上下行数据通过 E-UTRAN 进行发送。

⑫ⓐ UE 成功同步到目标小区后，发送 Handover Complete 消息给 E-UTRAN，此时 E-UTRAN 将缓存的下行数据下发到 UE，上行数据则经由 UE → E-UTRAN → S-GW → UPF+PGW-U。

⑫ⓑ E-UTRAN 发送 Handover Notify 消息到 MME，通知目标 MME UE 已经位于目标小区。

⑫ⓒ MME 发送 Relocation Complete Notification 消息到 AMF。

⑫ⓓ AMF 发送 Relocation Complete Ack 消息响应 MME。此时 AMF 会启用一个定时器，用于超时后释放源侧资源。

⑫ⓔ 在归属路由漫游的情况下，AMF 向 V-SMF 发送 Nsmf_PDUSession_ReleaseSMContext Request（仅 V-SMF 指示）消息，请求 V-SMF 仅删除 V-SMF 中的 SM 上下文，即不释放 SMF+PGW-C 中的 PDU 会话上下文。

⑬ MME 发送 Modify Bearer Request 消息到 S-GW，告知 E-UTRAN 的用户面地址和 TEID。

⑭ S-GW 发送 Modify Bearer Request 到 SMF+PGW-C，携带 S-GW 分配的和 UPF+PGW-U 间下行数据传输隧道的地址和 TEID。

⑮ SMF+PGW-C 向 UPF+PGW-U 发起 N4 Session Modification 流程，更新用户面路径，也就是下行用户面转到 E-UTRAN。

⑯ SMF+PGW-C 回复 Modify Bearer Response 给 S-GW。此时下行数据包就可以通过新建立的下行数据通道通过 S-GW 转发给目标 E-UTRAN。这一步 UE 到 UPF+PGW-U 间端到端的默认承载和专有承载的用户面数据传输通道都建立完成。

⑰ S-GW 发送 Modify Bearer Response 消息响应 MME。

⑱ UE 发起 TAU 流程。

⑲ 在切换完成后，SMF+PGW-C 可决定将映射到默认承载中的部分数据流映射为专有承载，SMF+PGW-C 可发起专用承载建立。

⑳ 步骤 ⑳ 和步骤 ㉑，如果使用了间接转发，则源侧和目标侧的"删除间接

转发隧道定时器"超时后，AMF 和 MME 发起间接转发隧道删除流程。

## 5.9.2  基于 N26 接口 EPS 到 5GS 切换流程

如果 UE 在 EPC 中处于 ECM-CONNECT 状态，UE 从 EPS 覆盖区移动到 5GS 覆盖区，则发生 EPS 到 5GS 切换。基于 N26 接口的系统间切换，可用于为用户提供连续性无缝切换的业务，例如语音业务。当 AMF 和 MME 之间存在 N26 接口时，可使用基于 N26 接口的 4G 到 5G 的互操作流程实现无缝切换，切换流程包含切换准备阶段和切换执行阶段。

基于 N26 接口 EPS 到 5GS 切换准备流程如图 5-29 所示。

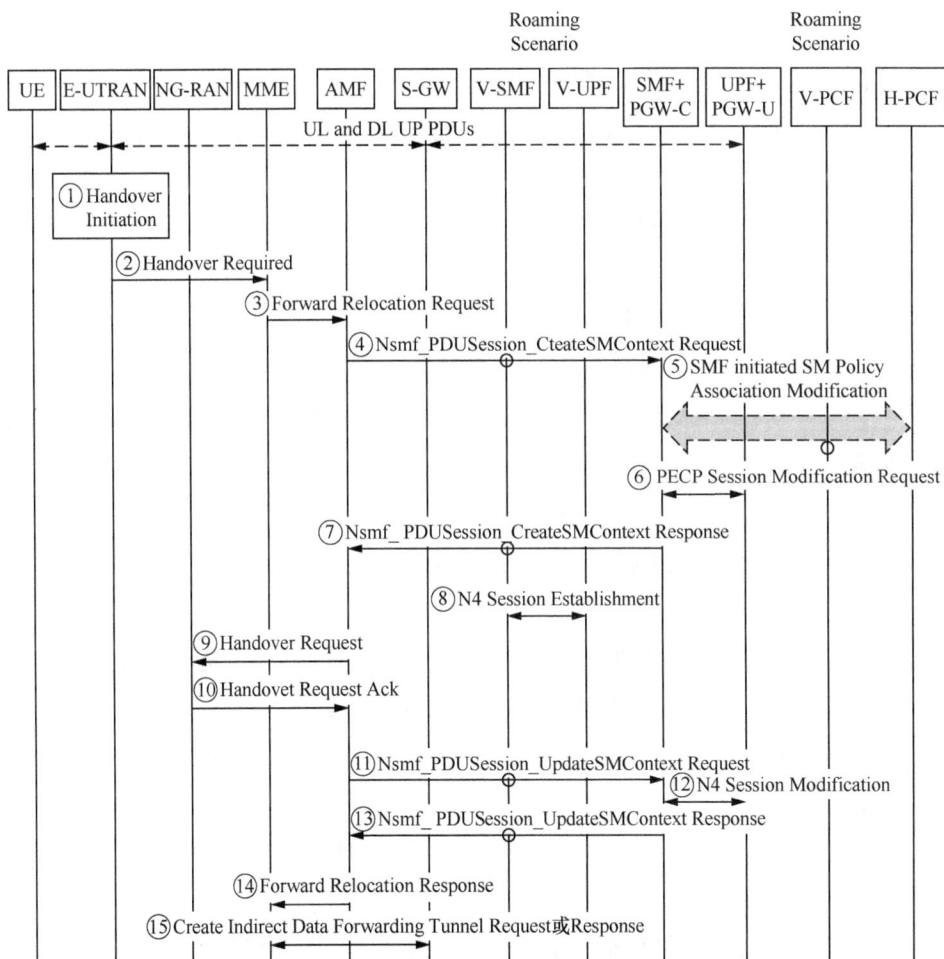

图5-29  基于N26接口EPS到5GS切换准备流程

① E-UTRAN 决定将 UE 切换到 NG-RAN。

② E-UTRAN 发送 Handover Required 消息到 MME，通知有用户要进行切换。消息中 Indirect Forwarding Flag 信元，指示数据是否能从 E-UTRAN 直接传输到 NG-RAN。

③ MME 给目标 AMF 发送 Forward Relocation Request，消息中包含 Indirect Forwarding Flag，通知目标 AMF 数据是否可以直接传输。AMF 将收到的 EPS MM 上下文转化为 5G MM 上下文。

④ AMF 向 SMF+PGW-C 发送 Nsmf_PDUSession_CreateSMContext Request 消息，创建 SM 上下文。消息中携带 UE EPS PDN 连接信息、AMF ID 和 Indirect Forwarding Flag 信息。

⑤ 可选，如果应用了动态 PCC 策略，则 SMF+PGW-C 向 PCF + PCRF 发起 SM Policy Modification，更新策略。

⑥ SMF+PGW-C 发送 PFCP Session Modification Request 给 UPF+PGW-U，建立 CN 隧道。

⑦ SMF+PGW-C 发送 Nsmf_PDUSession_CreateSMContext Response 给 AMF，携带 PDU 会话 ID、QFI、QoS profile、CN 隧道信息等。

⑧ 可选，对于漫游场景执行该步骤；否则，跳过该步骤。

⑨ AMF 发送 Handover Request 消息给 NG-RAN，请求建立无线网络资源。

⑩ NG-RAN 向 AMF 发送 Handover Request Ack 消息、携带 NG-RAN 的 AN 隧道信息以及 N3 隧道信息。此时 NG-RAN 已经做好传输分组数据单元的准备。

⑪ AMF 发送 Nsmf_PDUSession_UpdateSMContext Request 给 SMF+PGW-C 消息更新 N3 的隧道信息。

⑫ SMF+PGW-C 将 NG-RAN 的 N3 用户面地址和 TEID 发送给 UPF，并且将 S-GW 的 TEID 和 UPF 的 QFI 和 N3 隧道信息做映射。

⑬ SMF+PGW-C 发送 Nsmf_PDUSession_UpdateSMContext Response 消息响应 AMF，消息中携带 PDU 会话 ID、EPS 承载建立列表和 CN 隧道。

⑭ AMF 发送 Forward Relocation Response 给 MME，将 CN 隧道信息转发给 MME。

⑮ 如果数据转发采用 Indirect Forwarding 的方式，则 MME 发送 Create Indirect Data Forwarding Tunnel Request 消息给 S-GW，更新源侧 S-GW 与 Indirect Forwarding

方式有关的地址信息等。S-GW 向源 MME 发送 Create Indirect Data Forwarding Tunnel Response 消息来响应。

基于 N26 接口 EPS 到 5GS 切换执行流程如图 5-30 所示。

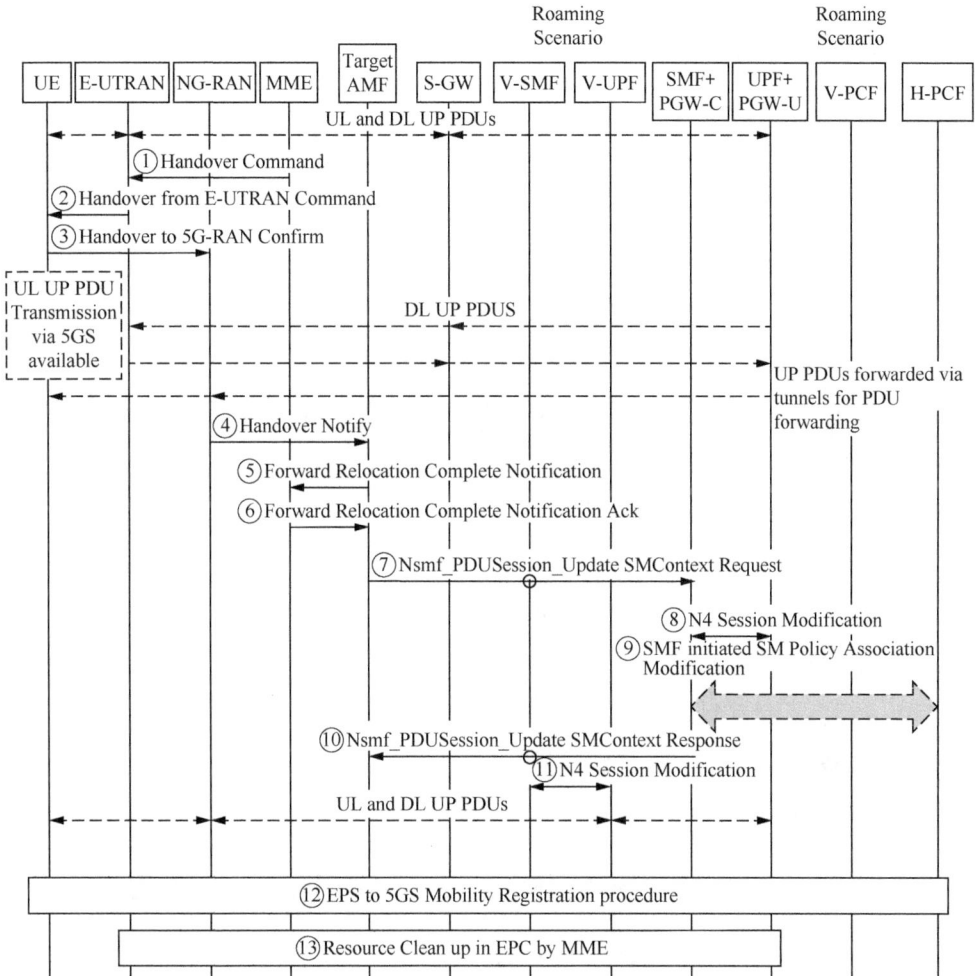

图5-30 基于N26接口EPS到5GS切换执行流程

① MME 发送 Handover Command 消息给 E-UTRAN，通知切换准备完成。

② E-UTRAN 把 Handover form E-UTRAN Command 消息发送到 UE。收到这条消息后，UE 将释放被目标小区所拒绝的 EPS 承载，以及相应的 EPS 无线侧承载。

③ UE 切换到 NG-RAN 后，发送 Handover to 5G-RAN Confirm 给 NG-RAN，确认切换到 NG-RAN。此时下行数据经由 E-UTRAN → S-GW → UPF+PGW-U → NG-

RAN → UE。

④ NG-RAN 发送 Handover Notify 消息到目标 AMF，通知目标 AMF 用户已经位于目标小区。

⑤ 目标 AMF 通过发送 Forward Relocation Complete Notification 消息通知 MME，UE 已经到达目标区域。

⑥ MME 发送 Forward Relocation Complete Notification Ack 消息响应 AMF。此时 MME 会启动一个定时器，用以监管 E-UTRAN 与 S-GW 的资源释放情况。

⑦ 目标 AMF 发送 Nsmf_PDUSession_UpdateSMContext Request 消息到 SMF+PGW-C，消息中携带 Handover Complete Indication，标志 N26 切换成功。

⑧ SMF+PGW-C 更新 UPF+PGW-U 的 CN 隧道信息，指示下行数据面已经切换到 NG-RAN，并且 EPS 承载的 CN 隧道信息可以被释放。

⑨ 如果应用了 PCC，则 SMF+PGW-C 向 PCF+PCRF 更新信息，例如用户的位置和接入类型的变更。

⑩ SMF+PGW-C 回复 Nsmf_PDUSession_UpdateSMContext Response 给目标 AMF，确认收到了 Handover Complete 消息。

⑪ 非漫游场景跳过此步。

⑫ UE 执行 EPS 到 5GS 的移动性注册流程。

⑬ 删除建立的转发通道和资源，流程结束。

## 5.9.3　基于 N26 接口 5GS 到 EPS 空闲态移动性流程

当空闲态 UE 从 5GC 移动到 EPC 时，UE 执行跟踪区更新（TAU）或初始附着，判断条件如下。

① 在如下情况下，UE 都是执行跟踪区更新流程。

UE 至少有一个 PDU 会话，在互通过程中支持会话连续性，即 UE 有 EPS Bearer ID 和映射的 EPS QoS 参数。

② 在满足如下条件的情况下，UE 发起初始附着流程。

UE 在 5GC 中只注册，没有 PDU 会话。

基于 N26 接口 5GS 到 EPS 空闲态移动性流程如图 5-31 所示。

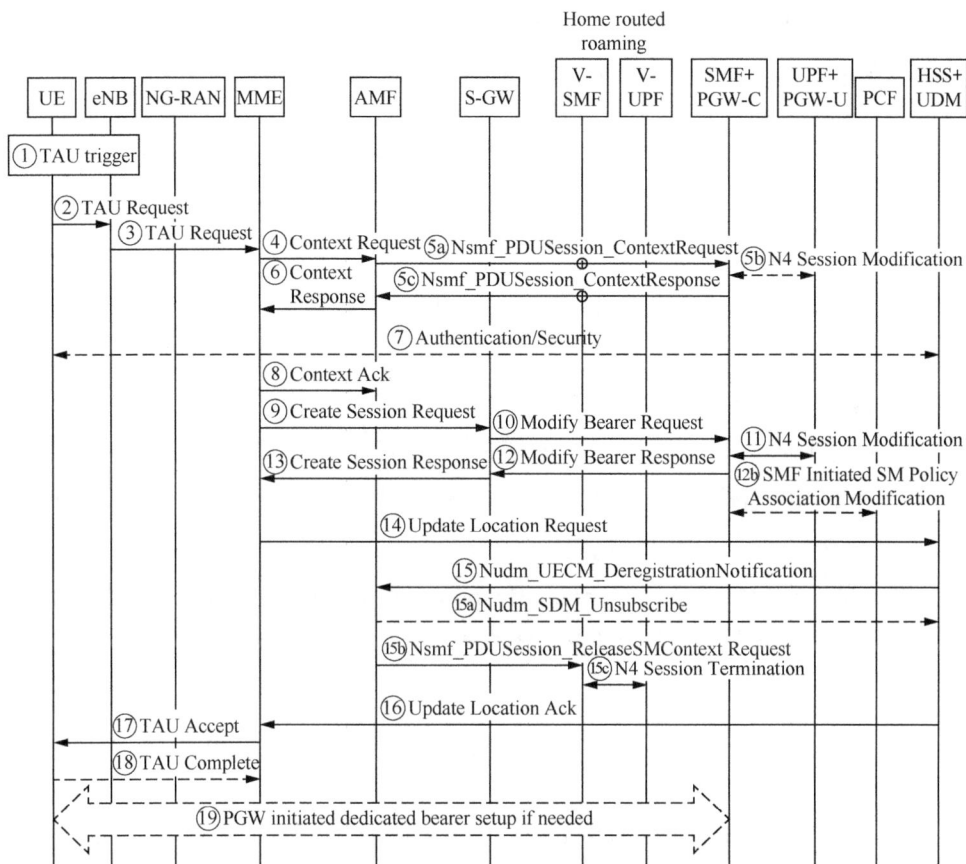

图5-31　基于N26接口5GS到EPS空闲态移动性流程

① UE 从 5GS 覆盖区移动到 EPS 覆盖区，触发 TAU 流程。

② UE 发送 TAU Request 消息。该消息中 EPS mobile identity IE 携带 5G-GUTI 映射出的 4G-GUTI，接入层信令中还包含由 5G-GUTI 映射出 GUMMEI。TAU Request 消息使用 5G 的安全上下文进行完整性保护。消息中还携带 UE status 信元，向网络提供与 EPS 交互的当前 UE 注册状态的相关信息，取值为 UE is in 5GMM-REGISTERED state。

③ MME 使用消息中 EPS mobile identity IE 信息，判断 GUTI 不属于 MME 自己分配时，再根据 MME FQDN（mapped GUMMEI）通过 DNS 进行对端 AMF 查询。

④ MME 向对端 AMF 发送 Context Request 消息，获取用户上下文。

⑤ AMF 向 SMF+PGW-C 发送 Nsmf_PDUSession_Context Request 请求 SM 上下文。SMF+PGW-C 发送 N4 Session Modification 给 UPF+PGW-U，为每个 EPS 承

167

载建立 CN 隧道，并且提供 EPS 承载上下文给 AMF。

⑤a AMF 对 TAU 请求消息进行完整性校验，并通过 Nsmf_PDUSession_Retrive SMContext Request 携带映射后的 EPS Bearer Context 请求 PGW 提供 SM 上下文，AMF 向 SMF 提供目标 MME 能力。本步骤是与 3GPP 接入的并分配了 EBI 的 UE 的所有 PDU 会话对应的 SMF+PGW-C 都会进行的。在本步骤中，如果 AMF 正确验证了 UE，则 AMF 启动定时器。

⑤b 如果核心网隧道信息由 UPF+PGW-U 分配，则 SMF 向 UPF+PGW-U 发送 N4 Session Modification 请求，为每个 EPS 承载建立隧道，UPF+PGW-U 向 SMF+PGW-C 提供每个 EPS 承载的 PGW-U 隧道信息。

⑤c SMF 返回映射后的 EPS 承载上下文，包括 PDU 会话对应的 PDN 连接的 PGW-C 控制面隧道信息、每个 EPS 承载的 EBI、每个 EPS 承载的 PGW-U 隧道信息、每个 EPS 承载的 EPS QoS 参数。

⑥ AMF 向 MME 返回 Context Response 消息、携带映射的 MM 上下文（包含映射的安全上下文），以及 SM EPS UE 上下文（默认承载和专有 GBR 承载）。

⑦ MME 根据本地策略等决策是否进行鉴权过程，过程与 4G 中 TAU 流程中鉴权过程一致。

⑧ MME 向 AMF 发送 Context Ack 消息，消息中包含 Cause 和 S-GW Change Indication。

⑨ MME 根据 Context Response 消息中各 PDN Connection 的 PGW-C Node Name 信息，优选与其中某一个 PGW-C 合建的 S-GW，向选中的 S-GW 发送 Create Session Request 消息。S-GW 根据 TAI、DNN 等因素为每个 PDN Connection 选择作为 S-GW 转发面的 UPF，并向该 UPF 发送 PFCP Session Establishment Request 消息。该消息中为 PDN Connection 中的每个 EPS Bearer 建立 Uplink 和 Downlink 方向的 PDR，并分配不同的 SGW-U S1-U 接口 F-TEID 用于上行数据转发，SGW-U S5/S8-U 接口的 F-TEID 用于下行数据转发。

⑩ S-GW 向 SMF+PGW-C 发送 Modify Bearer Request 消息，通知 S-GW 的 S5/S8-C 接口 F-TEID，以及 SGW-U S5/S8-U 接口的 F-TEID。SMF+PGW-C 根据 PCF+PCRF 之前下发的 Policy Control Request Trigger，向 PCF+PCRF 上报 RAT 变化、UE 位置变化等事件。PCF+PCRF 下发更新后的策略。更新后的策略如果需要触发 EPS Bearer 操作，例如承载激活、修改、删除等，在步骤

⑩ 中执行。

⑪ SMF+PGW-C 通知作为 UPF+PGW-U 将 Downlink 数据隧道切换到 SGW-U。

⑫ SMF+PGW-C 向 S-GW 返回 Modify Bearer Response 消息。该消息中主要包含各 EPS Bearer 的 Charging ID 信息。

⑬ S-GW 向 MME 返回 Create Session Response 消息，其中包含了每个 EPS Bearer 的 SGW S1-U 接口 F-TEID 信息。

⑭ MME 向 HSS+UDM 发送 Update Location Request 消息。该消息中双注册标识被置 0 或不携带。

⑮ HSS+UDM 调用 Nudm_UECM_DeregistrationNotification 通知接入关联的 AMF，其中的 DeregistrationData 的 DeregistrationReason 为"5GS_TO_EPS_MOBILITY"。

⑮ⓐ AMF 发送 Nudm_SDM_Unsubscribe 消息给 HSS+UDM，删除 UE 上下文，释放 AMF 和 AN 的用户相关资源。

⑮ⓑ AMF 请求释放 V-SMF 中的 SM 上下文，V-SMF 释放 V-UPF 中的资源，用于已分配 EBI 的归属路由 PDU 会话。5GC 还可以保留 UE 上下文，以便在 UE 稍后从 EPS 移回 5GS 时使用本机安全参数。

⑯ HSS+UDM 向 MME 返回 Update Location Ack 消息。

⑰ MME 向 UE 发送 TAU Accept 消息，如果 TAU Request 消息中的 Active Flag 置位，则 TAU Accept 消息被携带在 S1AP-MME 接口的 Initial Context Setup Request 消息中发送给 eNodeB。Initial Context Setup Request 消息中包含了待建立的 E-RAB 信息。

⑱ 如果新分配了 4G-GUTI，UE 向 MME 返回 TAU Complete 消息。

⑲ 可选：PCF+PCRF 可能因为 RAT 变化发起专有承载建立或修改或删除流程，通过发起这些流程将相关修改同步给 UE。

## 5.9.4　基于 N26 接口 EPS 到 5GS 空闲态移动性流程

当 UE 在 EPC 中处于 ECM-IDLE 状态，UE 从 EPS 覆盖区移动到 5GS 覆盖区，UE 进行移动注册更新流程。当 UE 在 EPC 中处于 ECM-CONNECT 状态，UE 从 EPS 覆盖区移动到 5GS 覆盖区，则发生 EPS 到 5GS 的切换。当切换流程完成后，UE 会发起移动注册更新流程，完成 UE 在目标 5GS 中的注册。基于 N26 接口 EPS 到 5GS 空闲态移动性流程如图 5-32 所示。

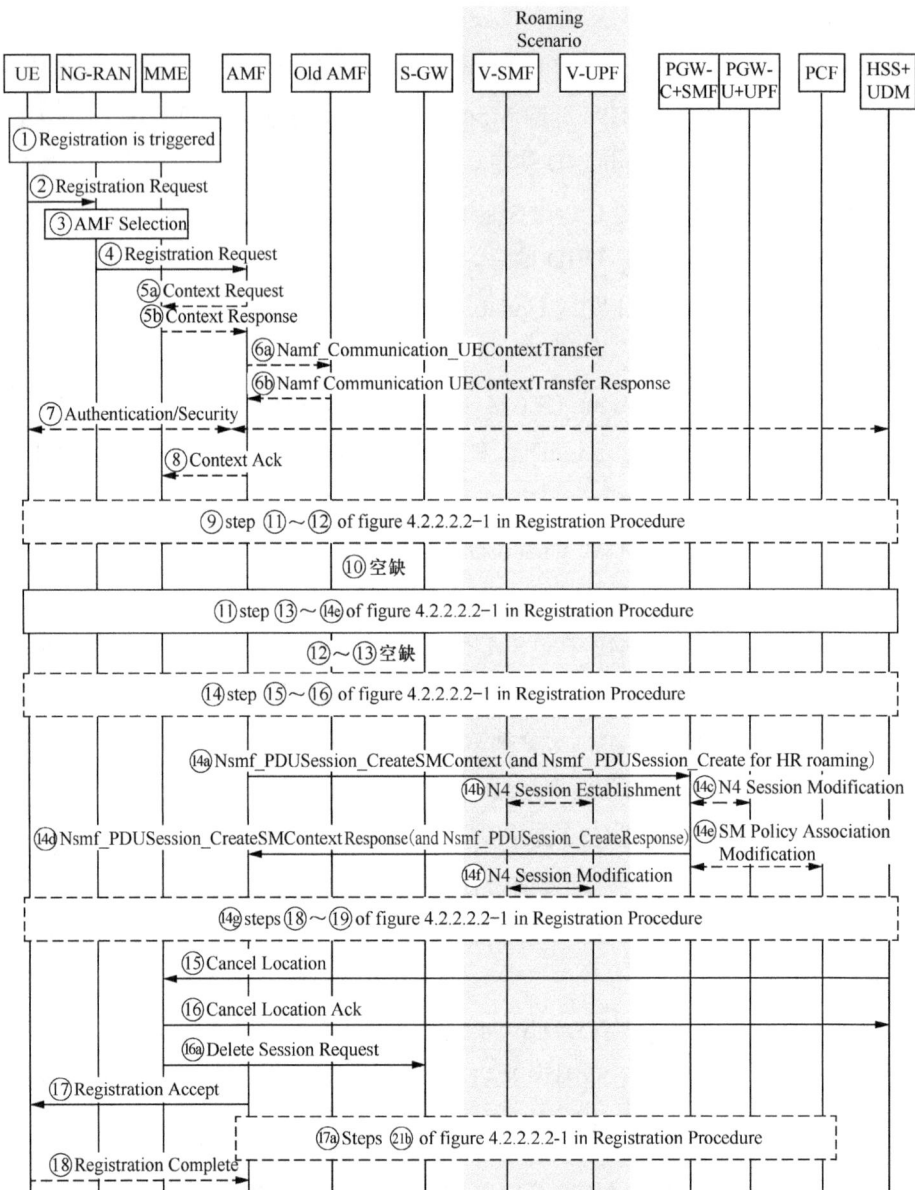

图5-32　基于N26接口EPS到5GS空闲态移动性流程

① 注册流程被触发，例如 UE 从 E-UTRAN 覆盖区进入 NG-RAN 覆盖区。

② UE 发起类型为"Mobility Registration Update"的注册请求到 AMF。5G Mobile Identity IE 携带 EPS GUTI 映射出的 5G-GUTI 作为旧的 GUTI，本机 GUTI 作为附加 GUTI，同时指示 UE 从 EPC 移入。

③ 如果在 AN 消息中未携带 5G-S-TMSI 或 GUAMI，携带的 5G-S-TMSI 或

GUAMI 不能指示一个合法的 AMF，则 NG-RAN 根据 RAT 和请求的网络切片标识（NSSAI）选择 AMF。如果 NG-RAN 不能选择合适的 AMF，则将注册请求转发给 NG-RAN 中已配置的 AMF 进行 AMF 选择。

④ NG-RAN 将 N2 Message（N2 参数和 Registration Request）转发给 AMF。消息中包括 N2 参数、注册消息、UE 的接入选择和 PDU 会话选择信息，以及 UE 上下文请求。

⑤ 如果此移动注册流程是 EPS 到 5GS 切换流程之后跟随的移动注册流程，则不执行步骤⑤～步骤⑧。

⑤a 该步骤仅针对空闲模式移动流程，如果注册类型为 Mobility Registration Update，目标 AMF 从旧 5G-GUTI 派生出 MME 地址和 4G GUTI，并向 MME 发送上下文请求，包括 5G-GUTI 映射的 EPS GUTI 和 TAU 请求消息。MME 对 TAU 消息进行验证。

⑤b MME 回复 UE 上下文信息给 AMF。

⑥ 目标 AMF 和旧 AMF 位于同一 PLMN 且二者包含的信息不同时，执行步骤⑥。

⑥a 如果 UE 在注册请求消息中包括 5G-GUTI 作为附加 GUTI，则 AMF 向旧 AMF 发送消息，旧的 AMF 验证注册请求消息。

⑥b [有条件的] 如果执行步骤⑥a，则初始注册更新流程中执行步骤⑤b描述的响应。

⑦ 目标 AMF 根据本地配置决定是否需要向 UE 发起鉴权流程。

⑧ 如果执行步骤⑤b，目标 AMF 接受为 UE 服务，则目标 AMF 向 MME 发送上下文确认。

⑨ 同初始注册更新流程中的步骤 ⑪ ～步骤 ⑫。

⑩ 空缺。

⑪ 同移动注册更新流程中的步骤 ⑬ ～步骤⑭e。其中，AMF 向 UDM 注册时，通过不携带双注册标识或携带的双注册标识为 0，告知 UDM 保留 AMF 或者 MME 的单注册。

⑫ 空缺。

⑬ 空缺。

⑭ 同移动注册更新流程中的步骤 ⑮ ～步骤 ⑯ 和步骤 ⑱ ～步骤 ⑲。

AMF 调用 Nsmf_PDUSession_CreateSMContext 请求，指示在注册请求消息中接收到的所有需要重新激活的 PDU 会话和待激活的 PDU 会话列表。本步骤是针对步骤⑤b中接收到 UE 上下文中的每个 PDN 连接和 SMF+PGW-C 地址或 ID 进行的。

⑮～⑯a HSS+UDM 向 MME 发送类型为"MME_UPDATE_PROCEDURE"的 Cancel Location 消息，MME 收到该消息后释放 UE Context 和 S-GW 上的 EPS Bearer 资源。MME 发送给 S-GW 的 Delete Session Request 消息中 OI 标识为 0，S-GW 释放 EPS Bearer 资源。

⑰～⑱ 注册成功，给 UE 发送注册成功消息。

# 5.10 EPS Fall Back 流程

网络没有部署 VoNR（NR 网络语音业务）场景下，UE 开机驻留在 5G，通过 5GC 建立语音 PDU Session，并且在 IMS 网络上注册成功。但是当 UE 要进行通话时，5G 无线网络拒绝语音承载建立请求，同时发起 5G 到 4G 的 PS HO 或重定向流程，将呼叫切换到 4G 上建立语音承载，完成后续语音呼叫接续，从而将呼叫从 5G 回落到 VoLTE。EPS Fall Back 流程如图 5-33 所示。

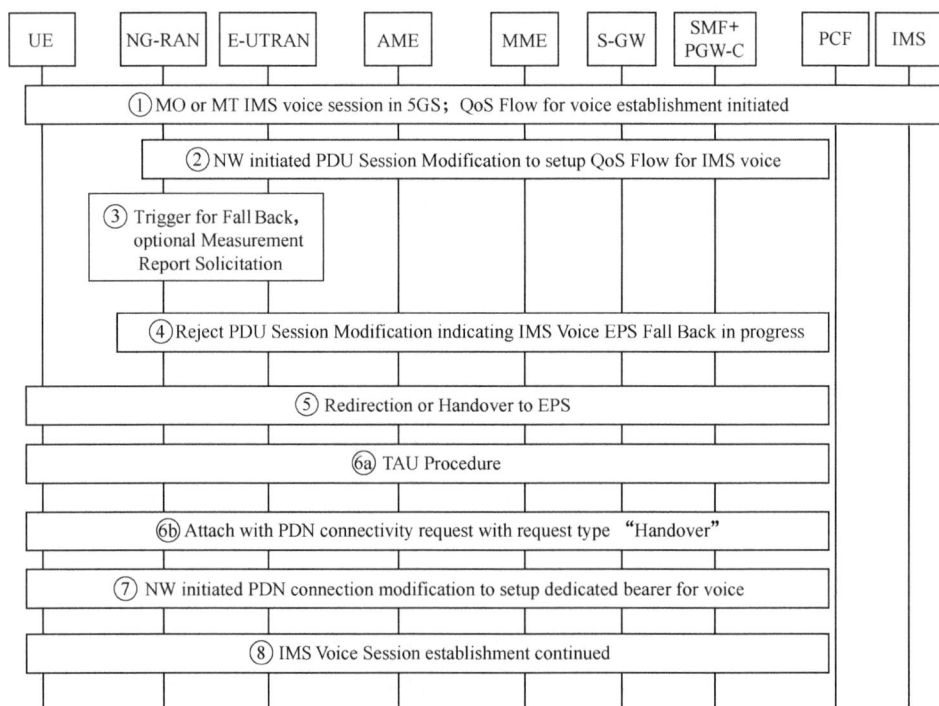

图5-33 EPS Fall Back流程

① 驻留在 NG-RAN 和 5GS 上的 UE 发起 MO 或 MT IMS voice session。

② UE 向网络侧发起 PDU Session Modification 流程，给 NG-RAN 发送建立语音 QoS Flow 承载。

③ NG-RAN 被配置为支持 IMS 语音的 EPS 回退功能，并且可以决定触发 EPS 回落。IMS 侧发起语音呼叫，网络侧 PCF 创建语音专有 QoS Flow，并响应 SMF，触发 AMF 向 NG-RAN 的响应消息，通知 NG-RAN 建立语音 QoS Flow 资源，NG-RAN 拒绝语音 QoS Flow，并触发到 EPS 的回落流程，携带 IMS Voice EPS Fall Back or RAT Fall Back Triggered 原因值。

④ NG-RAN 通过 AMF 向 SMF+PGW-C 回复响应消息，携带原因值为 IMS Voice EPS Fall Back triggered 拒绝。

⑤ NG-RAN 发起 5GS to EPS Handover 流程。当 UE 连接到 EPS 时，执行步骤⑥a或步骤⑥b。

⑥a Handover 之后 UE 发起 TAU 流程。

⑥b 如果系统间重定向到没有 N26 接口的 EPS，则 UE 发起请求类型为"切换"的附着 PDN 连接请求。

⑦ 用户回落 EPS 网络后再发起 IMS 语音专有承载创建流程。

⑧ IMS Voice Session 建立完成，向 UE 发送 SIP 消息，语音通话正常，用户使用 VoLTE 进行语音操作。

## 5.11　NG-RAN 位置报告流程

NG-RAN 位置报告流程用于 AMF 向 NG-RAN 发送请求，要求 NG-RAN 上报处于 CM-CONNECT 态 UE 的当前位置。该流程用于需要获取精确小区标识的服务中，例如紧急业务、计费等场景，或者用于特定 NF 的订阅服务场景下。当 UE 变更为 CM-IDLE 状态或者 AMF 向 NG-RAN 发送取消指示时，NG-RAN 将停止位置上报。Xn 切换时，NG-RAN 节点通过 gNodeB 之间的 Retrieve UE Context 流程将位置上报相关信息传递给目标 NG-RAN 节点。当双连接被激活时，AMF 请求的话仅上报 PSCell 信息。

NG-RAN 位置上报流程如图 5-34 所示。

① AMF 发送 Location Reporting Control 消息给 NG-RAN。Location Reporting Control 消息应标识被请求上报位置的 UE，还可以包括位置上报类型、位置上报级别、兴趣区域和请求 Reference ID。位置上报级别可以是 TAI+ 小区标识。其中，位

173

置上报类型是指 Location Reporting Control 消息用于触发 NG-RAN 上报 UE 当前小区标识，或者消息是用于触发 NG-RAN 当 UE 所处小区发生变化时才上报位置，或者用于触发 NG-RAN 当 UE 移出或进入兴趣区域时，才上报位置。如果上报类型指示 UE 离开，或进入兴趣区域时，NG-RAN 才上报位置，AMF 还在 Location Reporting Control 消息中提供请求的兴趣信息区域。AMF 可以包括请求 Reference ID。

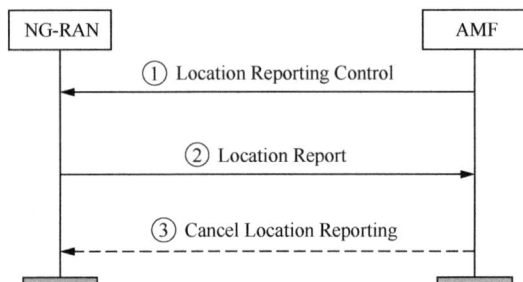

图5-34　NG-RAN位置上报流程

② NG-RAN 发送 Location Report 消息通知 AMF 关于 UE 的位置信息，消息中包括 UE 位置、UE 是否在感兴趣区域、请求 Reference ID，以及时间戳信息。

UE 处于 CM-CONNECT with RRC Inactive 态时，存在以下两种情况。

● 如果 NG-RAN 从 AMF 收到的上报类型指示单独上报，则 NG-RAN 先发起寻呼流程，再上报 UE 当前的位置。NG-RAN 应及时发送 Location Report，不需要等待尝试创建 Dual Connectivite Configuration。如果请求 PSCell 报告并且主 RAN 节点知道 PSCell ID，则应将其包含在位置报告中。

● 如果 NG-RAN 从 AMF 收到的上报类型指示 UE 改变小区时，NG-RAN 向 AMF 上报位置，则 NG-RAN 给 AMF 上报 UE 的最后一次的已知位置信息，以及时间戳的信息。如果 UE 在进入具有 RRC 非活动状态的 CM-CONNECT 之前立即使用双连接，并且要求 PSCell 进行上报，则位置报告还应包括 PSCell ID 信息。

UE 处于 CM-CONNECT 态时，从 AMF 收到的上报类型为上报兴趣区域，则 NG-RAN 应当跟踪 UE 是否在兴趣区域，并上报 AMF UE 与兴趣区域的位置关系以及 UE 当前的位置信息。

③ 如果 AMF 想要终止位置上报功能，则 AMF 可以发送 Location Reporting Control（位置上报类型为 Cancel Location Reporting）消息给 NG-RAN，告知 NG-RAN 终止位置上报功能。当请求上报类型为持续上报或感兴趣区域时，AMF 需要发送此消息以终止位置上报。AMF 发送的请求中包括请求 Reference ID，该请求 Reference ID 指示所请求的感兴趣区域，以便 NG-RAN 应该终止对感兴趣区域的位置报告。

第 6 章

# 5G 网络切片

6.1 网络切片概念

6.2 网络切片的架构和功能

6.3 网络切片选择

6.4 网络切片配置

6.5 网络切片支持漫游

6.6 网络切片与 EPS 互通

6.7 网络切片管理和编排

6.8 网络切片性能监控

## 6.1　网络切片概念

网络切片是 5G 网络的一个新特性。ITU 定义了 5G 三大应用场景：eMBB、mMTC 及 uRLLC。

eMBB 的典型应用场景包括高清视频、AR/VR、云游戏等。这些场景对 5G 网络的传输速率、时延、5G 网络流量等提出了很高的要求。

mMTC 的典型应用场景包括智慧城市、环境监控、智能家居等。这些场景对扩大网络连接终端的数量、降低终端功耗方面有特殊的要求。

uRLLC 的典型应用场景包括远程医疗、自动驾驶等。这些场景对于端到端的时延、超高可靠性、低丢包率等方面提出了很高的要求。

不同的应用场景需要灵活的网络资源分配，以满足不同业务的差异化需求。5G 网络之所以能够支持这些应用场景，开展行业合作，是因为网络切片发挥了重要的作用。

5G 网络切片是指将网络资源灵活分配，网络能力按需组合，基于一个 5G 网络虚拟出多个具备不同特性的逻辑网络。每个端到端切片均由核心网、无线网、传输网子切片组合而成，这些不同组成部分通过端到端切片管理系统进行统一管理。

## 6.2　网络切片的架构和功能

### 6.2.1　网络切片的架构

5G 端到端网络切片架构包括网络切片管理域和网络切片业务域两个部分，5G 端到端网络切片架构如图 6-1 所示。

5G 端到端网络切片管理域由以下网络功能组成。

① 通信服务管理功能（CSMF）。

② 网络切片管理功能（NSMF）。

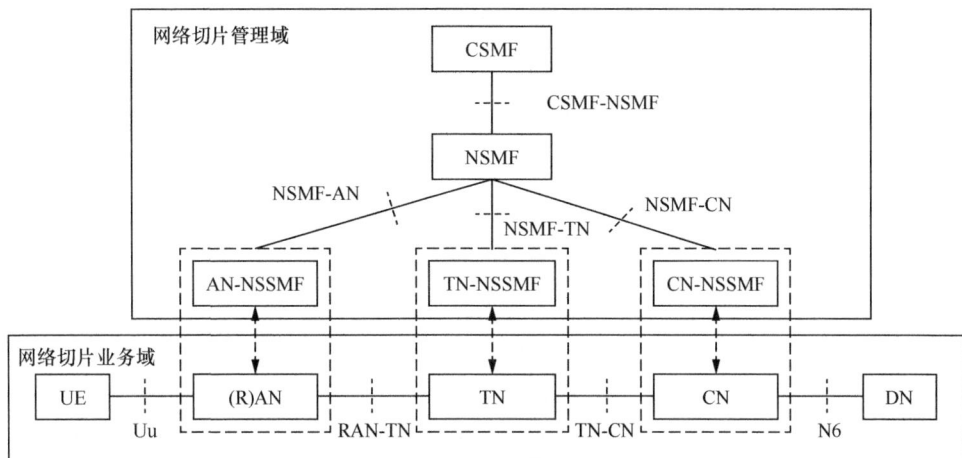

图6-1 5G端到端网络切片架构

③ 网络切片子网管理功能（NSSMF），具体包括接入网切片子网管理功能（AN-NSSMF）、承载网切片子网管理功能（TN-NSSMF）和核心网切片子网管理功能（CN-NSSMF）。

5G 端到端网络切片业务域主要包含以下子域。

① 终端用户（UE）。

② 无线接入网（AN）。

③ 承载网（TN）。

④ 核心网（CN）。

⑤ 数据网络（DN），例如运营商服务、互联网接入或第三方服务。

## 6.2.2 网络切片的管理功能

网络切片的管理功能可以串联商务运营、虚拟化资源平台和网管系统，为不同切片需求方（例如垂直行业用户、虚拟运营商和企业用户等）提供安全隔离、高度自控的专用逻辑网络。

网络切片的选择功能可以实现用户终端与网络切片间的接入映射，为用户终端提供合适的切片接入选择。用户终端可以分别接入不同切片，也可以同时接入多个切片。

基于网络切片，运营商可以在同一张网络里给用户提供不同的服务，例如时延、带宽、安全性和可靠性。与 3G/4G 的 QoS 功能不同的是，5G 对网络切片进行了全面设计，基于 NFV/SDN 技术，实现网络切片的自动编排和管理；第三方行业客户通过 5G 网络切片商城进行专用逻辑网络定制。基于网络切片，运营商通过与行业合作，有针对性地提供 5G 网络切片服务，整合和利用优势资源，打造 5G 生态体系，形成市场规模效应，探索新的商业模式。网络切片应用场景如图 6-2 所示。

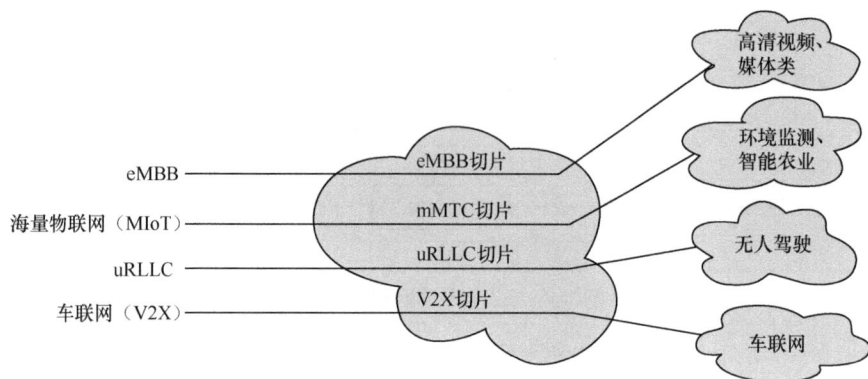

图6-2　网络切片应用场景

网络切片的价值在于网络切片即服务，可以为不同垂直行业提供相互隔离、功能可定制的网络服务。运营商好比是设计师，根据用户需求将房间划分为不同大小的功能区，以满足不同家庭的需求。运营商根据业务对应的服务水平协议（SLA），将网络设计为满足 SLA 需求的网络功能，同时拉通无线、承载和核心网来保证端到端 SLA。

目前，国内三大运营商已经在云游戏、智慧医疗、智慧电网、智慧港口等领域开展了网络切片的实践应用。

# / 6.3　网络切片选择

## 6.3.1　标识

### 1. 单网络切片选择辅助信息（S-NSSAI）

一个 S-NSSAI 唯一标识一个网络切片。

S-NSSAI 格式定义如图 6-3 所示，具体包括以下两个部分。

① SST：切片或服务类型，必选信息。SST 表示在特征和业务方面的预期网络切片行为，长度为 8 位。SST 取值中，0 ～ 127 由标准定义，128 ～ 255 由运

营商自定义。目前，国际标准 3GPP TS 23.501 定义了 4 个 SST 取值，包括 eMBB（1）、uRLLC（2）、MIoT（3），以及 V2X（4）。

② SD：切片差异区分符，可选信息，是切片类型的补充，用于进一步区分同一个 SST 的多个网络切片，长度为 24 位。SD 的取值由运营商自定义，运营商可以根据 5G SA 互联网和 5G SA 专网对切片，或服务的具体需求制定 SD 取值，用于补充切片或服务类型以在多个网络切片之间进行区分。

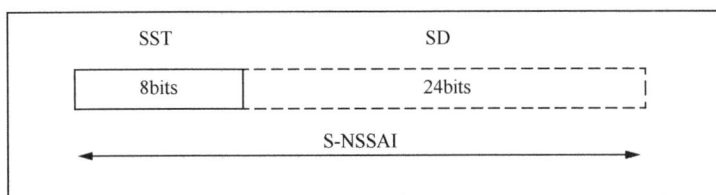

图6-3　S-NSSAI格式定义

## 2. 网络切片选择辅助信息（NSSAI）

NSSAI 是一组 S-NSSAI 的组合，包括 Configured NSSAI、Requested NSSAI、Allowed NSSAI 和 Rejected NSSAI 共 4 种 NSSAI，具体说明如下。

① Configured NSSAI：每个 PLMN 配置一个 Configured NSSAI，表示本 PLMN 网络规划和部署的网络切片能力。

② Requested NSSAI：在注册流程中，将请求的 NSSAI 携带给 AMF，用于请求接入的切片逻辑网络。UE 根据保存的 Configured NSSAI、Allowed NSSAI、所在的 Service PLMN、TAI 位置及切片优先级确定请求列表。

③ Allowed NSSAI：在注册流程中，UE 注册成功时，AMF 向 UE 下发的允许其使用的 NSSAI。AMF 根据 UE 签约的 Subscribed S-NSSAIs、UE 请求的 Requested NSSAI 以及 AMF 支持的切片能力生成 Allowed NSSAI，并将其下发给 UE。

④ Rejected NSSAI：在注册流程中，UE 注册成功但存在部分切片拒绝接入时，AMF 向 UE 下发拒绝接入的 S-NSSAI，同时下发原因值，表明是 PLMN 网络内拒绝接入，或者当前注册区域内拒绝接入。

## 3. 网络切片实例（NSI）和网络切片子网实例（NSSI）

以 NSI ID 为标识的网络切片实例是网络切片在资源层面的具体实现。以 S-NSSAI 为标识的网络切片与以 NSI ID 为标识的网络切片实例是一对多或者多对一的关系，一个网络切片可以由多个网络切片实例来承载，多个网络切片也可以由同一个网络切片实例来承载。网络切片中实际资源的选择和查询需要通过

S-NSSAI 映射到对应的网络切片实例。NSI ID 是由 NSMF 逻辑实体分配的。

网络切片实例是由网络切片子网实例组成的。网络切片子网实例标识 NSSI ID 包括 CN-NSSI ID、TN-NSSI ID 和 AN-NSSI ID 共 3 种，具体说明如下。

① CN-NSSI ID：核心网切片子网实例的标识。

② TN-NSSI ID：传输网切片子网实例的标识。

③ AN-NSSI ID：接入网切片子网实例的标识。

## 6.3.2 切片注册

在注册流程中，终端向网络提供希望接入的网络切片信息，网络根据签约、配置等信息决定最终允许用户接入的网络切片。网络切片注册流程如图 6-4 所示。

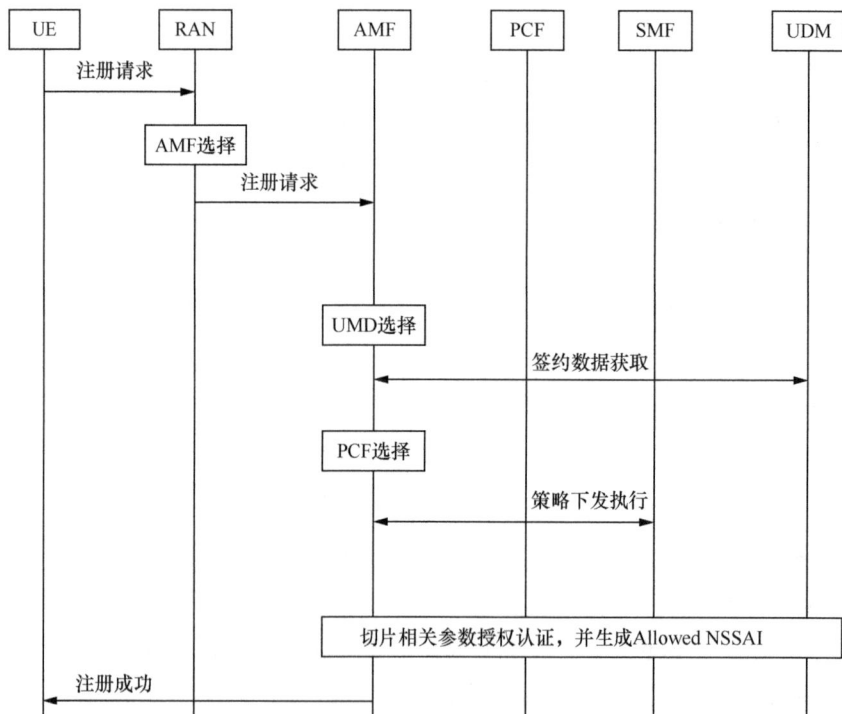

图6-4 网络切片注册流程

注册流程中，终端向网络提供希望接入的切片信息，网络根据签约、配置等信息决定最终允许用户接入的切片。基于 5G 的注册流程，网络切片的处理步骤如下。

① UE 发送给 RAN 的消息中包含发送给 RAN 的参数和发给 CN 的注册请求。

其中，RAN 参数中可以包含 Requested NSSAI。是否携带及如何携带，取决于 the Access Stratum Connection Establishment NSSAI Inclusion Mode 的取值。

UE 在注册请求中包含 Requested NSSAI。特别在初始注册或移动注册更新的情况下，注册请求中还会包含 Mapping of Requested NSSAI，即 Requested NSSAI 的每个 S-NSSAI 到 HPLMN S-NSSAI 的映射，以确保网络能够根据 Subscribed S-NSSAI 验证 Requested NSSAI 中 S-NSSAI 是否允许接入。如果使用了 Default Configured NSSAI，则注册请求中还包含 Default Configured NSSAI Indication。

② 如果 AN 参数中没有包含 5G-S-TMSI 或 GUAMI，或者 5G-S-TMSI 或 GUAMI 没有指向一个有效的 AMF，RAN 基于 RAT 和 Requested NSSAI（如果可获得）选择 AMF。如果 RAN 无法选择合适的 AMF，则将注册请求消息转发至本地配置的 default AMF，执行 AMF 选择。

③ AMF 根据从 UDM 获取的签约 S-NSSAI，以及与 NSSF 交互或者本地存储的信息，对注册请求中的 Requested NSSAI 进行校验。如果 UE 在注册请求中指示支持特定的网络切片认证与授权流程，并且 HPLMN 的任何 S-NSSAI 需要网络切片认证与授权，则 AMF 会执行认证与授权的相关流程。

④ AMF 在注册消息中向终端返回 Allowed NSSAI、Mapping of Allowed NSSAI、服务 PLMN 的 Configured NSSAI、Mapping of Configured NSSAI、Rejected S-NSSAI，以及 Pending NSSAI 等参数。

其中，在注册接受消息中的 Allowed NSSAI，适用于包含在注册区域的所有 PLMN 的 TA。Mapping of Allowed NSSAI 是 Allowed NSSAI 中的每个 S-NSSAI 到归属域 S-NSSAI 的映射关系。Mapping of Configured NSSAI 是 Configured NSSAI 中的每个服务 PLMN 的 S-NSSAI 到归属域 S-NSSAI 的映射关系。

CN 发送给 RAN 的 N2 消息中也会包含 Allowed NSSAI 中的全部或者一部分。

### 6.3.3　PDU 会话建立

PDU 会话建立的时候，网络根据终端请求的网络切片信息，选择切片内的网元为其服务，PDU 会话建立流程如图 6-5 所示。

基于 5G 的 PDU 会话建立流程，网络切片的具体处理流程说明如下。

①UE 向 AMF 发送 PDU 会话建立请求，其中，UE 根据 URSP 规则中的 NSSP 从 Allowed NSSAI 选择 S-NSSAI，如果之前的流程中 UE 获得了 Mapping of Allowed

NSSAI，则 UE 需要从 Allowed NSSAI 选择拜访网络的 S-NSSAI，以及在 Mapping of Allowed NSSAI 包含的对应的归属网络的 S-NSSAI。

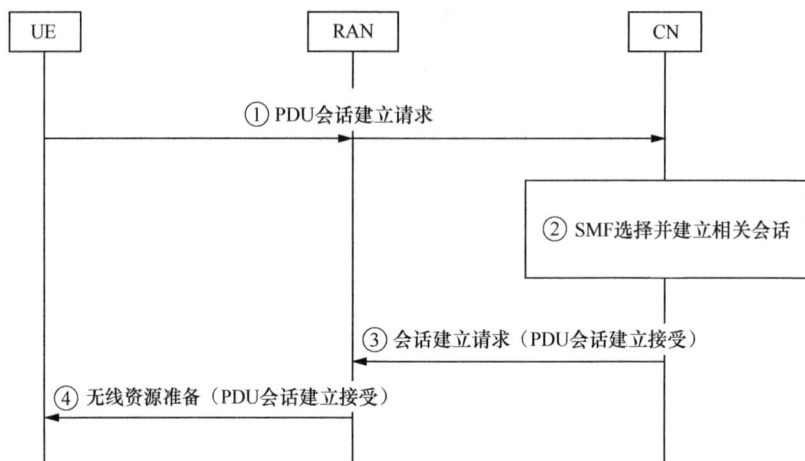

图6-5　PDU会话建立流程

② AMF 根据消息中的 S-NSSAI 确定需要选择 SMF。如果请求中没有包含 S-NSSAI 和 AMF，或者根据签约选择默认的 S-NSSAI，或者在 LBO 的情况下，则根据运营商配置选择与归属域 S-NSSAI 匹配的服务 PLMN 的 S-NSSAI。如果 UE 的签约数据中只有一个默认 S-NSSAI，则 AMF 根据签约数据确定请求的 PDU 会话的归属域的默认 S-NSSAI。

③～④ 完成核心网的授权及资源准备以后，SMF 通过 AMF 向无线发送 N2 PDU 会话建立消息，向终端发送 PDU 会话建立接受消息。

其中，N2 PDU 会话建立消息中包含 PDU 会话相关的 DNN 和 S-NSSAI。

# 6.4　网络切片配置

## 6.4.1　NSSAI 的配置

HPLMN 可以为每个 UE 配置切片信息。网络切片配置信息包含一个或多个配置的 NSSAI。配置的 NSSAI 可以由服务 PLMN 配置并应用于服务 PLMN，也可以是由 HPLMN 配置的默认配置的 NSSAI，并应用于任何没有向 UE 提供特定配置的 NSSAI 的 PLMN。每个 PLMN 最多有一个配置的 NSSAI。

如果 UE 配置了默认配置的 NSSAI，那么只有当 UE 没有用于服务 PLMN 的配置的 NSSAI 时，UE 才在服务 PLMN 中使用默认的配置 NSSAI。每个 PLMN 的配置的 NSSAI 可以包括具有标准值的 S-NSSAI 或 PLMN 特定值的 S-NSSAI。

默认配置的 NSSAI 可以预配置在 UE 中。由 HPLMN 的 UDM 所确定的默认配置的 NSSAI 通过"UE 参数更新"流程向 UE 进行下发或更新。在默认配置的 NSSAI 中，每个 S-NSSAI 都可能有一个相应的 S-NSSAI 作为签约 S-NSSAI。因此，如果在默认配置的 NSSAI 中的签约 S-NSSAI 被更新，UDM 也应该更新 UE 中的默认配置配置 NSSAI。

UE 在注册流程中向网络提供请求的 NSSAI 时，给定 PLMN 中的 UE 仅使用属于该 PLMN 的 S-NSSAI，同时可能还包括请求的 NSSAI 的 S-NSSAI 与 HPLMN 中的 S-NSSAI 的映射信息。在成功完成 UE 注册后，UE 从 AMF 获得该接入类型对应的允许的 NSSAI，其中允许的 NSSAI 包含一个或多个 S-NSSAI，并且如果需要的话，UE 从 AMF 还会获得允许的 NSSAI 与 HPLMN S-NSSAI 的映射关系。允许的 NSSAI 中包含的这些 S-NSSAI 在 UE 注册的服务 AMF 当前注册区是有效的，并且可以被 UE 同时使用。

UE 还可以从 AMF 获得具有拒绝原因和有效性的一个或多个被拒绝的 S-NSSAI，一个 S-NSSAI 可能在以下范围内被拒绝。

① 整个 PLMN。

② 当前的注册区域。

UE 在 PLMN 中保持 RM-REGISTERED 而且不管接入类型如何，UE 都不应重新尝试注册到被整个 PLMN 拒绝的 S-NSSAI，直到该被拒绝的 S-NSSAI 删除。

UE 在 PLMN 中保持 RM-REGISTERED，但是 UE 不会重新尝试注册到当前注册区域拒绝的 S-NSSAI，直到 UE 移出当前注册区域。

## 6.4.2 网络切片配置更新

任何时候，AMF 可以向 UE 提供用于服务 PLMN 的新的配置的 NSSAI，以及与 HPLMN S-NSSAI 的映射关系。用于服务 PLMN 的配置的 NSSAI 和映射信息由 AMF 决定或者由 NSSF 决定。AMF 通过 UE 配置更新流程向 UE 提供更新的配置 NSSAI。

如果 HPLMN 执行在 HPLMN 中注册的 UE 的配置更新（例如签约的 S-NSSAI 发生了变化），则将对 HPLMN 的配置的 NSSAI 进行更新。如果配置更新影响到当前允许的 NSSAI 中的 S–NSSAI，则也可能更新允许的 NSSAI 和其到 HPLMN S–NSSAI 的相关映射。

如果 VPLMN 执行配置更新（例如签约的 S-NSSAI 改变，以及相关的映射被更新），则将对服务 PLMN 的配置的 NSSAI 进行更新或其到 HPLMN S-NSSAI 的相关映射进行更新。

如果 UE 执行了服务 PLMN 的配置 NSSAI 的更新，同时已经删除了允许的 NSSAI，则 UE 应发起注册流程来获取新的有效的允许的 NSSAI。

# 6.5 网络切片支持漫游

网络切片支持漫游场景，具体说明如下。

① 如果 UE 只使用标准的 S-NSSAI 值，那么 VPLMN 中使用的 S-NSSAI 和 HPLMN 中使用的该参数值相同。

② 如果 VPLMN 和 HPLMN 之间有统一的 SLA 可支持在 VPLMN 内使用非标准的 S-NSSAI，则 VPLMN 的 NSSF 将用户签约的 S-NSSAIs 映射成在 VPLMN 内相应的 S-NSSAI 值去使用。VPLMN 内的 NSSF 根据 SLA 决定在 VPLMN 内使用的 S-NSSAI 值。VPLMN 的 NSSF 不需要通知 HPLMN UE 在 VPLMN 内使用哪些值。

③ AMF 根据运营商策略和本地配置信息决定在 VPLMN 内使用的 S-NSSAI 值，并且映射到签约的 S-NSSAIs。

④ UE 构建请求的 NSSAI 并提供请求的 NSSAI 的 S-NSSAI 值到 HPLMN 的 S-NSSAI 的映射（如果映射关系存储在 UE 中）。

⑤ VPLMN 内的 NSSF 决定允许的 NSSAI，不需要与 HPLMN 交互。

⑥ 注册接受消息中的允许的 NSSAI 包括在 VPLMN 内使用的 S-NSSAI 值。上述描述的映射信息也与允许的 NASSI 一起提供给 UE。

⑦ 在 PDU 会话建立过程中，UE 首先根据 URSP 规则中的 NSSP 确定 HPLMN 中配置的 NSSAI 的 S-NSSAI 值，然后根据服务 PLMN 的允许的 NSSAI 和 HPLMN 中的 NSSAI 的映射关系确定服务 PLMN 中允许的 NSSAI 中的 S-NSSAI 值，并包括该 S-NSSAI（这个 S-NSSAI 的值是由服务的 PLMN 决定）。在 Home-routed 场景下，V-SMF 向 H-SMF 发送 PDU 会话建立请求消息，其中携带 HPLMN 使用的

S-NSSAI 值。

⑧ 当 PDU 会话已建立时，CN 向 AN 提供 PDU 会话对应的 VPLMN 的 S-NSSAI。

⑨ VPLMN 负责选择与网络切片相关的 VPLMN 内的特定的网络功能，选择时其使用 VPLMN S-NSSAI 请求 NRF，该 NRF 可以是预配的也可以是从 VPLMN 的 NSSF 获取的。HPLMN 内的网络切片相关的特定网络功能是由 VPLMN 选择的，选择时使用相关的 S-NSSAI 和 HPLMN 中使用的值，选择过程需要 HPLMN 的 NRF 的支持。

# 6.6 网络切片与 EPS 互通

## 6.6.1 概述

支持网络切片的 5GS 可能需要与同一 PLMN 或其他 PLMN 的 EPS 互通，而且 EPC 可能支持专用核心网（DCN）。在某些部署场景下，可以通过 UE 向 RAN 提供的 DCN-ID 来进行 MME 选择。

当 UE 从 5GC 移动到 EPC 时，无法保证所有激活的 PDU 会话都可以迁移到 EPC。

在 EPC 中建立 PDN 连接时，UE 分配 PDU 会话 ID，并通过 PCO 消息将其发送给 SMF+PGW-C。SMF+ PGW-C 根据运营商策略（如 SMF+PGW-C 地址和 APN）决定 PDN 连接的 S-NSSAI，并通过 PCO 消息将与这个 S-NSSAI 相关的 PLMN ID 一起发送给 UE。UE 在 PDN 连接中存储该 S-NSSAI 和 PLMN ID。

在 Homed-routed 场景下，UE 从 SMF+PGW-C 接收到 HPLMN 的 S-NSSAI 值。如果 SMF+PGW-C 支持多个 S-NSSAI，并且 APN 对多个 S-NSSAI 有效，那么 SMF+PGW-C 应当只选择一个由签约的 S-NSSAIs 映射过来的 S-NSSAI。UE 存储该 S-NSSAI 和与 PDN 连接相关的 PLMN ID。UE 使用收到的 PLMN ID 导出 Requested NSSAI。如果 UE 在非漫游场景或 UE 在漫游 VPLMN 场景下携带 Configured NSSAI，当 UE 注册到 5GC 时，RRC 消息携带的注册请求中包含 Requested NSSAI。如果 UE 在漫游 VPLMN 没有配置的 NSSAI，则 UE 在 NAS 注册请求消息中包含 HPLMN 的 S-NSSAIs。

### 6.6.2　空闲模式

除了第 6.6.1 小节描述的内容，下述机制也适用于支持 N26 接口的互通。

① 当 UE 从 5GS 移动到 EPS 时，AMF 向 MME 发送的 UE 上下文信息包括 UE 使用类型，其是 AMF 从 UDM 获取的作为签约数据的一部分。

② 当 UE 从 EPS 移动到 5GS 时，UE 在 RRC 和 NAS 消息中的请求 NSSAI 中包含与已建立的 PDN 连接相关的 S-NSSAI 值。UE 还在注册请求消息中向 AMF 提供映射信息。UE 根据从 EPS 或 5GS 中获取的信息来获取服务 PLMN 的 S-NSSAI 值。

在 Home-routed 漫游场景下，AMF 选择默认的 V-SMFs。SMF+ PGW-C 向 AMF 发送 PDU 会话 ID 和相关的 S-NSSAI 值，AMF 获得服务 PLMN 的 S-NSSAI 值，并确定该 AMF 是否为服务 UE 的合适 AMF。如果不是，则需要触发 AMF 重新分配。对于每个 PDU 会话，AMF 决定是否需要根据服务 PLMN 的相关 S-NSSAI 值重新选择 V-SMF。如果需要重新分配，则 AMF 将触发 V-SMF 重分配流程。

除了上述描述的内容，下述机制适用于不支持 N26 接口的互通。

当 UE 启动注册流程时，UE 在 RRC 连接建立中的请求 NSSAI 中包括与已建立的 PDN 连接相关的 S-NSSAI 值。

当使用 PDU 会话建立请求消息移动 PDN 连接到 5GC 时，UE 将 S-NSSAI 和在 PCO 中为 PDN 连接接收的 HPLMN S-NSSAI 包含在映射信息中。UE 通过使用来自 EPS 和 5GS（例如基于 URSP、配置的 NSSAI、允许的 NSSAI）的最新可用信息推导出服务 PLMN 的 S-NSSAI 值。

### 6.6.3　连接模式

除了上述描述的内容，下述机制也适用于支持 N26 接口的互通。

① 当 UE 在 5GC 中处于 CM 连接状态并发生到 EPS 的切换时，AMF 根据源 AMF 区域 ID，AMF 集 ID 和目标位置信息来选择目标 MME。AMF 通过 N26 接口将 UE 上下文转发到所选择的 MME。如果 AMF 从签约数据中获取了 UE 使用类型，则在 UE 上下文中还包括 UE 使用类型。切换流程完成后，UE 执行 TAU 过程，从而完成 UE 在目标 EPS 中注册。在跟踪区域更新流程中，如果目标 EPS 部署了 DCN 网络，则 UE 在该过程中获得 DCN-ID。

② 当 UE 在 EPC 中处于 ECM 连接状态并执行到 5GS 的切换时，MME 根据目标位置信息（如 TAI）和任何其他可用的本地信息（包括 UE 使用类型，如果 UE 的签约数据中包括该信息）来选择目标 AMF，并通过 N26 接口将 UE 上下文转发给所选的 AMF。在 Home-routed 漫游场景下，AMF 选择默认 V-SMFs。PGW-C+SMF 向 AMF 发送 PDU 会话 ID 和相关的 S-NSSAI。根据收到的 S-NSSAI 值，AMF 决定是否需要触发 AMF 和 V-SMF 重分配流程。切换完成后 UE 执行注册流程，UE 注册到目标 5GS 并且获得允许的 NSSAI。

# 6.7　网络切片管理和编排

## 6.7.1　网络切片的管理

网络切片是 5G 网络新增特性，是提供特定网络能力的、端到端的逻辑专用网络。一个网络切片实例是由网络功能和所需的物理 / 虚拟资源的集合，由无线、传输和核心网的子网络切片实例组成，并通过网络切片管理功能实现端到端切片的管理。

为了实现网络切片的管理，5G 网络中新增了网络切片的管理功能，包括通信服务管理功能（CSMF）、网络切片管理功能（NSMF）和网络切片子网管理功能（NSSMF），具体功能说明如下。

### 1. CSMF

CSMF 是通信服务管理功能，完成用户业务通信服务的需求订购和处理，将通信服务需求转换为对 NSMF 的网络切片需求。

CSMF 支持客户对于订购网络切片商品并可以从 CSMF 进行网络切片商品订单的管理。同时可以从 CSMF 对于已订购的网络切片进行监控，满足客户对于网络切片产品管理的需求。

### 2. NSMF

NSMF 是网络切片管理功能，接收从 CSMF 下发的网络切片部署请求，将网络切片的 SLA 需求分解为网络切片子网的 SLA 需求，向 NSSMF 下发网络切片子网部署请求。

端到端网络切片实例的生命周期管理是 NSMF 最主要的功能，NSMF 要支持网络切片实例完整生命周期流程中各功能要求。NSMF 支持与无线、传输和核心网各专业领域网络切片子网管理功能 NSSMF 配合完成端到端网络切片的生命周期管理。NSMF 支持将网络切片实例的属性要求（Service Profile）及 NST 中定义的业务参数模型和各专业域切片子网模板 NSST，分解为无线、传输和核心网 3 个专业领域分别的切片子网属性要求（Slice Profile）及切片子网模板，然后传递到无线、传输和核心网 3 个专业领域的网络切片子网管理功能，由 3 个专业领域的 NSSMF 完成网络切片子网实例的生命周期管理。生成的网络切片实例要满足 NST 能力模型中定义的各项能力要求和网络切片属性的要求。

为满足网络切片实例的完整生命周期管理流程，NSMF 需要与各专业领域切片子网管理功能配合完成端到端网络切片的管理，主要包括如下功能。

① 网络切片的设计。

② 网络切片模板 NST 的管理。

③ 以 S-NSSAI 为标识的网络切片的管理。

④ 与各专业领域 NSSMF 配合完成端到端网络切片实例的生命周期管理。

⑤ 网络切片及网络切片实例等资源信息的管理。

⑥ 网络切片的端到端配置管理。

⑦ 网络切片的 SLA 保障，自愈的策略管理。

⑧ 网络切片的性能、告警等 FCAPS（网络管理系统提供的 5 个通用的管理职能，即错误、配置、记账、性能和安全）管理。

⑨ 网络切片资源、性能和告警等数据的开放。

3. NSSMF

NSSMF 是网络切片子网管理功能，按照专业领域分为无线 NSSMF、传输 NSSMF 和核心网 NSSMF。各领域 NSSMF 接收从 NSMF 下发的网络切片子网部署需求，将网络切片子网的 SLA 需求转换为网元业务参数并下发给网元。对于核心网领域，将网络切片子网的资源需求转换为网络服务，向 NFV 的 NFVO 系统下发网络服务的部署请求。对于核心网子切片主要支持以下功能。

① 核心网切片子网模板管理。

② 核心网切片子网配置脚本包管理。

③ 核心网切片子网模板设计。

④ 核心网切片子网生命周期管理。

⑤ 核心网切片子网性能管理。

⑥ 核心网切片子网告警管理。

⑦ 核心网切片子网配置参数管理。

⑧ 核心网切片子网资源管理。

⑨ 核心网切片子网 OMC 或 NFVO 接入管理。

⑩ 核心网切片子网数据开放管理。

**4. 接口要求**

网络切片管理功能与其他系统或功能的主要接口包括 NSMF 与 CSMF 之间的接口、NSMF 与 NSSMF 之间的接口两个，具体说明如下。

① NSMF 与 CSMF 之间的接口：此接口用于 CSMF 向 NSMF 下发网络切片 SLA 需求，然后由 NSMF 完成满足 SLA 需求的网络切片实例 NSI 的创建及生命周期管理。同时，NSMF 通过此接口将网络切片实例生命周期的状态，网络切片实例的 FCAPS 数据通过此接口上报给 CSMF。

② NSMF 与 NSSMF 之间的接口：此接口用于 NSMF 调用 NSSMF 的网络切片子网生命周期管理的能力创建和管理各专业领域的网络切片子网实例，查询子网实例的状态。同时，从 NSSMF 查询和收集网络切片子网实例的资源、性能和告警信息。

一些需要下发给网络功能 NF 的信息，例如 S-NSSAI 信息和 NSI 信息也需要通过此接口传递给 NSSMF，并由 NSSMF 完成网络功能 NF 的配置。

## 6.7.2 网络切片的编排

网络切片的全生命周期管理如图 6-6 所示。

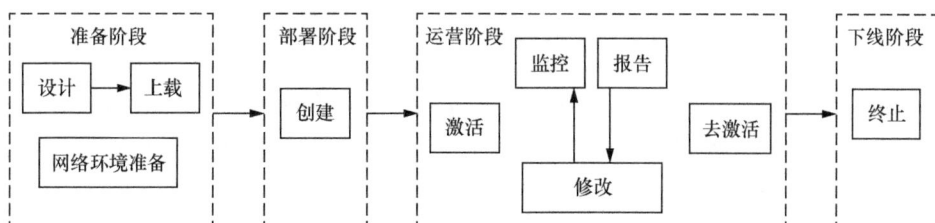

**图6-6 网络切片的全生命周期管理**

NSI 的编排管理包括切片准备阶段、部署阶段、运营阶段和下线阶段 4 个阶段。

在切片准备阶段，NSI 不存在。切片准备阶段包括网络切片设计、网络切片要求评估、准备网络环境及在创建 NSI 之前需要完成的其他必要准备工作。NSI 整个生命周期包括准备阶段、部署阶段、运营阶段和下线阶段。

① 准备阶段：准备阶段包括网络切片模板设计和上载、网络切片容量规划、网络切片需求的评估、网络环境的准备等。

② 部署阶段：NSI 的创建。创建 NSI 时对所有需要的资源进行分配和配置以满足网络切片的需求。

③ 运营阶段：运营阶段的操作可以分为指配类操作和监控类操作两类。其中，指配类操作包括针对一个 NSI 的激活、修改及去激活；而监控类操作包括对 NSI 的状态监控、数据报告（例如 KPI 监测）和资源容量的规划。

④ 下线阶段：下线阶段中的网络切片实例指根据需要下线 NSI 中非共享部分，以及从共享部分中删除此 NSI 的特定配置。在下线阶段之后，NSI 被终止并且不再存在。

# 6.8 网络切片性能监控

## 6.8.1 资源监控

资源监控包含对网络切片或子切片或 NF 或虚拟资源或硬件的监控和管理等。切片或子切片管理系统根据接口要求接收各子域 EMS 上报的网元（PNF/VNF）资源信息及 NFVO 上报的虚拟资源和硬件资源信息。通过资源视图可以逐层监控和查看切片、子切片、VNF、虚拟机、虚拟资源等拓扑信息及资源总量，已使用和剩余情况。资源监控应支持以下信息的呈现。

① 切片资源信息呈现：基于拓扑的 E2E 切片、子切片、资源的逐层信息呈现，分子网切片对 NF 进行管理，支持对切片或子切片相关的 PNF 或 VNF 网元信息呈现。呈现的信息包括 VNF NRM 模型相关的内容、VNF 和虚机之间的对应关系及虚机和主机之间的关系。

② 切片状态信息呈现：呈现切片 ID、名称、状态（激活、未激活、终止等）信息。

③ 虚机和宿主机的信息呈现：呈现虚机的 ID、名称、状态等信息。

④ 服务器信息的呈现：服务器的状态和位置信息等。

### 6.8.2 告警监控

切片或子切片告警监控范围为：网络切片或子切片告警、VNF告警、虚拟资源告警、物理资源告警。切片或子切片管理系统采集各子域EMS上报的网元告警（资源相关告警信息中包含VM ID）、NFVO上报的虚拟资源告警（告警信息中含Hostname）、物理资源告警；并能正常接收清除告警，及时清除告警。切片或子切片管理系统对告警的监控管理功能概述如下。

① 归一化：对告警按照告警模型进行解析和归一化整理。

② 标准化：按照告警标准化梳理模板对告警进行标准化处理。

③ 告警资源信息回填：对VNF的告警回填所归属网络切片的标识。

④ 告警派单：支持自动、半自动、追加派单及派单抑制。

⑤ 告警关联：支持根据网络拓扑对于端到端切片的横向、跨专业的告警关联。

⑥ 告警监控：实现告警过滤器和告警流水监控。

⑦ 告警查询：支持对当前活动告警和历史告警的多条件查询，并可导出查询结果。

⑧ 告警人工操作：可对告警执行确认、备注等操作。

⑨ 单条告警查看：查看单条告警自身及相关资源、工单等信息。

⑩ 告警统计：通过报表形式呈现不同时段，不同类型的告警。

### 6.8.3 性能指标监控

切片或子切片管理系统应支持以下性能指标监控要求。

① 支持接收EMS上报的网元业务相关的性能指标及NFVO上报的虚拟资源的性能指标和物理资源的性能指标。

② 支持在性能查询界面呈现Network Slice、NS、VNF、虚资源、物理资源的性能指标。

③ 支持实时查询端到端网络切片的性能。

④ 支持KPI阈值设置，并且设置规则支持绝对值、历史数据对比等规则。

⑤ 支持采集性能指标，并可进行指标超门限判断，实时生成性能告警产生或清除消息，并实时发送到告警监控模块，纳入告警监控处理机制。

第 7 章

# 边缘计算

07

7.1　边缘计算概述

7.2　边缘计算系统架构

7.3　边缘计算平台

7.4　5G 共享边缘云

7.5　边缘计算平台互联互通

# 7.1 边缘计算概述

边缘计算是在靠近用户或数据源头的网络边缘侧，融合网络、计算、存储、应用核心能力的分布式开放平台，它可以就近提供计算及配套资源和边缘服务，满足行业数字化在敏捷链接、实时业务、数据优化、应用智能、安全与隐私保护等方面的关键需求。边缘计算能够将计算密集型任务在靠近网络边缘的服务器上执行，避免将数据回传到云端进行处理，从而降低核心网和传输网的拥塞与负担，减缓网络带宽压力，同时通过避免数据往返云端，实现较低的传输和处理时延，提高万物互联时代数据处理效率，能够快速响应用户请求并提升服务质量。

从实现形态和接入方式来看，边缘计算的分类如图 7-1 所示。

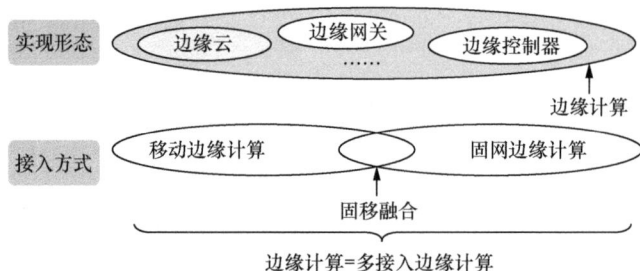

图7-1 边缘计算的分类

从实现形态上，边缘计算包括边缘云、边缘网关、边缘控制器等。边缘计算部署的位置不同，其功能也不相同，一般来说，越接近用户侧，云化规模越小，计算能力越差，功耗越低。

从接入方式上，边缘计算可以划分为移动边缘计算、固网边缘计算和固移融合多接入边缘计算 3 种。行业内普遍认为边缘计算支持多接入的场景。

随着云计算技术和人工智能芯片的发展，边缘被赋予越来越多的计算和存储资源，推动边缘实时计算、边缘实时分析和边缘智能等新的业务不断涌现，使边缘计算的规模和业务复杂度发生根本变化，对边缘计算的效率、可靠性和资源利用率有了更高的要求。

## / 7.2 边缘计算系统架构

边缘计算使运营商和第三方应用可以部署在靠近用户附着接入点的位置，通过用户数据的本地分流降低时延并实现高效的业务分发。

边缘计算架构和业务不是5G强相关的，但边缘计算是5G的一种基本业务实现。5G边缘计算与5G网络的移动性管理、QoS架构、会话管理、用户面路径优选、能力开放、计费等关键技术的具体实现密切相关，边缘计算的特点使得它在5G网络部署时需要依赖网络通过特定的配置或信令交互流程进行保障；同时，为了和5G网络更有效地交互，同时屏蔽不同的接入方式对边缘计算系统核心功能的影响，边缘计算系统自身需要在功能架构中设置与网络交互的功能。5G边缘计算通常在非漫游和本地疏导（LBO）的漫游场景下使用。

### 7.2.1 5G 边缘计算系统架构

5G边缘计算系统架构如图7-2所示，包含5G网络和边缘计算平台系统。

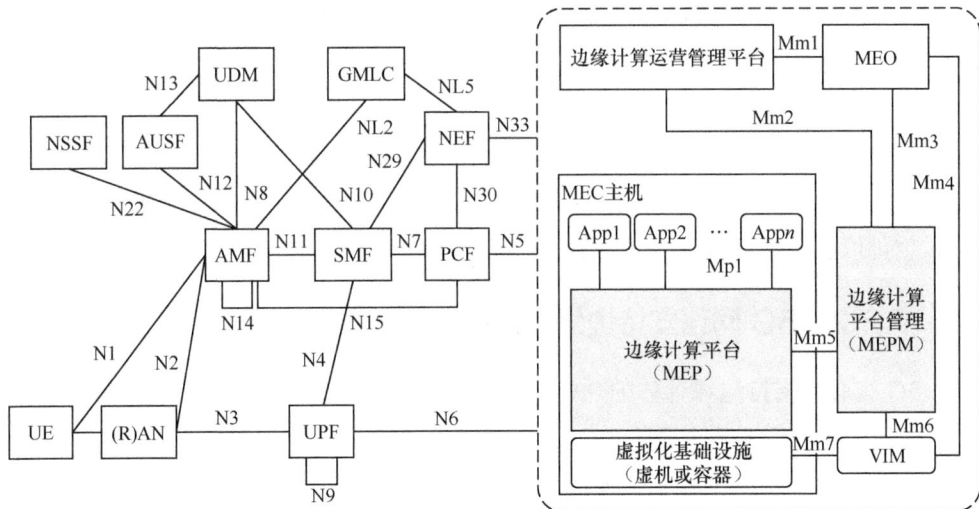

图7-2 5G边缘计算系统架构

5G核心网通过控制面与用户面分离，用户面网元UPF可以灵活的下沉部署到网络边缘，而策略控制PCF及会话管理SMF等控制面功能可以集中部署；另外，5G核心网定义了 Service Based 的服务化接口，网络功能既能产生服务，也能消费服务。

5G 边缘计算平台系统相对于 5G 核心网络是 AF+DN 的角色，平台系统在系统级可引入 5G 核心网连接特性（例如 MEP 上的能力开放代理和系统级的 5GC proxy）简化平台系统与 5G 核心网的信息交互与流程处理。5G 边缘计算平台系统和 UPF 之间为标准的 N6 连接；平台系统可以通过 NEF → PCF → SMF 影响用户面策略，作为可信 AF 时也可以直接通过 PCF → SMF 影响用户面策略；作为 AF 的一种特殊形式，5G 边缘计算平台系统可以与 5GC NEF 或 PCF 进行更多的交互，调用 5GC 开放能力，如消息订阅、QoS 等。

UPF 实现 5G 边缘计算的数据面功能，边缘计算平台系统为边缘应用提供运行环境并实现对边缘应用的管理。根据具体的应用场景，UPF 和边缘计算平台系统可以分开部署，也可以一体化部署。

5G 边缘计算平台系统架构中含以下功能实体。

① MEC 主机：包含边缘计算平台（MEP）、MEC 应用（ME App）、虚拟化基础设施（NFVI）。

② MEC 系统虚拟化管理，包含系统级管理和主机级管理。其中，系统级管理即边缘编排器（MEO）；主机级管理包含虚拟化基础设施管理（VIM）、边缘计算平台管理（MEPM）。

③ 边缘计算运营管理平台包含运营管理子系统和运维管理子系统。

④ 5GC proxy（可选）：与 5G 核心网交互信令的统一接口功能。该功能在具体实现上可嵌入系统级其他功能实体。

从功能要求的角度，认为 MEO、边缘计算运营管理平台为系统级；MEC 主机、MEPM、VIM 为主机级；从部署位置来看，MEPM 可以和主机一起部署在边缘，也可以和系统级网元一起部署在相对集中的位置。

## 7.2.2  5G 网络支持边缘计算的功能要求

5G 核心网支持边缘计算的功能要求具体说明如下。

① 5G 核心网应可选择靠近 UE 的 UPF 并根据用户的签约信息、用户位置、AF 提供的信息、策略或其他相关流量规则执行通过 N6 接口执行流量从该 UPF 到本地数据网络的疏导，支持单一 PDU 会话的 UL CL 实现，可选支持 BP（IPv6 multi-homing）和 LADN（本地区域数据网络）。

② PCF 应提供对分流到本地数据网络的流量提供 QoS 控制和计费的规则。

③ 在用户发生移动时，5G 网络应支持通过 SSC1/SSC2/SSC3 从网络连接层面支持业务和会话的连续性。

④ 5G 边缘计算系统应支持直接或通过 NEF 与 5G 核心网交互信息，联合 5G 网络保证应用业务和会话的连续性。

需要说明的是，根据既定的策略，某些应用功能允许直接和它们需要交互的控制面功能直接进行交互，而另外一些应用功能需要通过 NEF 和核心网控制功能进行交互。

### 1. 本地分流

为了支持选择性数据路由到 DN 或者 SSC mode3，SMF 可以控制 PDU 会话的数据路径，以保证 PDU 会话能够同时对应多个 N6 接口。终结每个 N6 接口的 UPF 被称为支持 PDU 会话锚点功能。每个支持 PDU 会话的锚点提供到同一个 DN 的不同接入路径。进一步的，在 PDU 会话建立时分配的 PDU 会话锚点和该 PDU 会话的 SSC mode 相关，同一个 PDU 会话分配的额外的 PDU 会话锚点（例如到 DN 的选择性数据路由）与该 PDU 会话的 SSC mode 无关。

（1）对 PDU 会话使用 UL CL

如果 PDU 会话是 IPv4、IPv6 或者以太类型，则 SMF 可以决定在 PDU 会话的数据路径上插入一个 UL CL（上行分类器）。UL CL 是 UPF 支持的一种功能，用于根据 SMF 下发的数据过滤器来转移一些数据（到本地）。插入或者删除一个 UL CL 是由 SMF 决定的并由 SMF 通过 N4 接口和 UPF 能力来控制的。SMF 可以在 PDU 连接建立时，或者在 PDU 建立完成后，决定在 PDU 会话的数据路径上插入一个支持 UL CL 的 UPF。SMF 可以在 PDU 建立完成后，决定在 PDU 会话的数据路径上删除一个支持 UL CL 的 UPF。SMF 可以在 PDU 会话的数据路径上包含一个或者多个支持 UL CL 的 UPF。

UE 不感知数据被 UL CL 转移，也不会涉及插入或者删除 UL CL 的流程。如果 PDU 会话类型为 IPv4 或者 IPv6，UE 只会获得网络分配的一个与该 PDU 会话关联的 IPv4 地址或者 IPv6 地址前缀。

当 UL CL 功能被插入 PDU 会话路径时，这个 PDU 会话可能有多个锚点（PSA）。这些 PDU 会话锚点提供到同一个 DN 的不同接入路径。对于 IPv4、IPv6 或 IPv4v6 类型的 PDU 会话，只有一个 PSA 作为 UE PDU 会话的 IPv4 地址或 IPv6 前缀的 IP 锚点。

（2）对 PDU 会话使用 IPv6 多归属

一个 PDU 会话可能跟多个 IPv6 前缀关联，这就是 PDU 会话的多归属。多归属的 PDU 会话通过不止一个 PDU 会话锚点提供到 DN 的连接。通向不同 PDU 会话锚点的不同用户面路径在一个支持"分支点"功能的"共同的"UPF 分流。分支点转发 UL 数据到不同的 PDU 会话锚点，并且汇聚下行数据到 UE，即从不同的 PDU 会话锚点汇聚数据到终端。

SMF 可能控制支持分支点功能的 UPF 为计费做数据测量，为 LI 做数据复制，以及 PDU 会话级别的 AMBR。插入或者删除分支点由 SMF 决定，并由 SMF 使用通用的 N4 接口和 UPF 能力来控制。SMF 可以在 PDU 会话建立时或者建立完成后决定在 PDU 会话的数据路径上插入支持分支点功能的 UPF，或者在 PDU 会话建立完成后在 PDU 会话路径上删除支持分支点功能的 UPF。

多归属只应用于 PDU 会话类型为 IPv6 的 PDU 会话。

**2. 支持本地数据网络**

通过 LADN PDU 会话接入 DN，只在特定的 LADN 服务区有效。LADN 服务区是一组 TA。LADN 是拜访地业务，具体说明如下。

① LADN 服务只应用于 3GPP 接入，并且不适用于归属地路由（HR）场景。

② 使用 LADN DNN 需要在签约中显示指示，或者签约一个通配符 DNN。

③ 一个 DNN 是否支持 LADN 业务，根据 DNN 的属性值来判断。

UE 根据配置知道一个 DNN 是不是 LADN DNN，以及应用和 DNN 之间的关联。这种配置关联被认为是 UE 的本地配置。如果是可选的，则 UE 可以在注册或者重注册过程中，判断一个 DNN 是否属于 LADN DNN。

LADN 信息，即 LADN 服务区信息和 LADN DNN，以 DN 粒度配置在 AMF 中，即对于不同的 UE 接入同一个 LADN，LADN 服务区都是相同的，跟其他因素无关（例如 UE 的注册区或者 UE 的签约）。在注册过程中，或者在配置更新流程中，AMF 向 UE 提供 LADN 信息（即 LADN 的服务区和 LADN DNN）。

# 7.3 边缘计算平台

## 7.3.1 平台架构

边缘计算平台系统架构如图 7-3 所示。

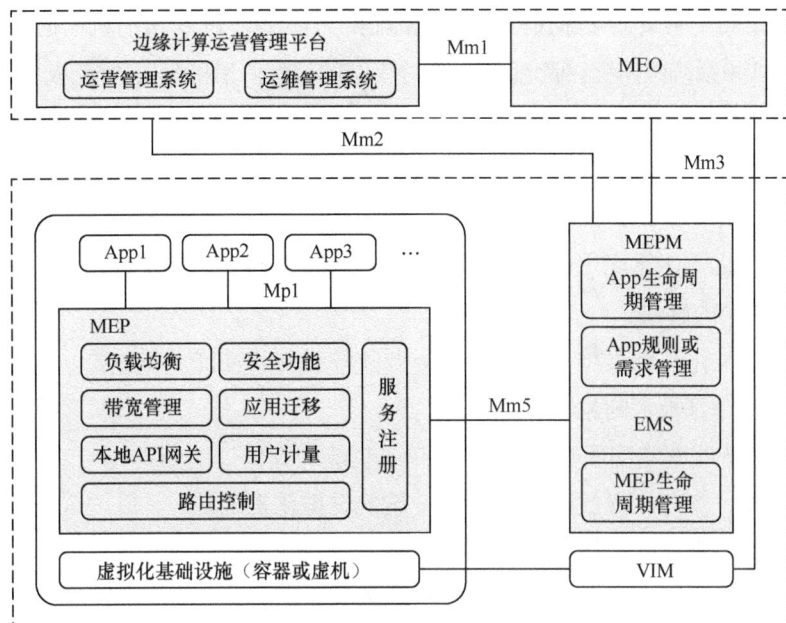

图7-3 边缘计算平台系统架构

边缘计算平台系统由边缘计算主机和边缘计算管理功能组成。其中，边缘计算主机包含边缘计算平台和虚拟化基础设施，以及上面运行的各种边缘计算应用和服务。虚拟化基础设施提供运行边缘计算应用所需的计算、存储、网络资源。边缘计算平台提供 App 运行环境和调用边缘计算服务，MEP 本身也可以提供服务，MEP 的功能包括负载均衡、安全功能、带宽管理、对移动性的支持、Local API 网关功能、用户计量和路由控制功能等。边缘计算管理功能包含边缘计算系统级管理功能和主机级管理功能。边缘计算系统级管理功能包含边缘计算运营管理和 MEO，边缘计算主机级管理功能包含边缘计算平台管理器和虚拟化基础设施管理器。

MEO 主要完成功能的具体说明如下。

① 维护边缘计算系统的整体视图，包括部署的边缘计算主机、可用资源、可用边缘计算服务，以及网络拓扑。

② 加载边缘计算应用包、对边缘计算应用包进行完整性检查、检查应用规则和需求的有效性。

③ 基于时延、可用资源、可用服务等约束条件选择合适的边缘计算主机实例化边缘计算应用。

④ 触发边缘计算应用的实例化和终结。

⑤ 触发边缘计算应用的迁移。

边缘计算平台管理器 MEPM 可以管理多个 MEP，可以和主机一起部署在边缘，也可以和系统级网元一起部署在相对集中的位置。MEPM 主要完成以下功能。

① 边缘计算应用的生命周期管理，包括向边缘计算编排器上报边缘计算应用的相关事件。

② 为边缘计算平台提供网元管理功能，可以管理多个 MEP。

③ 管理边缘计算应用的规则和需求，包括服务授权、流规则配置、DNS 配置及对配置冲突的解决。

④ 从虚拟化基础设施管理器接收资源故障报告和性能测量数据。

⑤ 边缘计算平台的生命周期管理。

虚拟化基础设施管理器 VIM 主要完成功能的具体说明如下。

① 分配、管理、释放虚拟化基础设施的虚拟化资源。

② 接收和存储软件镜像。

③ 收集、上报虚拟化资源的性能和故障信息。

## 7.3.2 边缘计算平台与 5GC 之间的接口

### 1. N6 接口

N6 接口是 UPF 与边缘计算平台之间的接口。作为 DN，5G 边缘计算平台系统通过 N6 接口与 UPF 相互传递数据。

N6 接口遵从 3GPP 标准 TS29.561。在特定场景下，例如企业专用 MEC 访问，N6 接口要求支持专线，或 L2 或 L3 层隧道。

### 2. N5 接口

边缘计算平台作为可信 AF，通过 N5 接口与 PCF 进行交互。N5 接口遵循 3GPP 标准 TS29.514。

接口协议：HTTP/2 + JSON。

### 3. N33 接口

边缘计算平台作为 AF，通过 N33 接口与 NEF 进行交互。N33 接口遵循 3GPP 标准 TS29.522。

## 7.3.3 边缘计算平台系统内部接口

### 1. Mp1 接口

Mp1 是边缘计算平台和边缘计算应用之间的接口，用于服务注册、服务发现和支持服务通信的支持。此外，还提供例如应用可用性、会话状态迁移支持、业务规则和 DNS 规则激活等功能。

### 2. Mm1 接口

Mm1 是边缘计算运营管理平台和边缘编排器之间的接口，用于触发应用实例化和终止应用。

### 3. Mm2 接口

Mm2 是边缘计算运营管理平台和边缘计算平台管理之间的接口，用于平台的配置、错误管理和性能管理。

### 4. Mm3 接口

Mm3 也是边缘计算编排器和边缘计算平台管理 MEPM 之间的接口，用于应用的生命周期管理、应用规则和需求的管理、跟踪可用的 MEC 服务等功能。

### 5. Mm4 接口

Mm4 是 MEO 和虚拟化基础设施网管之间的接口，用于对虚拟化资源进行管理，包括跟踪资源能力、管理应用镜像等。

### 6. Mm5 接口

Mm5 是边缘计算平台管理器和边缘计算平台之间的接口，用于平台的配置、应用规则和需求的配置、生命周期支持过程、应用迁移管理等。

## ▎7.4　5G 共享边缘云

5G 网络共建共享是多个运营商共同承建 5G 网络的方式，即运营商在某信号覆盖区域内，可以允许其他运营商用户进行 5G 接入。5G 共建共享有助于高效建设 5G 网络，降低网络建设和运维成本，提升网络效益和资产运营效率，快速形成 5G 服务能力。5G 边缘云是 5G 网络中的重要组成部分，通常部署在运营商基站接入侧、汇聚机房或更高层级的区域 DC。5G 网络共建共享后，在某一区域内可能只存在一家运营商的基站接入，此时如何满足其他运营商的 5G 业务发展需求面临较大技术挑战，例如，不同边缘计算平台如何共享该共建共享的 5G 网络，如何进行不同运营商的本地业务分流等。我们将对 5G 共建共享中对边缘云部署、访问、组网架构等方面的影响进行初步的分析和描述，给出相应的指导意见和策略建议。

虽然 5G 网络部署存在 NSA 和 SA 两种方式，限于篇幅这里只对 SA 方式进行描述，NSA 方式可以查阅相应的参考文献。5G SA 使用全新的 NR 和 5GC，能够实现全部的 5G 新特性，能够支持 5G 网络引入的所有相关新功能和新业务，适用于 5G 系统的目标架构和最终形态，适合在整个 5G 商用周期内进行部署。在该架构下，MEC 与 NFV 技术相融合以虚拟化的形式部署，根据业务需求按需灵活部署在 UPF 用户面的后面。5G SA MEC 组网架构如图 7-4 所示。

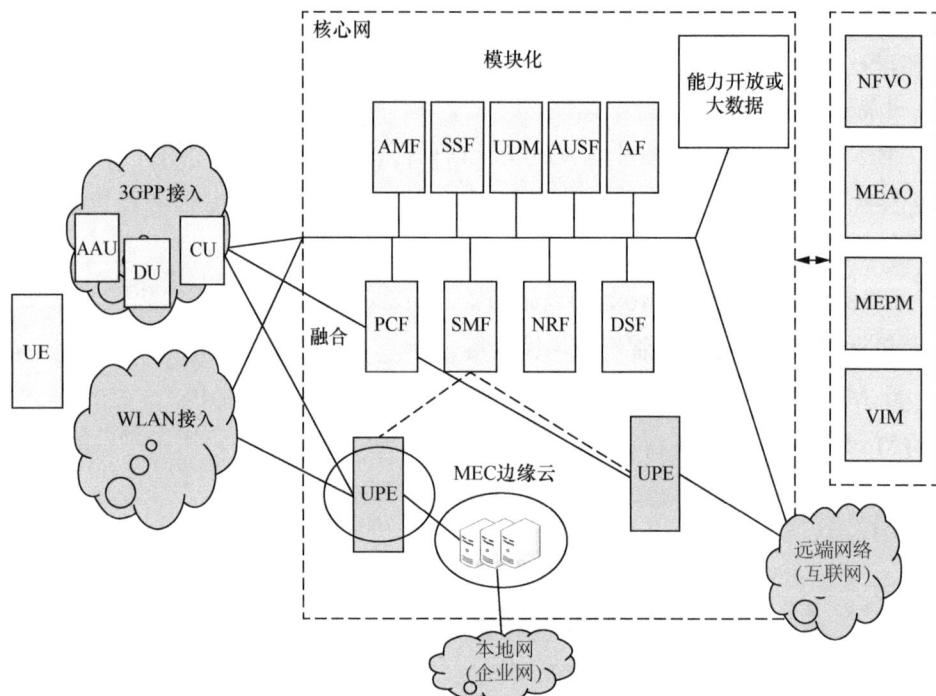

图7-4　5G SA MEC组网架构

整个 MEC 边缘云服务器为通用 IT 服务器，MEC 以虚拟化平台的方式部署在服务器集群上，分流功能根据 3GPP 协议，将采用上行分类器（UpLink CLassifier，UL CL）、基于 IPv6 的多归属锚点（Multi-homing）和 LADN 方法实现。

## 7.4.1　5G SA 共建共享下 MEC 组网

主要考虑两个运营商采用 5G NSA 共享的情况，具体是采用基站共享（物理上只有一个物理基站，但是逻辑上是两个运营商的两个不同逻辑基站）。两个运营商的承载网打通，实现承载网互通互享，但是各自的核心网和 IT 系统保持不变，终端用户各自连入所述的核心网。两个运营商 5G 网络共建共享架构如图 7-5 所示。

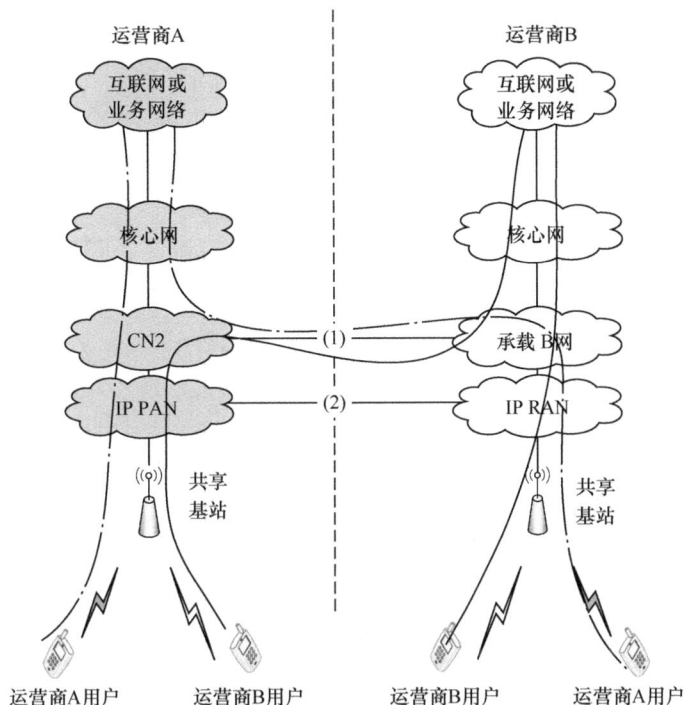

**图7-5 两个运营商5G网络共建共享架构**

在5G SA中，UPF网元作为分布式部署的用户面，因此，UPF和MEP是作为两个独立的网元分别部署。针对UPF、基站和传输，MEC组网有以下3种可选方案。

**1. UPF双跨方案**

UPF双跨方案如图7-6所示。在本方案中，MEC边缘云和UPF为运营商A建设，但是可对接运营商A和运营商B两家核心网。为了保证设备正常运转，运营商A和运营商B在该区域内核心网同厂家的情况考虑UPF共享，但建议各运营商核心网分开对用户进行鉴权，协商相同的控制策略。

**2. 基站双跨方案**

基站双跨方案如图7-7所示。运营商A的MCE或CE层的交换机或路由器，通过光纤直连的方式，同UPF，再同MEC边缘云连接。这样，运营商A的下设多个基站下的用户，均可访问MEC边缘云平台或通过MEC边缘云的分流功能访问本地网。

运营商B的基站，通过光纤直连的方式，连接到运营商A的CE设备，然后再复用运营商A的MCE或CE设备，以及到UPF的光纤链路，最终实现分流和访问MEC平台。

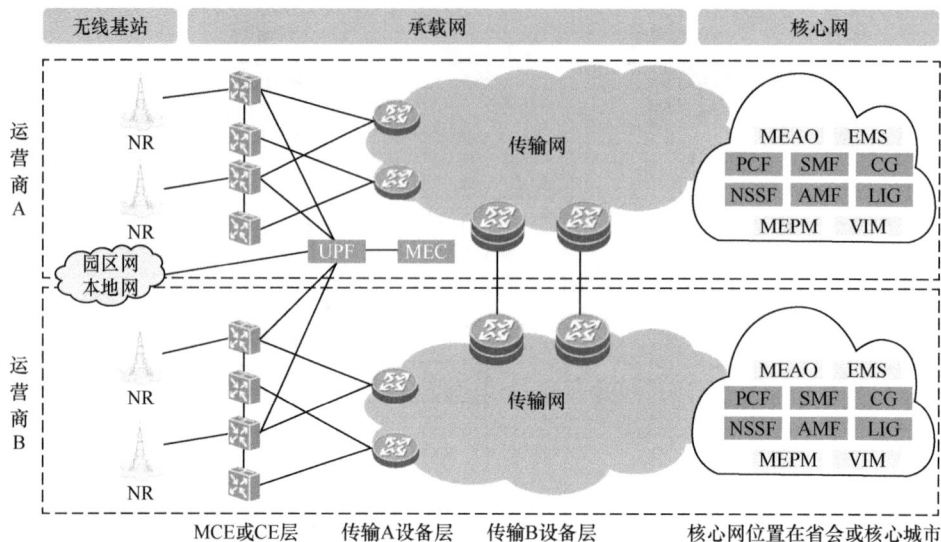

图7-6 UPF双跨方案

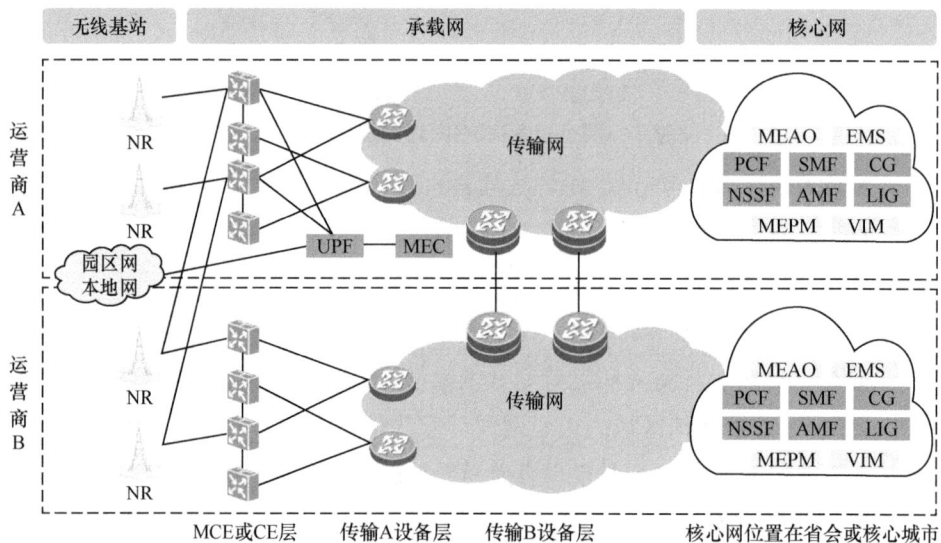

图7-7 基站双跨方案

### 3. 传输互通方案

传输互通方案如图 7-8 所示。传输互通的情况又分为：MCE/CE 层互通、A 设备传输互通及 B 设备传输互通 3 种子情况。随着互通层级的提高，可以减少互通接口数量。因为毕竟传输以上互通，可以减少跟基站的连接，接口数大大减少。对于某些共建共享 5G 网络的省份，其互通位置就在 B 设备或 A 设备，则可以完全复用 5G 共建共享的成果，从而不需要额外的施工和建设。

需要注意的是，这里A类设备指用于业务接入并且是网络边缘的综合业务接入网（IP RAN）设备。A设备一般部署在地级市，A设备还分内部节点和外部节点；B类设备一般部署在核心节点，可实现运营商之间互通。

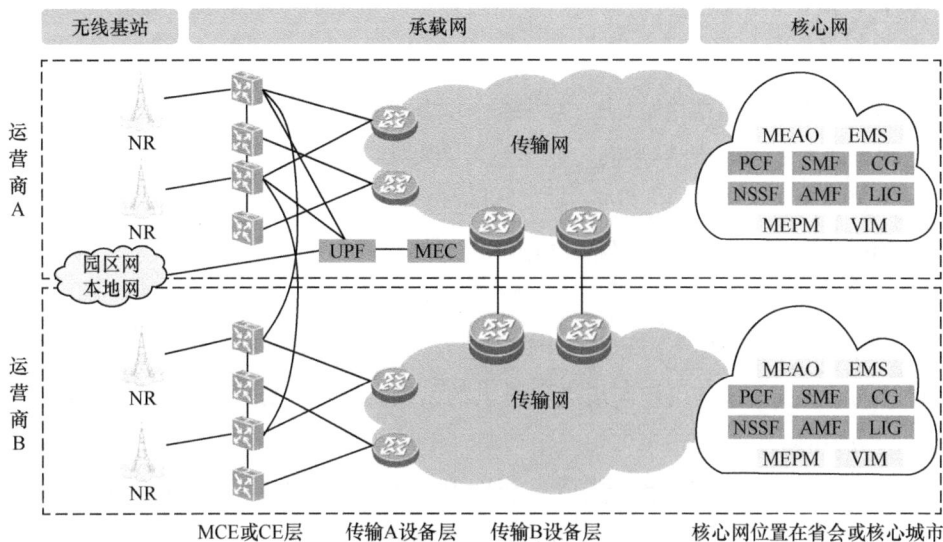

图7-8　传输互通方案

总体来看，UPF双跨和基站双跨低时延和本地化用户体验最好，B设备互通建设成本最低。一般会优先选择MCE或CE互通方案，在运营商采用同厂家核心网设备的前提下，优先选择UPF双跨方案。5G SA MEC共享组网方案的对比见表7-1。

表7-1　5G SA MEC共享组网方案的对比

| 方案 | | 低时延保证 | 本地化保证 | 建设成本 | 施工难度 | 存在的问题 |
|---|---|---|---|---|---|---|
| UPF双跨 | | 极好 | 极好 | 较大 | 较大 | 路由策略控制困难，UPF需同时受控两个同厂商核心网 |
| 基站双跨 | | 极好 | 极好 | 极大 | 极大 | 光纤连接数目较多异地打通较多 |
| 传输互通 | MCE/CE互通 | 较好 | 较好 | 中等 | 中等 | IPRAN底层打通路由寻址 |
| | A设备互通 | 一般 | 一般 | 较低 | 较低 | 影响低时延，无本地化 |
| | B设备互通 | 差 | 差 | 无 | 无 | 影响低时延，无本地化 |

### 7.4.2 5G 共享边缘云功能分析

共享边缘云有用户身份认证、完整的计费策略及 QoS 协同保障 3 种功能，具体说明如下。

#### 1. 用户身份认证

在 5G MEC 共享边缘云中，运营商的 MEC 边缘计算平台需要对不同运营商的用户都进行身份注册和鉴权，以实现双方用户接入共享平台。因为 MEC 边缘云会对第三方应用的身份进行认证，只有经过授权的第三方应用发出的 API 请求，MEC 平台才会接纳并转发到 MEC 内部的服务中去。

#### 2. 完整的计费策略

针对 5G 共建共享下 MEC 的计费问题，主要有两个层面的计费：一是边缘侧消耗的网络流量；二是用户向边缘云请求的云资源配额、API 调用次数、平台不同等级的服务能力等。

5G SA 下，流量统计和计费的功能均由 UPF、SMF 完成，并形成话单，因此，不需要同 CG 网关打通。另外，UPF 需要对不同运营商用户进行区分，并进行流量统计、生成话单和计费情况。

针对 MEC 边缘云资源计费，相对简单。例如，通过一定的物理资源分配、虚机或容器数量、调用 API 次数、平台能力调用次数等，按照用户级别进行计费。如果双方运营商对用户具有相同的等级计费，则不需要修改。如果计费方式有差异化，则需要在 MEC 平台先识别用户所属运营商，然后再使用计费的模板进行计费。

#### 3. QoS 协同保障

MEC 边缘计算业务平台可以根据用户数据包识别出业务及用户类型，并根据分析结果提供 QoS 信息给基站，基站针对不同用户的数据包提供差异化无线带宽及时延保障。通过将 OTT 的业务信息和无线接入网的信息进行综合处理，发挥智能管道的优势，未来将实现为重点用户和业务提供 QoS 保障。在 5G 共建共享中，对于 NSA 架构，则以承载的形式进行 QoS 保障。对于 SA 架构，由于 UPF 存在共享的可能，所以要考虑 UPF 同时在双方运营商网络架构中的情况进行质量保证。对于 OTT 的切片组业务，建议根据本身签约信息选择对应 AMF，由各自运营商做 QoS 差异化保障。共享运营商之间需要对 QoS 协同保障策略进行协商，确保该策略一致。

# / 7.5　边缘计算平台互联互通

从软件开发企业角度来看，开发和部署应用虽然可以通过云原生技术来适配多云和混合云，但是对于行业应用而言，不仅需要云边无缝切换，还需要跨不同运营商边缘节点的互通能力。开发者希望能够统一建立边缘计算平台的 API 规范标准，以减少应用在不同运营商平台之间迁移、管理、安全、优化方面的难度。但是目前各个边缘计算厂家平台存在较大的差异，导致边缘应用与边缘计算平台是绑定的，各种边缘应用需要适配不同的边缘计算平台。例如国内三大电信运营商采用的边缘计算平台各不相同，中国移动采用自研的 Sigma 平台，中国联通目前采用的边缘云平台虽然实现了软硬件解耦，但是 Cloud OS 与 MEP 还是同厂家部署。另外，各种开源组织也提出了不同的解决方案，如何整合取舍不同的开源边缘计算解决方案也成为当前边缘计算技术研究热点，例如 GSMA 提出了 GSMA OP 项目来打造运营商通用边缘云，希望不同运营商边缘计算节点和边缘网络可以实现共享。

GSMA OP 项目的目标是打造全球统一的电信边缘云，构建面向开发者的统一 PaaS 平台，提供通用的 API，为企业、开发者和最终用户提供跨运营商的全球边缘计算服务。基于 GSMA OP 项目可以联合多个电信运营商的边缘计算基础设施，打造跨电信运营商的统一边缘云，支持边缘应用的统一部署交付、运维和管控，促进电信运营商边缘云在千行百业规模商用。限于篇幅，对于 GSMA OP 和 MOM 项目没有进行深入阐述，详细情况请查阅相关参考文献。

MEC 互联互通包括公有云和边缘云、边缘云之间，以及同一运营商或不同运营商之间的边缘节点互联互通，主要包括以下 3 个层面的互联互通。

第一个层面的互联互通是指计算节点的互联互通，包括同一 MEC 系统下边缘计算节点之间互联互通，以及不同 MEC 系统之间的边缘计算节点之间互联互通。前者已经在 ETSI MEC 中定义了名为 Mp3 接口，但是只定义了该接口的功能，没有进行具体接口规范定义。后者表示不同运营商之间的计算节点互联互通，其使用范围和场景更大，目前尚无相关的标准规范。

第二个层面的互联互通是指不同 MEC 系统之间的 MEC 控制面互通。

第三层面的互联互通就是 GSMA OPG 定义的 MEC 联盟，表示不同电信运营商的 MEC 平台通过 GSMA OP 进行互联互通。

第 8 章

# 网络安全

08

8.1 概述

8.2 5G 三大典型应用场景的
安全要求

8.3 5G 网络域安全

8.4 5G 网络关键技术安全

# 8.1 概述

移动通信 10 年一代，峰值速率 10 年 1000 倍！5G 作为移动通信技术发展的重要方向，其新业务、新架构、新技术对网络安全提出了新的挑战。

移动通信系统演进到现在，已被考虑的安全需求包括对无线端通信的加密，防止用户信令和数据被恶意窃听；基于 SIM 卡对用户的认证，防止消费欺诈；给用户分配临时身份标识，保护用户身份隐私；网络和用户的双向认证，防止伪基站攻击等。这些需求主要立足于提升基于数据和语音通信服务的安全性，而 5G 不仅需要考虑基本的数据和语音通信服务，还需要服务于一切可互联的产业，即 5G 的主要应用场景是 toB 业务，不仅是 toC 的业务，为满足一系列全新的服务需求，5G 必须建立更全面、更高效、更节能的网络和通信服务模型，处理增强的、多方面的安全需求。相比 2G/3G/4G，5G 网络在安全方面的增强主要表现在以下 5 个方面。

### 1. IMSI 加密保护

在 2G/3G/4G 中，IMSI 以明文方式在空口传输，"IMSI catcher"等攻击可以利用获取用户的 IMSI，跟踪用户。在 5G 中，SUPI 可以在空口加密发送，从而防止攻击者在空口获取 IMSI。

### 2. 运营商之间的安全保护

通过引入安全边缘保护代理（SEPP）节点，5G 支持运营商间的安全保护，从而降低运营商间通信链路不安全导致的风险。

### 3. 统一认证框架

5G 网络支持 3GPP 接入和非 3GPP 接入使用相同的认证框架，简化了 3GPP 接入和非 3GPP 接入的安全处理。5G 支持 EAP 认证框架，从而可以支持设备通过多种认证凭证接入 5G 网络。

### 4. 密钥增强

5G 当前已定义 128 位密钥传输等相关机制，未来可支持 256 位密码算法，以保证量子计算机出现后，5G 网络的密码算法仍然具有足够的安全强度。

### 5. 空口用户面完整性保护

目前，4G 系统提供了空口信令面消息的加密和完整性保护，以及用户面消息的加密。5G 系统更关注对用户数据的保护，在 4G 空口用户面消息加密保护的基础上增加完整性保护，防止数据被篡改，保障空口消息传递安全。

5G 作为新一代移动通信网络基础设施，安全成为支撑其健康发展的关键要素。以 5G 的安全作为研究重点，有助于整体把握 5G 系统安全要求，避免后期对系统和方案再进行调整，最终实现构建更加安全可信的 5G 网络的目标。

# 8.2 5G 三大典型应用场景的安全要求

5G 有三大典型应用场景，分别是 eMBB、uRLLC、mMTC，5G 三大典型应用场景如图 8-1 所示。

虽然相比以前的移动通信，5G 网络在安全方面有所增强，但面对新场景，安全需求更加精细化。三大应用场景有各自的特点，每个场景都对网络安全提出了新的要求。

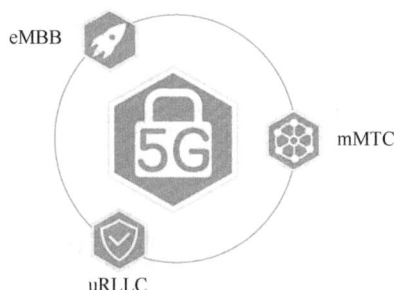

图8-1 5G三大典型应用场景

eMBB 能为用户提供高速的网络速率和高密度的容量，5G 网络峰值速率和用户体验速率较 4G 增长 10 倍以上，这对安全基础设施的计算与处理能力都提出了挑战。eMBB 聚焦对带宽有极高需求的业务，例如高清视频，AR/VR，满足人们对于数字化生活的需求，eMBB 广泛的应用场景将带来不同的安全需求，同一个应用场景中的不同业务其安全需求也有所不同。例如，AR/VR 等个人业务可能只要求对关键信息的传输进行加密，而对于行业应用可能要求对所有环境信息的传输进行加密，5G 网络可以通过扩展 LTE 安全机制来满足 eMBB 场景所需的安全需求。

uRLLC 场景要求 5G 网络能在保证高可靠性的同时提供低至 1ms 的时延 QoS 保障，而传统的安全算法造成的时延无法满足超低时延的需求。因此，会需要低时延的安全算法和对隐私数据的保护。uRLLC 聚焦对时延极其敏感的业务，从安全角度来看，降低时延需要优化业务接入过程身份认证的时延、数据传输安全保护带来的时延、终端移动过程由于安全上下文切换带来的时延、数据在网络节点中加解密处理带来的时延。

mMTC 能够支持大规模、低成本、低能耗物理网终端的高效接入和管理，而在 4G 网络中没有考虑到这种海量认证信令的问题。因此，需要考虑轻量化的安全、群组认证及抵抗分布式拒绝服务（DDoS）攻击的能力，进一步来说，mMTC 覆盖对于连接密度要求较高的场景，如智慧城市、智能农业等，能满足人们对于数字化社会的需求。mMTC 场景中存在多种多样的物联网设备，如处于恶劣环境之中的物联网设备，以及技术能力低且电池寿命长（例如超过 10 年）的物联网设备等，面向物联网繁杂的应用种类和成百上千亿的连接，5G 网络需要考虑其安全需求的多样性。如果采用单用户认证方案则成本高昂，而且容易造成信令风暴问题，则在 5G 网络中，需降低物联网设备在认证和身份管理方面的成本，支撑物联网设备的低成本和高效率海量部署（例如采用群组认证等）针对计算能力低且电池寿命需求高的物联网设备，5G 网络应该通过轻量级的安全算法、简单高效的安全协议等来保证能源高效性。

# 8.3　5G 网络域安全

## 8.3.1　安全架构

面对多种应用场景和业务需求，5G 网络需要一个统一、灵活、可伸缩的网络安全架构来满足不同应用场景下差异化的安全需求。根据 3GPP 33.501 中定义的 5G 网络安全架构，5G 网络安全架构分为 6 个安全域，5G 网络安全架构如图 8-2 所示。

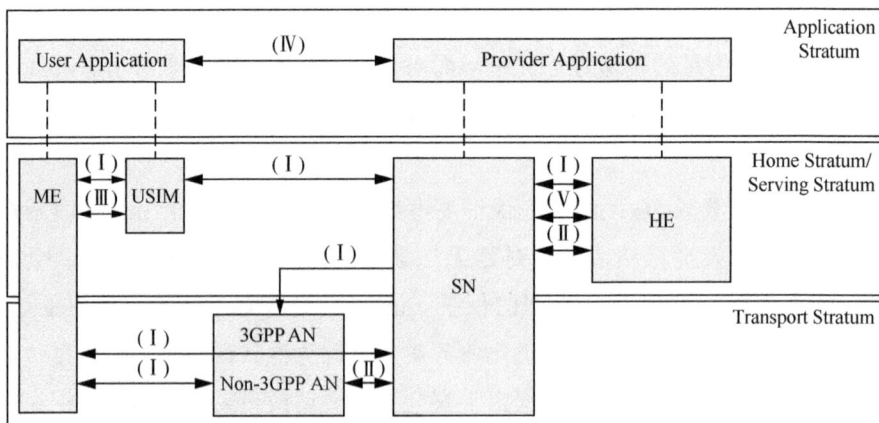

图8-2　5G网络安全架构

### 1. 接入域安全性（Ⅰ）

UE 能够安全地通过网络进行认证和访问服务，包括 3GPP 接入和非 3GPP 接入，主要防止对无线接口的攻击。该域通过运行一系列认证协议来防止非法的网络接入，在此基础上提供完整性保护和加密等安全措施，以避免用户通信内容在无线传输路径上遭受各种恶意攻击。

### 2. 网络域安全性（Ⅱ）

网络节点能够安全地交换信令平面数据和用户平面数据。网络域安全关注接入网内部、核心网内部、接入网与核心网及服务网络和归属网络之间信令和数据传输的安全性。

### 3. 用户域安全性（Ⅲ）

该功能区域是对用户接入移动设备进行安全保护。用户安全域关注设备与身份标识模块之间的双向认证安全，在用户接入网络之前确保设备及用户身份标识模块的合法性及用户身份的隐私安全等。

### 4. 应用域安全性（Ⅳ）

用户域和应用域中的应用能够安全地交换消息。应用安全域主要关注用户设备上的应用与服务提供方之间通信的安全性，并保证所提供的服务无法恶意获取用户的其他隐私信息。

### 5. SBA 域安全性（Ⅴ）

核心网 SBA 架构下的网络功能在服务网络域内与其他网络域安全地进行通信。这些功能包括网络功能注册、发现和授权安全、对基于服务的接口（SBI）的保护。与 4G 网络安全架构相比，SBA 服务域安全是适应 SBA 架构新增加的安全域。

### 6. 安全性（Ⅵ）的可见性和可配置性

用户能够获知安全功能是否正在运行。这个安全域用来通知用户安全功能是否在运行，以及这些安全特性是否可以保障业务的安全使用。

需要注意的是，图 8-2 中未显示安全性的可见性和可配置性。

相比 4G 网络的安全架构，5G 系统的安全架构更具优越性，从安全域的划分上看，5G 系统网络接入安全域的接入网包含了 3GPP 和非 3GPP，允许用户通过 3GPP 和非 3GPP 接入 5G 核心网；增加了 SBA 安全域，满足基于服务化架构特性的安全需求；网络域安全、用户域安全、应用域安全、安全的可见性和可配置性与 4G 基本相似，但在认证、密钥层级、安全上下文等方面有所增强。

213

## 8.3.2　接入域安全

接入控制在 5G 安全中扮演非常重要的角色，起到保护频谱资源和通信资源的作用，也是为设备提供 5G 服务的前提。不同于 4G 同构的网络接入控制（即通过统一的硬件 USIM 卡来实现网络接入认证），5G 对各种异构接入技术和异构设备的支持使其接入控制面临巨大的挑战。

为了解决异构接入技术和设备接入网络的问题，3GPP 在 R15 的文档 33.899 中给出了将 EAP 框架用作 5G 通用认证框架备选方案的具体描述。5G 网络统一认证框架如图 8-3 所示，框架适用于任何类型的订阅者以任何一种 3GPP 定义的接入技术（包括 3G、4G）和非 3GPP 定义的接入技术（包括 Wi-Fi、WiMAX）进行接入网认证。EAP 框架由 RFC 3748 定义，是一种支持多种认证方法的三方框架，本身不提供任何安全性，只规定消息的封装格式，具体的安全目标依赖于使用的认证方法。EAP 支持的认证方法有 EAP-MD5、EAP-OTP（One-Time Password）、EAP-GTC（Generic Token Card）、EAP-TLS 和 EAP-AKA，还包括一些厂商提供的方法。目前，5G 网络的主认证方法包含 EAP-AKA′和 5G-AKA 两种。此外，为了满足垂直行业定制化的安全需求，5G 网络还引入了二次认证的概念，即在用户接入网络时所做认证之后为接入特定业务建立数据通道而进行的认证。

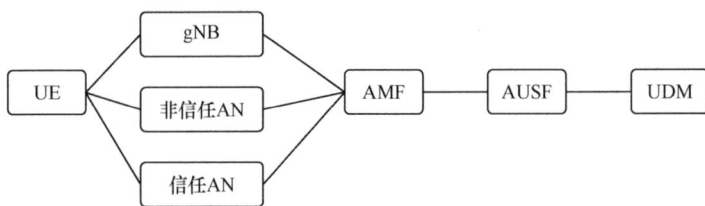

图8-3　5G网络统一认证框架

不同的接入网使用在逻辑功能上统一的 AMF 和 AUSF/ARPF 提供认证服务，基于此，用户在不同接入网间进行无缝切换成为可能。统一认证框架的引入不仅能降低运营商的投资和运营成本，还为 5G 网络新业务的用户认证打下了坚实的基础。

## 8.3.3　网络域安全

网络域安全关注接入网内部、核心网内部、接入网与核心网及服务网络和归属环境（网络）之间信令和数据传输的安全性。由于网络域跨无线、核心网及服务网络等，涉及的风险来自空口、核心网内的网元间、网元模块间、异网漫游等，所以面对网络域的风险挑战，应采取灵活多样的安全保护机制，如网元间的授权认证、数据的传输加密、资源的有效隔离等。接入网络节点和核心网络节点之间根据安全需求可通过 IPSec 隧道机制提供数据传输安全；对满足 3GPP 接入的终端，5G 网络增加了用户和核心网络之间用户面数据加密和完整性保护机制。根据具体业务的安全需求，可选择部署相应的安全保护机制。安全保护机制的选择，包括加密终结点的不同、加密算法的不同及密钥长度的不同。可以从以下两个方面进行分析。

### 1. 网元间的安全

相比 4G 网络，5G 网络基于服务化架构，涉及的网元功能较多，同时带来的安全风险也增多，主要面临的风险包括网元间数据传输遭窃取、泄露，网元的仿冒，资源的占用等。

为了解决网元间的安全问题，3GPP 提出各网元间使用 IPSec 保护传递信息，网元间的安全如图 8-4 所示。结合 IPSec 本身字段的特点，通过加密和校验确保数据传输的机密性和完整性，通过认证保障数据源的真实可靠。在 5GC 内各模块间通过使用 HTTPS 保护传递信息，使用 TLS 协议对传输数据进行加密、完整性保护和对 NF 之间进行认证，做到先认证后通信，确保网元和数据传输的安全。

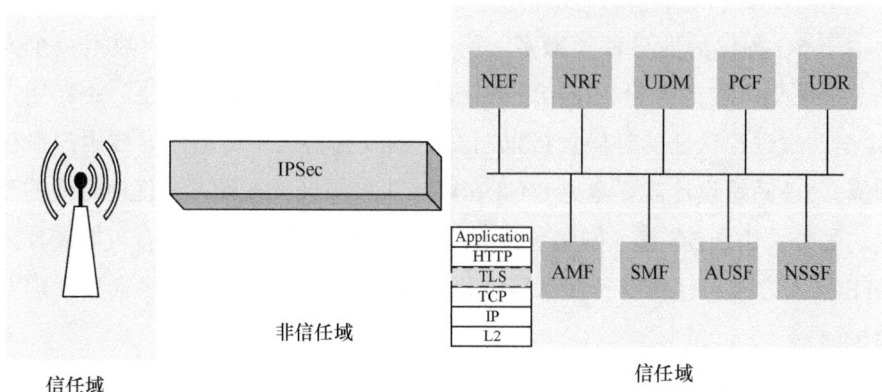

图8-4　网元间的安全

### 2. 漫游安全

运营商之间通常需要通过转接运营商来建立连接。攻击者可以通过控制转接运营商设备的方法假冒合法的核心网节点，发起类似 SS7 的攻击；另外，还存在运营商之间信令的传输风险等。

跨运营商漫游安全为解决漫游网络接入核心网的风险，5G 网络引入了 SEPP 网元，跨运营商漫游安全如图 8-5 所示，所有跨运营商的信息传输均需要通过该安全网元进行处理和转发。SEPP 用于对漫游边界的信令消息提供安全防护功能：实现消息过滤、拓扑隐藏；提供 TLS 安全传输通道，并且对于经过 IPX 网络漫游消息提供应用层的安全防护，可以提供应用层（PRINS）或传输层（TLS）的安全防护；防止传输层和应用层的数据泄密和非法篡改攻击，提升网络传输和数据的机密性、完整性，防范以中间人攻击方式获取运营商网间的敏感数据，从而降低运营商间通信链路不安全导致的风险。

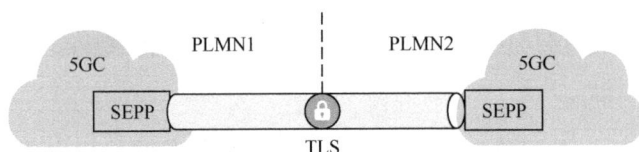

图8-5 跨运营商漫游安全

## 8.3.4 用户域安全

用户域安全关注设备与身份标识模块之间的双向认证安全，在用户接入网络之前确保设备及用户身份标识模块的合法性及用户身份的隐私安全等。用户隐私保护是用户安全域最重要的问题。

由于 5G 提供的业务种类繁多，所以开放的网络架构使用户数据及个人隐私信息面临更严峻的考验。在传统的通信网络（主要是 3G 和 LTE）中，用户的 IMSI 在首次进行认证的时候直接以明文的形式在信道中传输，导致用户身份隐私泄露。5G 系统设计需要避免 IMSI 窃取攻击，保证接入设备在任何时候的隐私安全。另外，由于 5G 接入网络包括 LTE 接入网络，所以攻击者有可能诱导用户至 LTE 接入方式，针对隐私性泄露进行降维攻击，5G 隐私保护也需要考虑此类安全威胁。

因此，很多业内具有一定影响力的组织对隐私保护的重要性也纷纷提出自己的看法，例如下一代移动网络（NGMN）指出必须将隐私保护作为网络本身提供的一种安全属性；5G 公私合作伙伴关系（5G PPP）的子项目指出隐私保护的社会影响力；3GPP 也创建了多个研究项目专门分析用户隐私及其影响，相关研究成果输入 TR33.849，TR22.864 等标准。3GPP 给出的在保护长期身份信息不被泄露的隐私保护解决方案是：由于用户在初次访问网络之前的附着阶段还没能与网络协商出任何密钥，其长期身份标识也无法进行任何加密保护，所以为了避免用户的长期身份标识泄露，5G 网络为网络核心组件配备公钥，用户在需要向网络中的认证实体发送长期身份标识时，以接收方的公钥对身份标识进行加密，从而保护长期身份信息不遭受敌手的窃听攻击。另外，3GPP 在 TR33.899 中给出的推荐加密方案是 DHIES 及其 ECC 上的变形 ECIES，还提出基于身份的加密（IBE）和基于属性的加密（ABE）的解决方案，直接加密用户的身份标识或者用一个与公共属性绑定的私钥和全局公钥加密身份标识，从而保障用户的隐私安全。

### 8.3.5  应用域安全

未来的 5G 网络将向用户提供极端丰富的网络应用资源。这些应用将不但满足用户对于数据通信、娱乐、网络漫游等传统互联网的服务性需求，还将可提供针对底层网络的数据预处理、数据转发等控制层操作的相关功能。这将使未来 5G 网络的应用层更具攻击价值，保障应用层安全的重要性将会更加突出。因此，应用安全域应主要关注用户设备上的应用与服务提供方之间通信的安全性，并保证所提供的服务无法恶意获取用户的其他隐私信息。网络能力开放、接口开放、业务开放是 5G 生态圈的重要特征，开放意味着由多个资源 / 业务拥有者 / 提供者相互协作提供业务服务，这些不同的拥有者间的建立互信、合理授权、资源使用 SLA 保证都必须有一套完善的安全机制保证。

### 8.3.6  SBA 域安全

5G 引入了 SBA，SBA 示例如图 8-6 所示。在 SBA 中，NF 代替了原来的网元实体，使得每个 NF 可以对外呈现通用的服务化接口，而不需要像传统网络那样，根据通信网络架构设定的接口对网元间的通信进行预先的定义和配置。SBA 将 NF 定义为低耦合高内聚、可被灵活调用的服务模块，将通信网元的控制功能抽象为"服务"，以"服务调用"取代传统网元间的信令交流。这一机制促使 5G NF 可以以非常灵活的方式在网络中进行部署和管理，但相比传统网络的物理接口，灵活的服务化接口也更容易被攻击者利用。

因此，5G NF 之间的通信除了要考虑传统的网络层（即 IP 层）安全保护，还要考虑网络层之上的传输层和应用层安全机制，以确保服务化架构的安全。

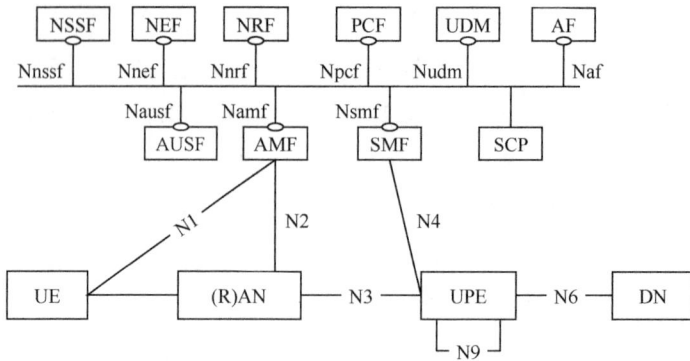

图8-6　SBA示例

　　针对 SBA 的安全风险挑战，5G 网络采用了一套服务注册、发现、授权安全机制来保障服务化安全。首先，NF 通信之前先在传输层采用 TLS 协议实现网元之间传输层认证及信息传输保护；在应用层引入 IETF 定义的 OAuth 2.0 授权框架，以确保只有被授权的网络功能才有权访问提供服务的 NF。

　　综上，SBA 打破传统点到点的通信模式，把 NF 拆解为若干个 NF 服务。NF服务间解耦，每个 NF 服务独立部署、独立升级、独立运维且可重复应用。NF服务可以根据需求灵活组合，形成不同的网元功能模块。针对更多更小颗粒度的NF 服务，SBA 实现了自动化管理，包括 NF 服务自动化注册、自动化发现和选择及自动化认证和授权等。基于 SBA，5G 网络资源更加开放，网络基础能力灵活可定制，能够最大限度发挥 5G 网络的潜能，适应创新业务发展。也就是说，这种架构基于模块化、可重用和自包含的原则来构建 NF。NF 以服务的方式对外提供，可以被部署在任何合适的地方，通过统一框架的接口为任何许可的网络功能提供其服务，从而提升网络部署的灵活性。

## 8.3.7　安全可见性和安全可配置性

　　安全可见性和安全可配置性表示一组安全功能，使用户能够获知安全功能是否正在运行。这个安全域用来通知用户安全功能是否在运行，这些安全特性是否可以保障业务的安全使用和提供。

　　按照 3GPP TS33.501 要求，5G 网络安全架构中的安全可见性和安全可配置性要求如下。

### 1. 安全可见性
通常安全功能应对用户或应用程序透明，但对于某些事件及根据用户或应用程序的关注，应提供以下安全功能操作的更高可见性。

①AS 机密性：一种机密性算法，承载信息。

②AS 完整性：一种完整性算法，承载信息。

③NAS 机密性：一种机密性算法。

④NAS 完整性：一种完整性算法。

### 2. 安全可配置性

安全可配置性允许用户在 UE 上配置某些安全功能设置，从而使用户可以管理其他功能或使用某些高级安全功能。

结合 3GPP 对安全可见性与可配置性的要求，以基站为例，管理员可通过操作界面对基站支持算法和算法优先级、基站所能支持的管理员账户等进行配置，例如可配置算法包括高级加密标准（AES）、祖冲之算法等，算法优先级的设定，对基站管理员权限、认证等进行可视化的配置，保障基站的安全运行。

## 8.4  5G 网络关键技术安全

### 8.4.1  5G 网络切片安全

切片是 5G 网络的关键技术之一，网络切片是一组网络功能、运行这些网络功能的资源及这些网络功能的特定配置组成的集合，3GPP TR23.799 定义了网络切片的一系列功能及特征，网络切片可以视为基于共享基础设施但服务于特定业务的专用网络，也可以看作网络在逻辑上的特定实例化。网络切片本身可以定制，因此，也能够最大程度减少资源消耗、节省成本，并提高服务质量。

5G 网络根据网络切片实现的功能，可划分为功能型切片（例如无线接入网络切片、核心网切片）和服务型切片（例如电话切片、物联网切片）。切片体现了 5G 网络的灵活性，然而 5G 需要为网络切片提供持续的安全隔离机制，并能为用户或者基础设施运营商提供有效的隔离证明。因为一方面由一个网络切片管理的敏感数据可能通过一些侧信道攻击被运行于另一个网络切片中的应用获得；另一方面，一个切片内部的错误和故障也会对其他切片产生影响。此外，网络功能在不同切片之间的共享，基础网络功能与第三方提供的网络功能在切片内的共存等都对安全提出了新的挑战。具体来看，切片安全机制主要包含 UE 和切片间安全、切片内 NF 与切片外 NF 间安全、切片内 NF 间安全 3 个方面。

端到端网络切片部署如图 8-7 所示。针对切片面临的安全挑战，相应的风险应对策略主要包括以下几个方面。首先，UE 和切片间安全可通过接入策略控制来应对访问类的风险，由 AMF 对 UE 进行鉴权，从而保证接入网络的 UE 是合法的，也就是对接入切片的终端进行鉴权或切片认证；其次，做好切片间资源的隔离，防止资源的跨界跨域流动，切片内 NF 间进行认证与授权机制，NF 之间通信前，按需先进行认证，保证对方是可信 NF，对能力开放风险可采取采用基于 OAuth 的授权机制对发送的服务请求进行授权，并通过 TLS 方式提供接口之间的完整性保护、抗重放保护和机密性保护。另外，可以通过 PDU（分组数据单元）会话机制来防止 UE 的未授权访问。最终实现各个 NF 在切片的组网中按需部署，最大化地体现切片差异化的安全保障，更好地服务行业客户，实现 5G 网络安全的可靠发展。

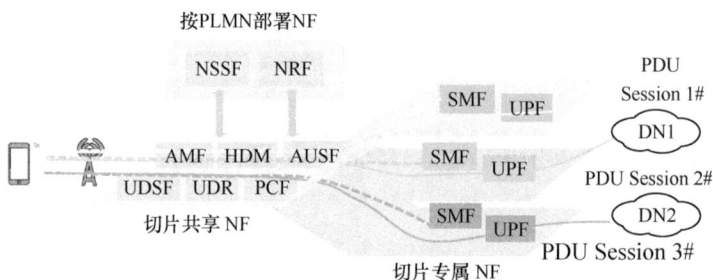

图8-7　端到端网络切片部署

## 8.4.2　边缘计算安全

MEC 由欧洲电信标准会协会（ETSI）提出，ETSI MEC 参考架构如图 8-8 所示。ETSI 对 MEC 的定义为："在移动网边缘提供 IT 服务环境和云计算能力"，强调应用、服务和内容可以实现本地化、近距离、分布式部署。MEC 是 5G 业务多元化的核心技术之一，其特点在一定程度上解决了云计算算力下沉和 5G 网络能力的开放，也促进了网络和业务的深度融合。

在 MEC 参考架构中，物理基础设施（Mobile edge host）和虚拟化基础设施为 ME App 和 MEC 平台（Mobile edge platform）提供计算、存储和网络资源，由 MEC 平台实现 ME App 的发现、通知及为 ME App 提供路由选择等管理，由虚拟化基础设施管理提供对虚拟化基础设施的管理，由移动边缘计算平台管理（Mobile edge platform manager）提供对移动边缘计算平台的管理，由移动边缘编排器提供对 ME App 的编排。

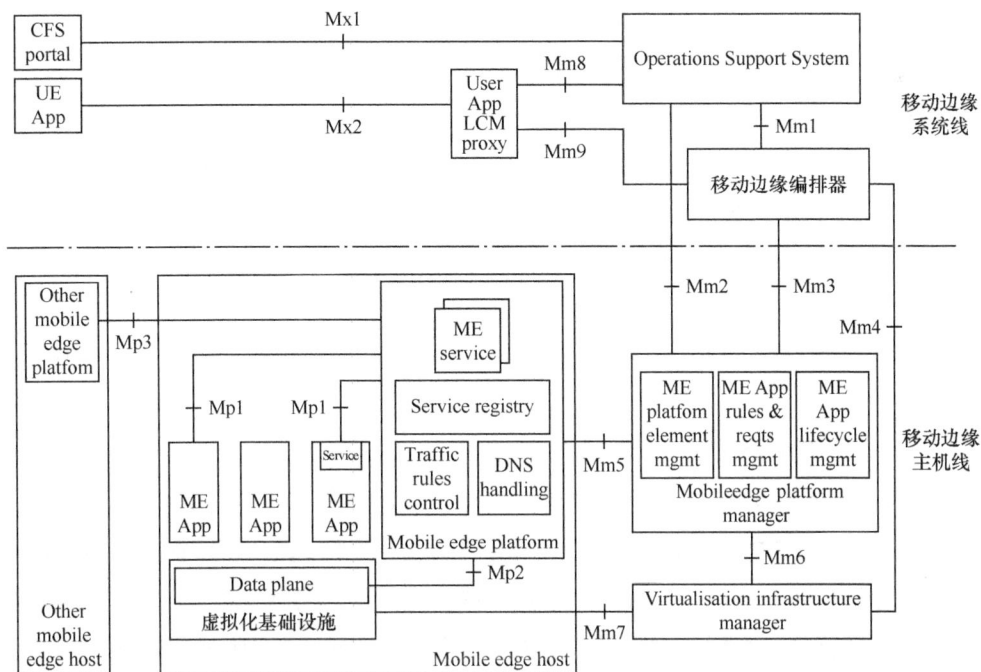

图8-8 ETSI MEC参考架构

对于运营商的网络，一般认为核心网机房处于相对封闭的环境，受运营商控制，故可认为是受信任的网络域，而边缘计算的本地业务处理特性，使得数据在核心网之外终结，运营商的控制力减弱，信任度降低，攻击者可能通过边缘计算平台攻击核心网，造成敏感数据泄露、DDoS攻击等。因此，边缘计算安全成为边缘计算建设必须重点考虑的关键问题。具体来说，MEC面临的主要安全挑战主要体现在3个方面：首先，基础设施安全风险，由于MEC部署位置下沉到边缘机房，而部分边缘机房硬件环境不可靠，所以存在供电安全、防盗、物理入侵等安全挑战。其次，在边缘计算平台上存在木马、病毒攻击，恶意ME App对MEC平台的非授权访问、DoS攻击及MEC平台与ME App等之间传输数据被篡改、拦截和重放的风险等。最后，MEC管理与编排风险、编排和管理网元的相关接口传输的数据被篡改、拦截和重放等，大量恶意终端通过终端上的UE App不断发起UE应用加载请求，可能对编排网元造成DDoS攻击。

为了解决MEC平台带来的安全风险，三大运营商围绕边缘计算的基础设施安全、平台安全、编排和管理的安全，提出一些可行的风险消减方法或建议，保障边缘计算的安全。

### 1. 基础设施安全

边缘基础设施为整个边缘计算节点提供软硬件，边缘基础设施安全是边缘计算的基本保障。在物理基础设施安全方面，可通过设置门禁、人员管理等保证物理环境安全，并对服务器的 I/O 进行访问控制。在条件允许时，使用可信计算保证物理服务器的安全性；在虚拟基础设施安全方面，可对宿主操作系统（Host OS）、虚拟化软件、客户操作系统（Guest OS）进行安全加固，防止镜像被篡改，并提供虚拟网络隔离和数据安全机制。当虚拟机中部署容器时，还可考虑容器的安全，包括容器之间的隔离、容器使用根（root）权限的限制等。

### 2. MEC 平台安全

MEC 平台包含接口安全、API 调用安全、MEC 平台自身的安全加固及敏感数据的安全保护、DDoS 防护。MEC 平台与其他实体之间通信遵循先认证后通信原则，对传输的数据进行机密性和完整性、抗重放保护，对 API 的调用应进行认证和授权，实行最小权限原则，对 DDoS 攻击应具备防护功能、阻断的处置策略等。针对 ME App 安全，应对需要上线的 App 进行合法验证，只有通过验证的才可以上线，此外，对 App 全生命周期应进行安全管理，防止非授权的访问，对 App 上的敏感数据应进行加密存储，防止数据泄露。

### 3. MEC 编排和管理安全

MEC 编排和管理安全涉及接口安全、API 调用安全、数据安全和 MEC 编排和管理网元安全加固，其目的是实现对资源的安全编排和管理。MEC 平台引入了移动边缘平台管理器（MEPM）及多接入边缘应用编排器（MEAO）网元，对分布在边缘的节点进行自动化的编排和部署，可以有效提高业务的响应速度，降低用户的平均响应时间。

MEC 的管理安全包括传统网络的安全管理，例如账号和口令的安全管理、日志的安全管理、操作行为审计等，保证只有授权的用户才能执行操作，还需要保证编排网元的安全与编排过程的安全。因为编排管理网元涉及的是，对 MEC 网元整个生命周期的管理，如果出现单点失效问题，则会带来严重后果。因此，需要对编排和管理网元进行安全加固，加强对编排管理网元的访问控制策略；对编排管理双方网元启动双向认证或者白名单接入方式，提升连接可靠性；加强镜像安全保护，对虚拟镜像及容器镜像等进行数字签名，在加载前进行验证。对镜像仓库进行实时监控，防止被篡改和非授权访问；对编排过程中的消息采用 TLS 等安全协议进行传输，防止编排管理信息泄露，保障编排消息的安全。

综上所述，随着 5G 商用步伐加快，MEC 作为重要的业务场景会快速推广应用，运营商应结合 MEC 的具体业务应用场景，深入分析其安全环境，将安全防护和保护用户数据作为 MEC 安全运营的必要条件。

第 9 章

# 通信云

9.1 通信云网络总体架构

9.2 通信云分层架构

9.3 通信云组网设计

9.4 通信云管理

随着云技术的不断成熟，把 IT 技术应用到 CT 领域已经成为可能，而 SDN/NFV 技术结合云计算、大数据正好满足了这一网络转型对技术的要求。

从业务的角度来看，传统的网络是按照不同业务需求形成的"烟囱型"网络，经常为发展某一个业务建设一张网络；从技术的角度来看，传统网络采用"垂直集成"的模式，控制平面和数据平面深度耦合，并且在分布式网络控制机制下，导致任何一个新技术或新业务的引入都严重依赖现网设备，并且需要多个设备同步更新，使新技术或新业务的部署周期较长、成本高，网络资源利用率低且不均衡，而通信网络架构云化后实现基础设施资源池化和软件分布化将解决业务扩展性差和网络资源共享难的问题。

通信云是由运营商搭建的承载云化电信级通信服务的高可靠、分布式云。该云资源池兼具 IT 云体系架构固有的敏捷性、可扩展性，以及电信级服务的高可靠性。基于通信云提供灵活、开放、多元化的应用平台，实现业务和应用的持续快速迭代，同时帮助运营商采用架构的确定性来管理未来技术的不确定性。

# / 9.1 通信云网络总体架构

综合不同场景包括个人业务、家庭业务、政企业务、物联网业务等，这些不同业务的用户体验对云化网络的承载和部署提出不同要求，网络架构需要通过不同物理位置的机房分域部署满足未来业务对于时延、带宽、可靠性等需求，通过从底层资源池到上层业务的分层解耦匹配软件定义网络（SDN）、网络功能虚拟化（NFV）、云计算等新技术带来的分层架构要求。

面向网络云化转型，为支撑网络功能虚拟化不同阶段集中或分布式部署要求，运营商的传统网络机房将逐步向数据中心架构演进，构建通信云云化网络架构，通信云云化网络架构如图 9-1 所示。云化网络总体架构沿用传统通信网络接入、城域、骨干网络架构，与现有通信局保持一定对应和继承关系，在不同层级区域、本地、边缘进行分布式数据中心（DC）部署，实现面向宽带网 / 移动网 / 物联网等业务的统一接入、统一承载和统一服务。

通信云云化网络架构可划分为 4 个层级单元部署，包含 1 层接入局房及 3 层 DC。

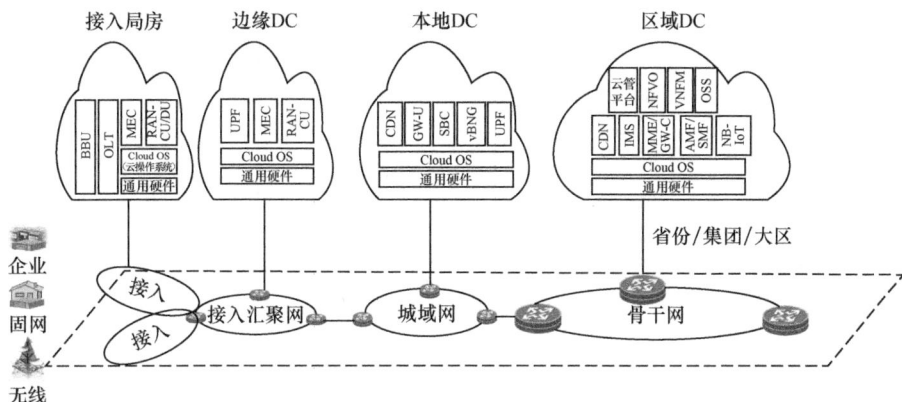

图9-1　通信云云化网络架构

① 接入局房：以提升资源集约度和满足用户极致体验为主，实现面向公众、政企、移动等用户的统一接入和统一承载。考虑到接入局房主要部署接入型、流量转发型设备，暂不考虑接入局房基础设施 DC 化改造，未来按需部署云无线接入网集中式单元和分布式单元（Cloud RAN-CU-DU）、移动边缘计算（MEC）等网元，基于现有机房条件直接入驻。

② 边缘 DC：以终结媒体流功能并进行转发为主，部署更靠近用户端业务和网络功能，包括云无线接入网集中式单元（Cloud RAN-CU）、MEC、UPF 等网元。

③ 本地 DC：主要承载城域网控制面网元和集中化的媒体面网元，包括 CDN（内容）、SBC、BNG、UPF、GW-U 等网元。

④ 区域 DC：以省域 / 集团 / 大区控制、管理、调度和编排功能为核心，如集团 OSS/NFVO，省云管平台、NFVO、VNFM 等，主要承载省域内及集团区域层面控制网元以及集中媒体面网元包括 IMS、GW-C、CDN（内容）、MME 和 NB-IOT 核心网等网元。

# 9.2　通信云分层架构

通信云分层架构如图 9-2 所示。

通信网络云化后，根据业务的不同体验需求，功能网元被部署到不同层级的 DC 中，DC 内部逻辑架构分为基础设施层、虚拟网络功能层及运营支撑层共三层。

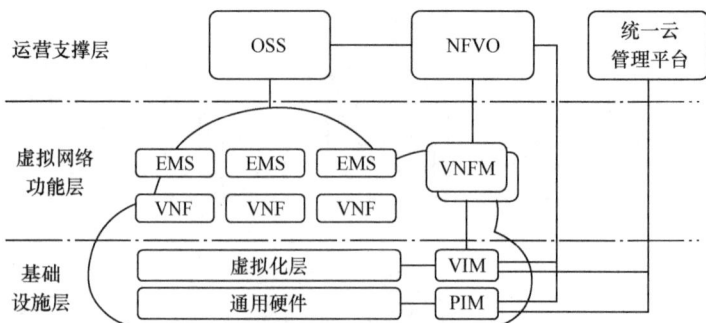

图9-2　通信云分层架构

① 基础设施层：基于通用计算、存储和网络资源，部署虚拟机监视器（hypervisor）层以便运行虚拟化，可以为虚拟网络功能在标准服务器上提供线速的网络性能，同时，还可以结合单根输入输出虚拟化（SR-IOV）、数据平面开发套件（DPDK）、虚拟交换机（vSwitch）等技术，确保电信级网络运行的性能和可靠性。

② 虚拟网络功能层：虚拟化网络功能（VNF）层对应的就是目前各个电信业务网元，物理网元映射为虚拟网元 VNF，VNF 所需资源需要分解为虚拟的计算、存储、交换资源，由 NFVI 来承载，VNF 之间的接口依然采用传统网络定义的信令接口（3GPP）。

③ 运营支撑层：包括网络功能虚拟化基础设施 NFVO、运营支撑系统（OSS）和统一云管理平台。其中，NFVO 负责网络业务编排及其生命周期管理；OSS 负责统一的网络运维保障；统一云管理平台负责所在区域内所有基础设施层资源的统一管理，例如资源池划分、告警或性能监控，以及相关维护操作。

# / 9.3　通信云组网设计

## 9.3.1　通信云 DC 内组网

通信云 DC 内组网可以采用虚拟扩展局域网＋软件定义网（VxLAN+SDN）方案，满足多场景灵活组网需求。SDN 控制器实现对硬件 VxLAN 网关、机柜顶交换机网络虚拟边缘（TOR NVE）和开放式虚拟交换机网络虚拟边缘（OVS NVE）的统一集中控制转发。

## 1. DC 内组网架构

通信云 DC 内组网架构如图 9-3 所示。

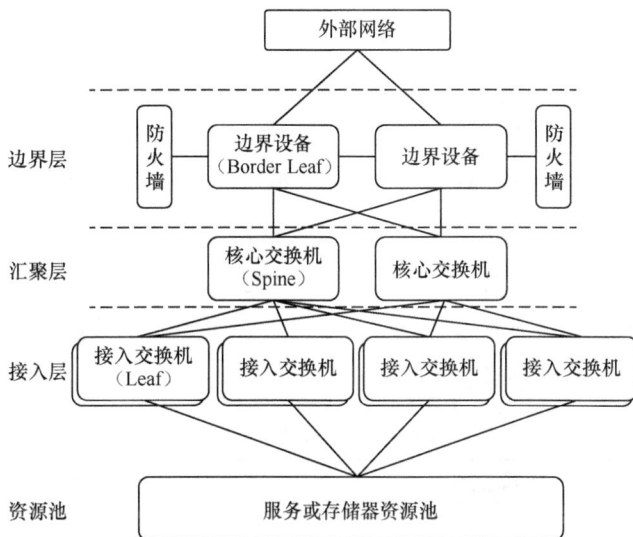

**图9-3　通信云DC内组网架构**

① Leaf 设置原则：每个服务器机架设置机柜顶交换机（TOR），计算节点服务器上的管理、存储和业务流量全部接入 TOR。一般为管理节点（包括 VIM、SDN-C 和 Director）及存储服务器设置单独的 TOR。服务器推荐通过跨设备链路聚合组（M-LAG）双归接入两台 Leaf 交换机，服务器双网卡运行在主备模式或分担模式。每对 Leaf 设置成堆叠（iStack）方式。

② Spine 设置原则：DC 内部部署两台 Spine，作为 DC 核心汇聚跨机架流量，当 Leaf 数量增加时，Spine 可以级联，增加网络弹性扩展。

③ Border 设置原则：DC 内部部署两台 Border，作为 DC 南北向网关。一般情况下，有两台专门的 Leaf 充当 Border；如果南北向的业务不是很多，则 Border 可以由 Spine 来充当。

④ Leaf-Spine 互联原则：Leaf-Spine 之间交叉连接，也就是 Leaf 双上行到两台 Spine，链路根据需要可选 10G/25G/40G/100G。Leaf 与 Spine 之间采用开放式最短路径优先协议或边界网关协议（OSPF 或 BGP）互通，在每根物理链路上启用 OSPF 或 BGP 邻居，也就是 Leaf-Spine 之间全三层互通。

## 2. VxLAN 方案选择

根据 VxLAN 组网中进行 VxLAN 处理设备的软硬件形态的不同，基于

VxLAN 技术的 Overlay 网络（通过网络虚拟化技术，在同一张网络上构建一张或多张虚拟的逻辑网络）分为硬件 Overlay、软件 Overlay 和混合 Overlay 共 3 种。VxLAN 技术中的关键节点是 VxLAN 网络边缘设备，即 NVE。在 NVE 设备上配置隧道端点 IP 地址后，NVE 设备即可作为 VxLAN 隧道端点（VTEP）在 NVE 设备间建立端到端隧道。硬件 Overlay 是指 VTEP 和网关由硬件交换机担任；软件 Overlay 和混合 Overlay 都要求软件交换机担任 VTEP 和网关，对软件交换机有较高的要求，建议支持 QoS、ACL 功能、端口捆绑、负载均衡、NIC 容错等功能，并具有独立的管理接口。虚拟化交换机建议支持传统的 IP 报文转发和 OpenFlow 流表转发，支持互联网工程任务组（IETF）标准的网络服务主机（NSH）技术，并能支持分布式动态主机设定协定（DHCP），支持开源虚拟交换机数据库（OVSDB）协议作为北向管理接口协议。3 种模式的比较见表 9-1。

表9-1　3种模式的比较

| Overlay模式 | 模式描述 | 特点 |
|---|---|---|
| 硬件Overlay | 硬件交换机作为VTEP/VxLAN GW（网关） | ① 接入服务器种类：虚拟化服务器、物理服务器。<br>② 虚拟化服务器Hypervisor类型：任何（Any）。<br>③ 转发性能：不占用服务器CPU资源，硬件设备转发性能高。<br>④ IT和网络的运维界面：清晰 |
| 软件Overlay | 软件交换机作为VTEP/VxLAN GW（网关） | ① 接入服务器种类：仅支持虚拟化服务器。<br>② 虚拟化服务器Hypervisor类型：受限vSwitch兼容Hypervisor种类和成熟度。<br>③ 转发性能：占用CPU资源，软件转发，性能受CPU影响大，较硬件弱。<br>④ IT和网络的运维界面：不清晰 |
| 混合Overlay | 部分VTEP或VxLAN GW由硬件交换机支持，部分VTEP或VxLAN GW由软件交换机支持 | ① 接入服务器种类：虚拟化服务器、物理服务器。<br>② 虚拟化服务器Hypervisor类型：任何（Any）。<br>③ 转发性能：介于软件和硬件Overlay之间。<br>④ IT和网络的运维界面：介于软件和硬件Overlay之间 |

### 3. VxLAN 网关部署原则

VxLAN 网关通常是指 VxLAN 三层网关，支持由一个 VxLAN 子网到另一个 VxLAN 子网的跨三层转发，包含东西网关和南北向网关（即 Border）。东西向网关支持由数据中心内部一个 VxLAN 子网到数据中心内部另一个 VxLAN 子网的跨三层转发；南北向网关支持由数据中心内部一个 VxLAN 子网到数据中心外部网络的跨三层转发。VxLAN 网关架构如图 9-4 所示。

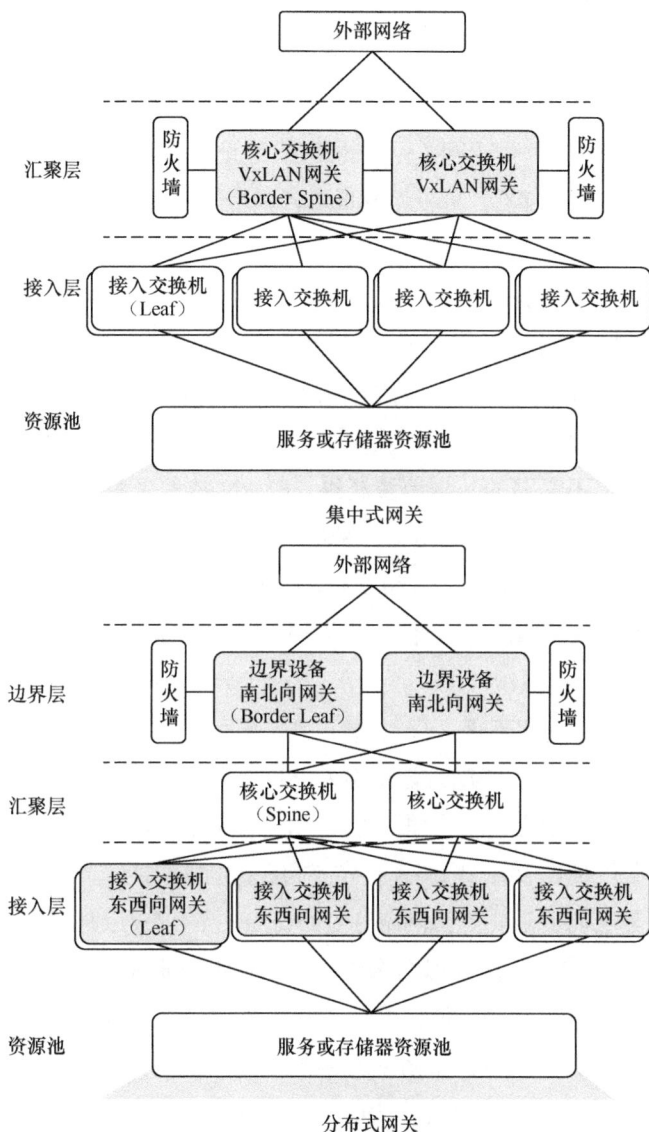

集中式网关

分布式网关

**图9-4 VxLAN网关架构**

VxLAN 三层网关有集中式部署和分布式部署共两种部署方式。

① 集中式部署：三层 VxLAN 网关包括东西网关和南北网关，二者都由同一组 Spine 设备承担，网络扁平，层次少，DC 南北向和东西向流量路径短，时延小，迂回路径少。Underlay 汇聚功能与 Overlay VxLAN 功能合一，部署在 Spine 设备上，节约了设备数量，降低了组网成本。

② 分布式部署：三层 VxLAN 网关包括东西向网关和南北向网关，二者由不同设备承担。各自功能定位清晰，Spine 只用于 Underlay 网络汇聚，不做 Overlay 功能，对 Spine 的特性要求不高，对 Spine 的转发能力要求较高。此组网应用于较大规模数据中心，网络扩展性好，稳定性相对更好，但设备数量较多，组网成本高。

在通信云部署初期，由于网关设备的路由、地址解析协议（ARP）等表项并不是很大，所以为简化网络部署，降低组网成本，减少转发时延，可以考虑部署集中式网关。

### 4. BGP-EVPN 部署

VxLAN 解决方案没有控制平面，导致数据中心网络存在一些泛洪流量，为了解决该问题，VxLAN 在技术演进中引入 BGP-EVPN 作为控制平面，通过在 VTEP 之间交换 BGP-EVPN 路由，实现 VTEP 的自动发现、主机信息相互通告等特性，从而避免了不必要的数据流量泛洪。EVPN 技术采用类似 BGP 或 MPLS IP VPN 机制，在 BGP 的基础上定义了一种新的 BGP VPN 路由类型，用于二层网络的不同站点之间的 MAC 地址学习和发布，MAC 地址也可轻松实现负载分担。在部署 BGP-EVPN 时，建议 Spine 作为边界网关协议路由反射器（BGP RR），每个 DC 部署一个独立自治系统（AS）号。

### 5. DC 内组网自动化部署

DC 内组网自动化采用 SDN 技术实现。SDN 控制器控制 Overlay 网络，从而将虚拟网络承载在数据中心传统物理网络之上，并向用户提供虚拟网络的按需分配，允许用户像定义传统 L2 或 L3 网络那样定义自己的虚拟网络，一旦虚拟网络完成定义，SDN 控制器会将此逻辑虚拟网络通过 Overlay 技术映射到物理网络，并自动分配网络资源。SDN 控制器的虚拟网络比较抽象，不但隐藏了底层物理网络部署的复杂性，而且能够更好地管理网络资源，最大限度地减少了网络部署耗时和配置错误。SDN 系统一方面要理解业务对网络的要求，通过业务编排将其映射到抽象网络模型；另一方面需要将映射后的抽象网络模型分解为各网元可以理解的转发策略，分发到网络设备。因此，采用分层解耦的 SDN 架构模型，每层设备各司其职，层次间通过标准化接口互联，满足 SDN 开放性、扩展性，以及生态融合性的要求。

## 9.3.2 通信云 DC 间组网

考虑到投资等各方面因素，通信云 DC 间组网分为通信云规划初期和通信云建设后期两个阶段。

### 1. 通信云规划初期

该时期城域承载网和骨干承载网逐步融合并进行 SDN 改造，此时不同的 DC 之间的虚拟机如果有互通需要，则主要通过已有承载网来互通。

### 2. 通信云建设后期

该时期城域承载网络和骨干承载网络分别实现融合，考虑增加独立的数据中心间通信（DCI）平面，统筹管理整个 DC 间的网络互通。

在部署初期，不同 DC 通过承载网可实现三层互通，在此基础上可以实现 VxLAN、BGP-EVPN 组网互通。初期 DC 间组网架构如图 9-5 所示。数据中心 A 和数据中心 B 规划在不同的 BGP AS 域，在数据中心内部配置 BGP-EVPN 协议创建分布式网关 VxLAN 隧道，实现同一数据中心 VMa1 和 VMa2 之间的互通、VMb1 和 VMb2 之间的互相通信，通过在 Leaf2 和 Leaf3 之间配置 BGP-EVPN 协议创建 VxLAN 隧道，实现数据中心 A 和数据中心 B 之间的互相通信，例如 VMa1 和 VMb2 之间互相通信。

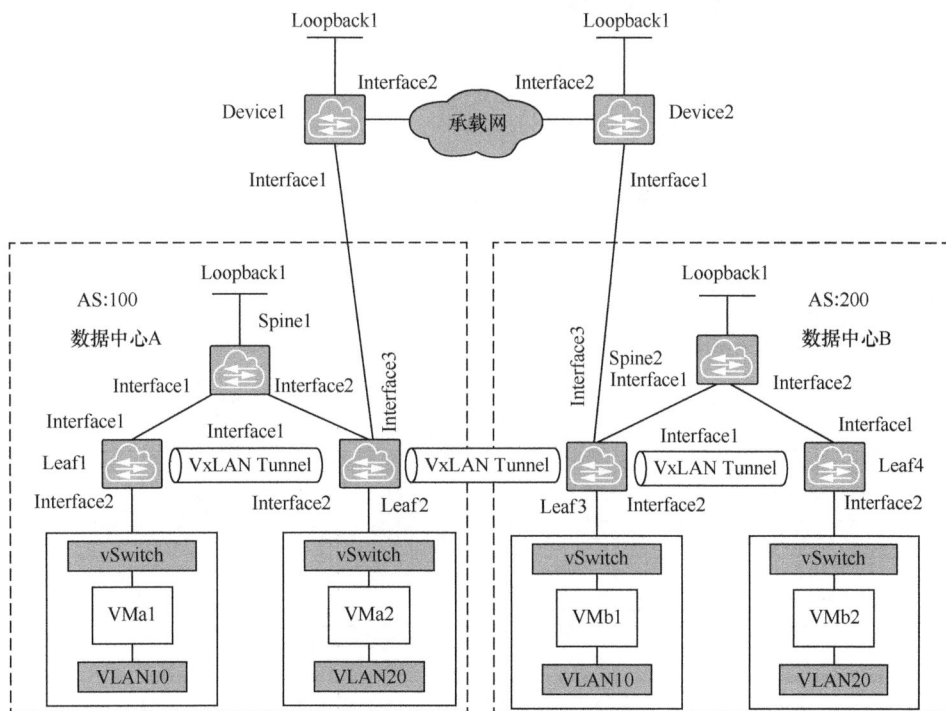

图9-5　初期DC间组网架构

在部署后期，建设 SDN 化的 DCI 网络，基于各厂家提供统一的 API 开发（或采购）云管理平台（协同器）实现极速业务发放，并能利用实时流量分析组件优化网络，提升用户体验。后期 DC 间组网架构如图 9-6 所示。

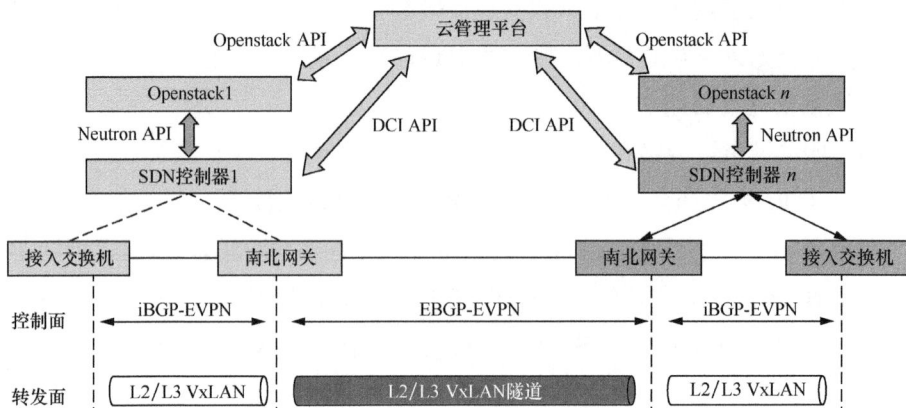

图9-6　后期DC间组网架构

# 9.4　通信云管理

## 9.4.1　逻辑架构

通信云管理总体逻辑架构如图 9-7 所示，通信云管理总体逻辑架构分为网络管理、网元管理，以及基础设施管理 3 个层次。

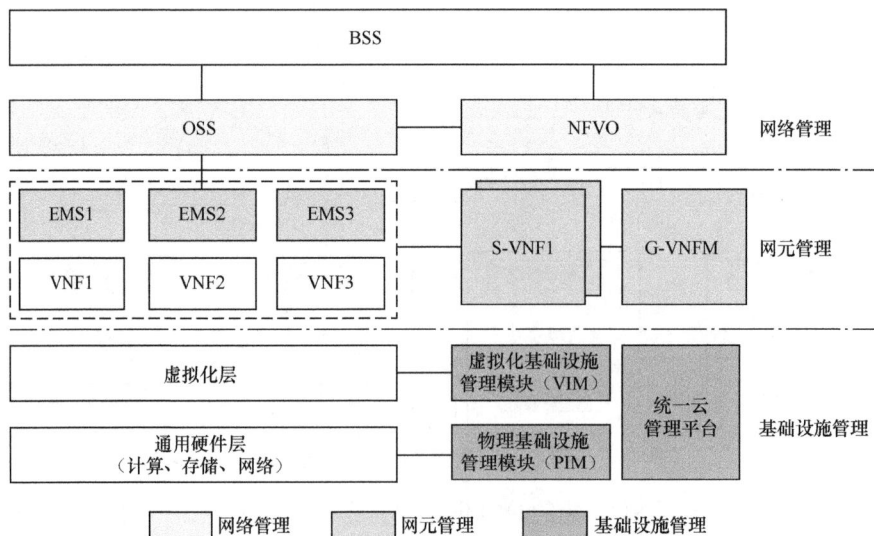

图9-7　通信云管理总体逻辑架构

### 1. 网络管理

网络管理包括 OSS 和 NFVO，提供业务保障能力和业务编排能力，使能业务敏捷、自动化运维和网络能力开放。

① OSS：提供传统的运维支撑功能，包括服务开通、工单处理、告警或性能监控等；支持从 NFVO 获取 VNF 相关的 I 层告警信息，实现 VNF 告警集中监控和跨层告警关联，提高运维效率。

② NFVO：对整网物理资源和虚拟资源的统一管理、网络业务（NS）编排及业务生命周期管理（包括 NS 部署、监控、扩容或缩容等），支撑新业务快速上线和运维自动化；同时提供开放 API，使能业务创新。

### 2. 网元管理

网元管理包括 VNFM 和 EMS，负责虚拟化网元（VNF）的生命周期管理和日常运维管理。

① VNFM：负责 VNF 的生命周期管理，包括 VNF 的创建、修改、删除、弹性扩容或缩容等。各厂家 VNF 由各自 VNFM（S-VNFM）管理；引入通用 VNFM（G-VNFM）进行第三方 VNF 管理。

② EMS：负责 VNF 的日常运维管理（例如配置管理、告警、性能、日志管理等），功能上与传统 EMS 基本相同，支持与 VNFM 对接，以便从 VNFM 获取 VNF 生命周期管理相关的信息，例如实例化通知。

### 3. 基础设施管理

管理基础设施层的物理资源和虚拟资源，根据不同的管理对象和范围分为 3 个部分。

① 物理基础设施管理模块（PIM）：负责单个 DC 内物理资源（计算服务器、存储设备、网络设备）的本地管理，包括设备配置管理、故障监控、性能采集与分析等。

② 虚拟化基础设施管理模块（VIM）：负责单个 DC 内虚拟化资源的本地管理，包括虚拟化资源分配或回收、告警和性能数据采集、虚拟机（VM）的状态管理等。

③ 统一云管理平台：实现多个 DC 基础设施层物理资源、虚拟资源的统一管理，包括资源池划分，监控物理资源或虚拟资源的告警、性能、容量等信息，并通过报表帮助管理员评估数据中心的运行情况。

## 9.4.2　部署架构

通信云运维管理遵循集约化原则，部署上尽量减少层级，降低网络成本，提升资源效率，通信云运维管理部署架构如图 9-8 所示。

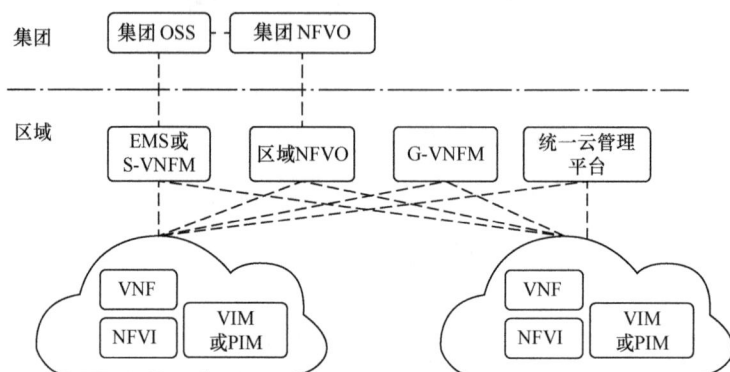

图9-8　通信云运维管理部署架构

① OSS 在集团统一部署。NFVO 按照区域（或省公司）和集团两级部署：区域 NFVO 进行区域内网络业务的统一编排管理；集团 NFVO 进行跨区域网络业务的统一编排管理。需要说明的是，初期不部署集团 NFVO，区域 NFVO 与集团 OSS 直接对接。

② S-VNFM 分厂家部署在区域 DC。EMS 分厂家、分专业部署在区域 DC，根据业务和运维需求可选择同厂家的 VNF 和 PNF 是否共用 EMS。G-VNFM 在区域 DC 统一部署，建议与区域 NFVO 合设，从而简化组网和维护流程。统一云管理平台按照区域进行部署。

③ VIM 或 PIM 部署在数据中心本地。其中，VIM 和 NFVI 中的虚拟化层可以由同一个厂家提供。为降低多厂家集成难度和运维难度，例如接口适配或对接、集成验证、故障定界定位、升级影响等，可以在一个区域选用同一个厂家的 VIM 和 PIM。

第 10 章

# 5G 核心网部署方案

10.1  5G 核心网 NSA 部署方案

10.2  5G 核心网（5GC）SA
部署方案

10.3  5G 核心网元容灾部署方案

相对 4G 时代以高速移动宽带的单一用途为主要设计目标而言，5G 时代的业务更加多元，朝着以包容其多样性，从而提升业务感知的方向发展。3GPP 和 NGMN 定义的 5G 三大应用场景（eMBB、mMTC 以及 uRLLC），其各方面性能指标相对 LTE 均有明显提升，并且节能、新业务上线及更新速度的要求也更加严格。5G 标准和特性的成熟需要一个长期的过程，因此，5G 的发展也需要一个较长的过程，未来 4G 仍将与 5G 长期共存，以提供相对无缝的移动通信服务和用户体验。

传统的软硬件一体，网元功能固化的设计难以适应网络和业务发展的需求，5G 核心网引入网络功能虚拟化（NFV）、软件定义网络（SDN）、网络切片等技术，实现网络功能的灵活组合、部署和扩展，为 5G 网络带来更高的性能、更低的延迟和更好的用户体验，满足多样化业务的应用需求。5G 网络的建设和成熟不能一蹴而就，4G 网络作为基础将继续发挥作用，与 5G 网络长期并存。因此，5G 核心网建设需要统筹考虑满足非独立组网（NSA）和独立组网（SA）业务需求为目标，构建敏捷高效的业务承载网络，总体遵循以下建设思路。

① 在业务开放方面，兼容现有的业务体验基础上，为 5G SA 用户提供新业务上线服务。

② 5G NSA 采用现网 EPC 网络升级方式，以极简、按需升级方式实现 NSA 业务能力。

③ 5G SA 采用大区集中方式进行建设，人网网元（toC）逻辑分省，物网网元（toB）初期逻辑不分省。

④ 用户在 5G SA 省际漫游时，按照拜访地接入方式进行业务路由。

⑤ toB、toC 网络及网元分离部署，业务开通、计费人物网分离设置。

# 10.1 5G 核心网 NSA 部署方案

NSA 的核心网主要通过现网 EPC 设备升级支持，也称为 EPC+。升级网元包括 MME、SAE-GW、HSS、PCRF 等其他设备，主要功能涉及支持双连接、QoS 扩展、NR 接入限制、网关选择、计费扩展等方面，并需要增加至 NR 的 S1-U 接口。

① MME：升级支持 5G RAT 类型、新 QoS 参数、5G 签约控制，以及 NR 流量上报等。

② SAE-GW：升级支持 5G RAT 及 NR QoS 参数；建立全新的 S1-U 平面，与 gNB 对接。

③ HSS：升级支持生成两套安全密钥，支持 5G 用户签约 QoS 最大带宽取值范围。

④ PCRF：支持对同一个号码按照其接入的无线网络差异并下发不同的计费控制策略，支持 AMBR QoS 最大带宽取值范围。

⑤ 其他设备：例如 CG、DNS 等，按照 5G 业务新特性，进行网元升级或者增加数据配置，满足 5G 业务需求。

NSA 方式下短信、彩信业务与补充业务等沿用现有方案，无新增网元。

① 短信业务：如果 NSA 5G 用户开通 VoLTE 业务，则短信沿用 IMS 方式，基于 IP-SM-GW 实现；如果 NSA 5G 用户未开通 VoLTE，则短信方式沿用现有电路域短信业务方案。

② 炫铃业务：如果 NSA 5G 用户开通 VoLTE 业务，则炫铃沿用 IMS 方式，基于 VoLTE 炫铃平台实现；如果 NSA 5G 用户未开通 VoLTE，则炫铃方式沿用现有电路域炫铃业务方案。

③ 彩信业务：NSA 5G 用户彩信业务任由现有彩信网关实现，通过 SAE-GW 接入 WAP 系统，完成彩信的收发。

# 10.2　5G 核心网（5GC）SA 部署方案

5G 核心网的控制面和用户面是分离的，用户面可按业务量及需求部署在不同位置，使 5G 核心网部署可以更加灵活。从组网方式上，5GC 可以采用大区集中和分省部署两种方式。对于分省组网方式，集团层面只部署业务、信令路由或寻址网元（骨干 NRF 和骨干 NSSF 等）。5GC 的控制面网元部署在各省 DC 中心。5GC 的用户面网元 UPF 基于业务应用场景，部署在省、地市和区县层面。对于大区集中部署方式，5GC 的控制面网元（包括 SMF、NRF、PCF、UDM、AUSF、NSSF 等）主要集中部署在大区 DC 中心，负责多个省的 5G 业务，省层面部署 5GC 的控制面网元 AMF。5GC 的用户面网元 UPF 基于业务应用场景，部署在大区、省、地市和区县层面。大区集中组网架构可以实现集约化运维管理，资源利用率高，本章主要介绍的是大区集中部署方案。

## 10.2.1　5G 核心网部署方案

5G SA 核心网总体架构如图 10-1 所示。

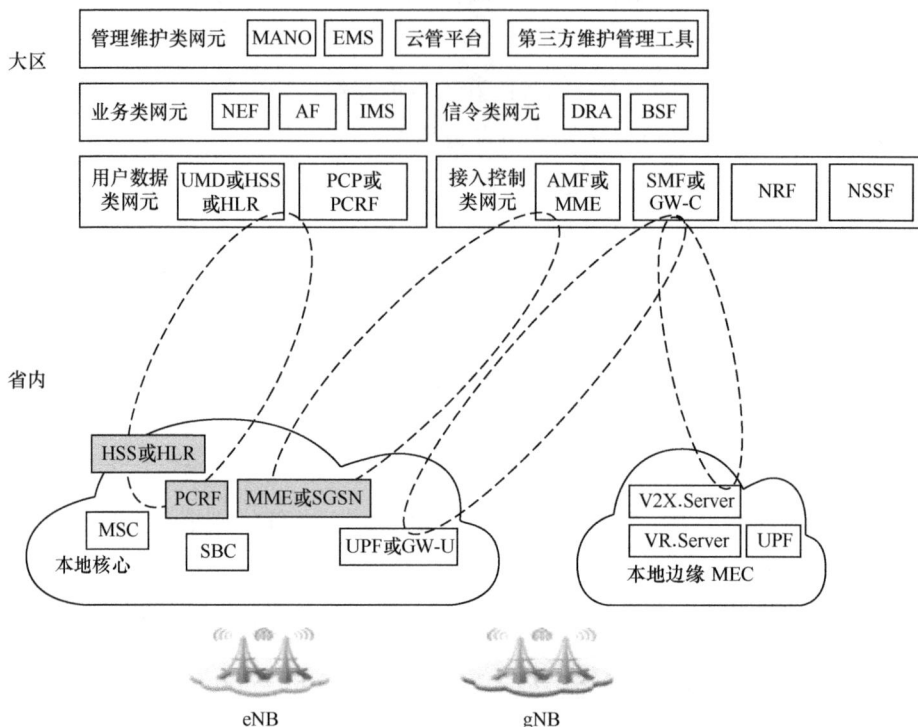

图10-1　5G SA核心网总体架构

大区的选择综合考虑用户分布均衡性、业务现状、传输、机房条件等因素。通过集中化部署，实现大区统一数据配置及资源管理，提高网络建设和运维的效率。

大区中心部署的网元主要包括以下内容。

① 管理维护类网元：MAMO、切片管理系统、MEC 编排管理系统、EMS、云管平台、创新业务平台等管理系统；自动化部署、开通、维护等工具。

② 业务类网元：IMS Core、NEF、AF 等。

③ 信令类网元：DRA、BSF 等。

④ 用户数据类网元：UDM 或 HSS 或 HLR、PCF 或 PCRF 等。

⑤ 接入控制类网元：AMF 或 MME、SMF 或 GW-C、NRF、NSSF 等。

省内部署网元主要包括以下内容。

① 管理维护类网元：根据业务需求部署省内特色业务运营平台。

② 转发面功能网元：UPF 或 GW-U、MEC、SBC 等。

③ 现网功能升级网元：升级现网 MME 或 SGSN、SAE-GW 或 GGSN、HSS 或 HLR、PCRF 等网元，实现 4G 与 5G 互操作等。

## 10.2.2 网元建设方案

考虑到 toC 及 toB 网络业务模型的差异等因素，以 toC 和 toB 网络分离设置来承载不同的业务类型为例，网络中各网元部署方案的具体说明如下。

### 1. AMF 与 MME 设置方案

按照 AMF 与 MME 融合关系不同，一般的 AMF 有以下两种部署形式。

① AMF 与 MME 分离部署

大区独立部署 AMF，省内部署 MME，通过 N26 接口实现 4G 与 5G 互操作。N26 接口通过 IP 承载 B 网实现跨省互通。

② AMF 与 MME 融合部署

大区中心建设 AMF 与 MME 融合网元，4G 与 5G 互操作采用内部接口互通模式。

两种方式可以单独部署，也可以混合部署，对于有 4G 业务需求的省 AMF 与 MME 设备按需扩容 4G 容量并实现融合部署，对目前暂无 4G 增量需求的省，4G 与 5G 互操作可采用 N26 接口进行交互。

toC 网络的 AMF 与 MME 网元按照逻辑分省设置，toB 网络 AMF 与 MME 以大区为单位设置，逻辑不分省。

### 2. SMF 与 GW-C 设置方案

SMF 与 GW-C 融合部署，集中设置在大区中心。

SMF 与 GW-C、UPF 与 GW-U 可采用 Fullmesh（全网格）组网，提高 SMF 容灾可靠性，SMF Pool 内设备故障，用户从其他 SMF 接入，UPF 设备故障，用户从其他 UPF 接入。

考虑到 VPDN 设备配置的复杂性和安全性，部分省部署有 VPDN 专用 SMF 设备。

toC 网络的 SMF 与 GW-C 网元按照逻辑分省设置，toB 网络 SMF 与 GW-C 以大区为单位设置，逻辑不分省。

### 3. UPF 与 GW-U 设置方案

UPF 与 GW-U 采用省内建设方案，SMF 与 GW-C 不解耦，根据省内要求设置在拥有具体业务需求的地市。

对于时延不敏感或带宽较小的业务（例如语音类业务等）在省会集中部署，对于带宽特别大（例如高清视频、XR等）、时延要求高（例如智慧工厂、能源控制等）的业务应结合网关下沉方法论（技术经济分析）与业务实际SLA需求，下沉到本地核心甚至本地边缘DC中。

SMF与GW-C、UPF与GW-U采用Fullmesh组网，提高SMF容灾可靠性，SMF Pool内设备故障，用户从其他SMF接入，UPF设备故障，用户从其他UPF接入。

考虑到VPDN设备配置的复杂性和安全性，部分省部署有VPDN专用UPF设备。

#### 4. AUSF或UDM或HSS或HLR设置方案

toC网络的AUSF或UDM或HSS或HLR网元按照逻辑分省设置，toB网络的AUSF或UDM或HSS或HLRS以大区为单位设置，逻辑不分省。

#### 5. NSSF建设方案

NSSF网元按照主备方式，每个大区设置一对，提供网络切片选择功能。

#### 6. NRF建设方案

NRF网元按照两级架构进行设置：一级NRF部署一对，toB或toC业务共用，负责跨省服务发现，不直接用于网元注册；二级NRF部署在大区，toB NRF和toC NRF分设。各二级NRF间经一级NRF进行发现，不需要全互联。

NRF采用"1+1"互备方式。

#### 7. NEF建设方案

NEF设备目前采用"1+1"互备方式分别部署在两个大区，具体的部署位置可以根据用户和网络现状进行选择，每个大区分布覆盖不同的区域。

#### 8. SMSF建设方案

SMSF目前在全国设置1套，为toB网络提供5G NAS短信服务。

### 10.2.3 用户数据迁移方案

由于toB网络对于2G/3G/4G用户升级5G采用整号段割接方式进行用户数据的迁移，所以数据迁移方案仅涉及toC用户。

toC网络UDM或HSS设备在大区集中、逻辑分省设置，并与现网各省HSS设置对应关系，以进行用户数据迁移，根据UDM或HSS与现网HSS设备是否属于同一厂家关系，用户数据迁移方案分为同厂家平滑迁移方案和异厂家 HSS FE Relay 方案共两种方案。

### 1. 同厂家平滑迁移方案

同厂家平滑迁移方案如图 10-2 所示。

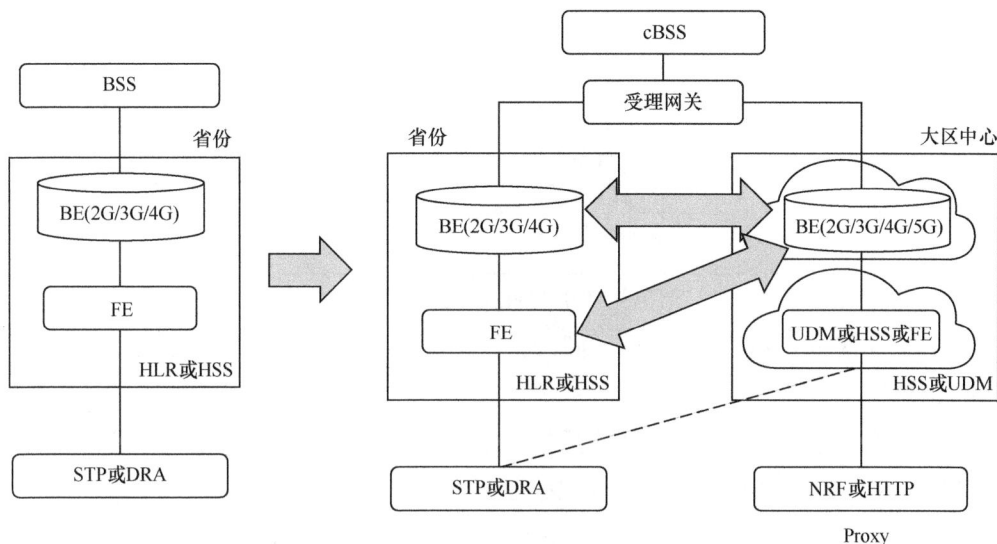

图10-2　同厂家平滑迁移方案

具体方案说明如下。

① 现网 HSS 升级，与新建的同厂家 UDM 混合组网，同厂家内部互通，实现 5G 用户数平滑迁移。

② 现网用户（HSS 或 HLR 中用户）签约 5G 业务时，仅下发 5G 相关签约参数，由设备侧受理网关负责迁移用户存量数据到 UDM 或 HSS，完成 5G 用户数据签约。

③ 大区中心 UDR 或 HSS BE 存储 2G/3G/4G/5G 融合用户，现有 HSS 或 HLR BE 存储非 5G 用户。

④ UDM 或 HSS FE 部署在不少于两个 DC 上，业务负荷分担，UDR 用户数据采取"1+1"互备的方式。

⑤ 区 UDM 或 HSS 与省内 HSS 或 HLR 采用 IP 承载 B 网实现互通。

### 2. 异厂家 HSS FE Relay 方案

异厂家 HSS FE Relay 方案如图 10-3 所示。

具体方案说明如下。

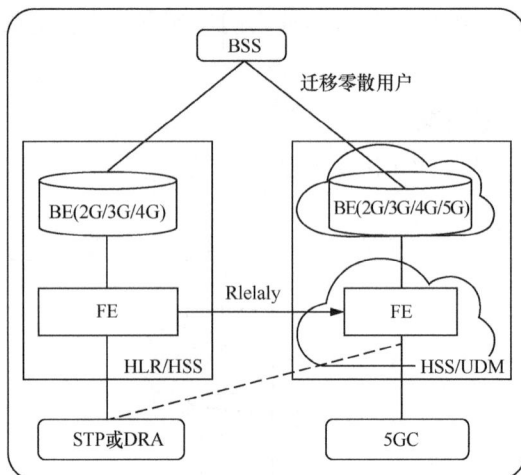

图10-3 异厂家HSS FE Relay方案

① 部署融合 HSS 或 UDM，同时提供传统的 2G/3G/4G/5G 的业务能力，以及 5G 的接口。

② 现网用户（HSS 或 HLR 中用户）签约 5G 业务时，由营帐系统下发指令携带全量签约数据，完成存量用户的 5G 业务签约。

③ 由现网 FE Relay 将已迁移用户信令路由至目标 UDM。

④ 大区中心 UDR 或 HSS BE 存储 2G/3G/4G/5G 融合用户，现有 HSS 或 HLR BE 存储非 5G 用户。

⑤ UDM 或 HSS FE 部署在不少于两个 DC 上，业务负荷分担，UDR 用户数据采取"1+1"互备的方式。

⑥ 随着 5G 业务的发展，云化融合 HSS 或 UDM 逐渐扩容接管传统的 HSS 业务，基于先进的电信计算平台（ATCA）架构的 HSS 或 PCF 设备逐步退网。

## 10.2.4  信令组网方案

### 1. 信令网组网架构

目前，5G 信令网组网架构主要包括以下两种方案。

（1）基于 NRF 重定向路由的直连组网方案

基于 NRF 重定向路由的直连组网方案如图 10-4 所示。

在该方案中，NRF 主要用于 NF 服务注册，或注销，或更新，维护 NF 实例的状态、负载等信息。NF 之间采用点对点直连的方式进行组网，采用 NRF 重定向的方式进行路由寻址。

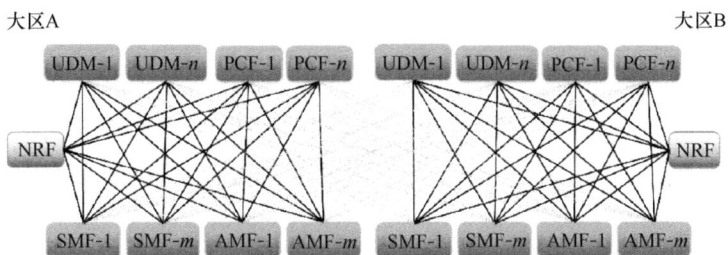

图10-4 基于NRF重定向路由的直连组网方案

（2）基于 SCP 代理路由的准直连组网方案

基于 SCP 代理路由的准直连组网方案如图 10-5 所示。

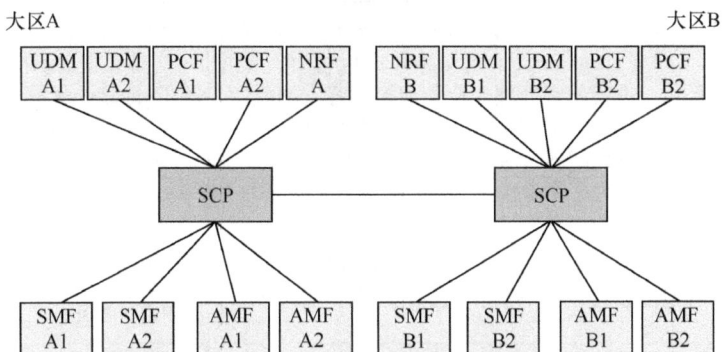

图10-5 基于SCP代理路由的准直连组网方案

在该方案中，NF 统一与 SCP 进行对接，NF 之间采用经由 SCP 准直连的方式进行组网，采用 SCP 代理发现的方式进行路由寻址。

两种方案对比分析见表 10-1。

表10-1 两种方案对比分析

| 对比维度 | NRF重定向路由直连组网 | SCP代理路由准直连组网方案 |
| --- | --- | --- |
| 链路汇聚 | 各NF需与对接的其他所有NF全互联，链路数量多，网络架构复杂：链路数量初步估算为61504个（假设31省每省有2套逻辑分设UDM，或PCF，或AMF，或SMF：4×124×124，NF间4个连接） | 每个NF只需与SCP进行对接，链路数量大大减少，网络架构大大简化：链路数量初步估算为2464个（SCP和NF，每省8个NF：4×8×2×31=1984；SCP间：4×120=480） |

续表

| 对比维度 | NRF重定向路由直连组网 | SCP代理路由准直连组网方案 |
|---|---|---|
| 区间互通 | 号段路由全部在NRF配置,服务生产方(Producer)服务注册仅在本大区NRF,服务发现流程涉及跨大区NRF互通,要求NRF全互联对接组网验证,各类NF间互通测试 | SCP通过路由数据直接转发,不改变消息内容,直接转发到目标大区或节点。仅需要各类NF经SCP路由的对接互通测试 |
| 连接管理 | 不同厂家,各个类型网元,每个连接的消息处理能力不一致,NF间如果采用服务发现、动态建链方式,则两个NF间连接数量需根据负荷动态变化,对网元的连接管理能力有较高要求。<br>① 按照负荷和对端能力增加连接。<br>② 提前按照业务负荷,网元能力规划预置好连接数量,提前建立完成 | 仅对SCP有要求。NF间点对点对接不需要关注业务负荷,SCP连接处理能力大于周边网元 |
| 安全可靠 | ① 一个Producer网元故障,所有服务消费方(Consumer)网元感知产生告警,集中进行异常处理,业务切换到容灾网元。<br>② 负载均衡和流控策略需要在所有Consumer网元实施,对网元能力有要求,无法做到实时流控能力 | ① Producer网元异常由SCP屏蔽,自动切换,无浪涌,Consumer无感知。<br>② SCP可按需求控制业务负荷,流量突发场景准确流控,保证后端不受冲击 |
| 号段路由 | 所有Consumer网元服务发现过程,全国号段缓存能力,路由问题涉及三方协同确认 | 仅对SCP有要求。SCP维护号段数据进行路由,路由问题由SCP定位即可 |
| 功能演进 | 通过服务发现的标准消息获取路由结果,只能根据协议定义的信息路由,新增路由方式困难,需要升级网元、版本入网对接调测 | 可根据消息中任何信息扩展路由功能(例如号码、切片标识、DNN、IP地址、域名、主机名等),仅需要SCP支持即可 |

从表10-1中可以看出,与基于NRF重定向路由的直连组网方案相比,基于SCP代理路由的准直连组网方案链路数量急剧减少,连接的配置、管理和维护大大简化,网络的性能、可靠性和稳定性得以大大提高,同时对周边业务网元的要求大大降低,业务网元只需聚焦自身业务处理逻辑,与业务处理逻辑无关的路由转发以及相应的服务发现、路由缓存、过载控制和负载均衡均由SCP来完成,这样也有利于未来新网元、新服务接口的快速上线部署。

**2. 信令网络部署方案**

(1)大区内部署方案

大区内部署方案如图10-6所示。

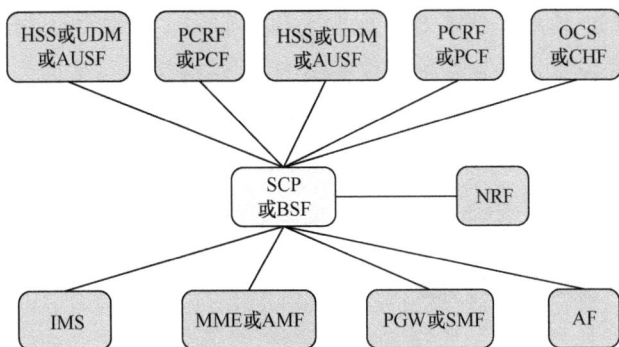

图10-6　大区内部署方案

大区内 SCP 可参考现网 DRA 组网架构采用 NF-SCP 两级架构进行设置，在每个大区内部署一对 SCP 进行容灾。大区内 SCP 与 BSF 可采用合设的方式，简化组网，减少 Nbsf 接口消息转发时的 SCP 与 BSF 间的额外信令负荷。

优先考虑将大区内有用户号码归属关系的接口接入 SCP，采用 SCP 代理寻址，例如接入和移动性管理功能（AMF）访问 UDM，会话管理功能（SMF）访问 PCF。无用户号码归属关系的接口初期依然沿用现有 NRF 重定向寻址方式，点对点直连路由，例如 AMF 访问 SMF。后续根据业务发展情况及 eSBA 产品成熟度，考虑将大区内无用户号码归属关系的接口也接入 SCP，由 SCP 统一完成路由转发以及相应的服务发现、路由缓存、过载控制和负载均衡，让 NF 专注自身业务处理，简化 NF 功能要求。

（2）大区间部署方案

大区间部署方案如图 10-7 所示。

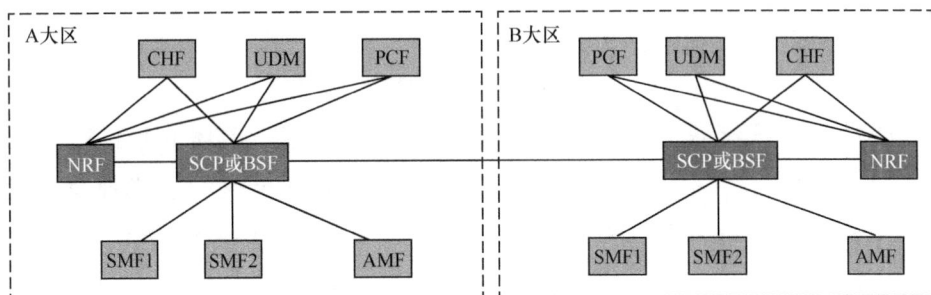

图10-7　大区间部署方案

SCP 按照 5GC 大区设置，每个大区部署一对 SCP，大区间 SCP 采取网状互联的方式，负责全网信令互通。所有大区间漫游互通信令，不再区分有用户号码归属关系和无用户号码归属关系，统一由大区部署的这对 SCP 进行路由和转发；

Consumer NF 通过本大区 SCP 和目标大区 SCP 转发，两跳到达 Producer NF。

NRF 存储全网 NF 信息，SCP 仅需与 NRF 保持数据一致性，SCP 与 NRF 协同实现极简路由和高效运维，例如 NRF 故障，SCP 仍能保证整网路由正常进行（静态路由数据配置或者动态路由数据缓存）。如果 Producer 故障，则 NRF 不需要通知，SCP 可以直接根据响应进行路由倒换或路由重选的异常处理。

### 10.2.5 SA 语音方案

5G 仍沿用的是 4G 语音架构，基于 IMS 为用户提供语音业务。SA 语音方案如图 10-8 所示。

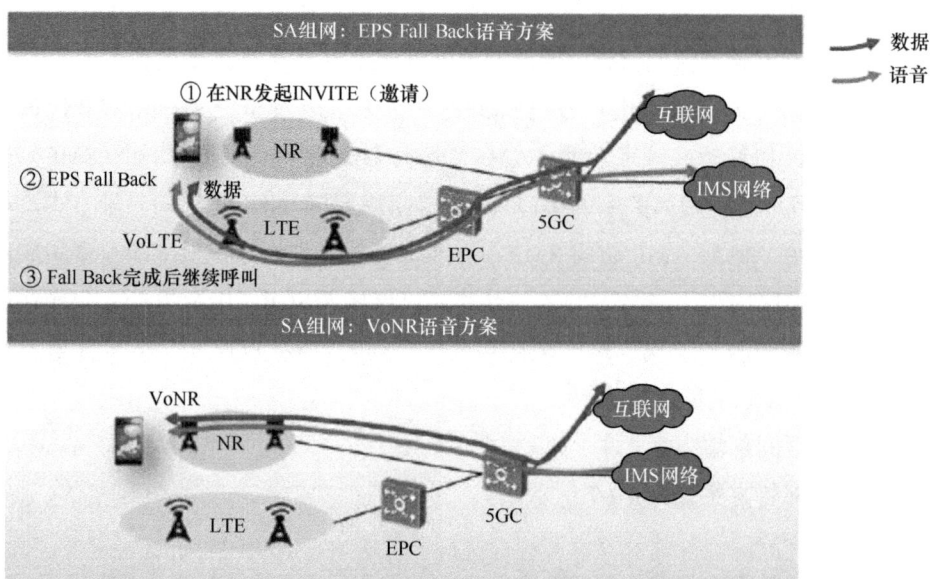

图10-8 SA语音方案

Vo5G 主要推荐 VoNR 和 EPS Fall Back 两种语音方案，具体说明如下。

① VoNR（新空口承载语音）：是指通过 5G 基站接入 5G 核心网的纯 5G 解决方案，是 Vo5G 解决方案的目标。

② EPS Fall Back（在不具备 5G VoNR 条件下，语音业务从 5G 回落到 4G）：5G 建网初期，不支持 VoNR 时的过渡解决方案，通过 EPS Fall Back 回落到 LTE 网络，由 VoLTE 提供语音。

由于终端支持 VoNR 需要时间，并且对 NR 覆盖有较高的要求，在 5G 部署初期和中期，5G NR 覆盖有限，所以为了避免 NR 与 LTE 的频繁切换，5G NR 可以考虑不提供语音服务，采用 VoLTE 的 EPS Fall Back 承载方式。用户终端可以双注册到 EPC 和 5GC，也可以单注册到 5GC，5G 语音采用 EPS 回落方案。当 5G NR 建立 IMS 语音通话时，触发 EPS 回落，向 5GC 发起切换或者重定向请求，回落到 LTE 或 EPC 网络，由 LTE 或 EPC 网络提供语音业务。在 5G 部署成熟实现连续覆盖后，可以采用 VoNR 方案进行语音、数据业务的端到端承载。

# 10.3　5G 核心网元容灾部署方案

在大区部署方案中，控制面集中式部署、转发面分布式部署，即 AMF、SMF、PCF、UDM 等控制面 NF 集中部署在大区或省中心，转发面 NF UPF 分布式部署在多个地市，从而使管理运维的便利性及业务时延体验的便捷性达到最优。CU 分离部署如图 10-9 所示。

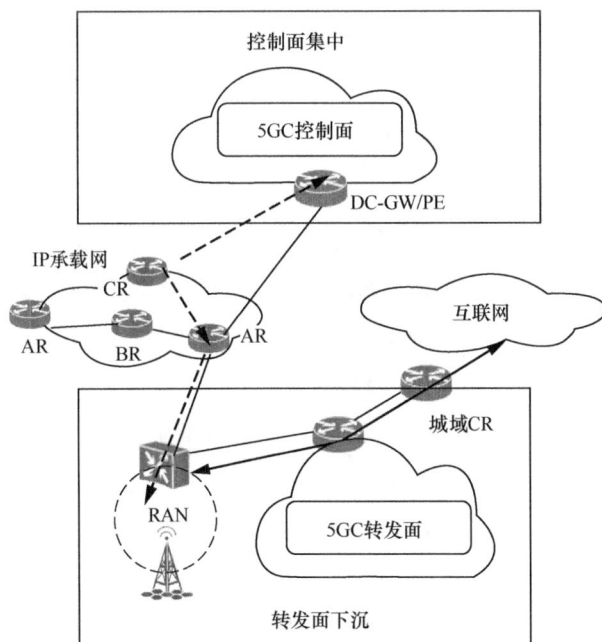

图10-9　CU分离部署

5GC NF 的容灾方案与 4G EPC 相似，采用 POOL/Set 方案、主备或互备方案来实现各 NF 的容灾部署，在部署策略上也与 EPC 相似。

① POOL/Set 容灾：每个类型的 NF 分别部署在 2 个 DC 中，组成 1 个 POOL。

典型的 NF 包括 AMF、SMF、UPF、UDM 等。

② 主备或互备容灾：对于管理、数据相关的 NF，可以采用"1+1"方式来部署，例如 NRF、UDR 等。

与传统 EPC 网元不同的是，5GC 采用了虚拟化技术，除了 NF 的 POOL 等部署策略，还可以在同一个 DC 内，划分 2 个不同的硬件分区和可用域（AZ），将 NF 平均部署在不同的 AZ 中，提高可靠性。DC 内分区部署如图 10-10 所示。

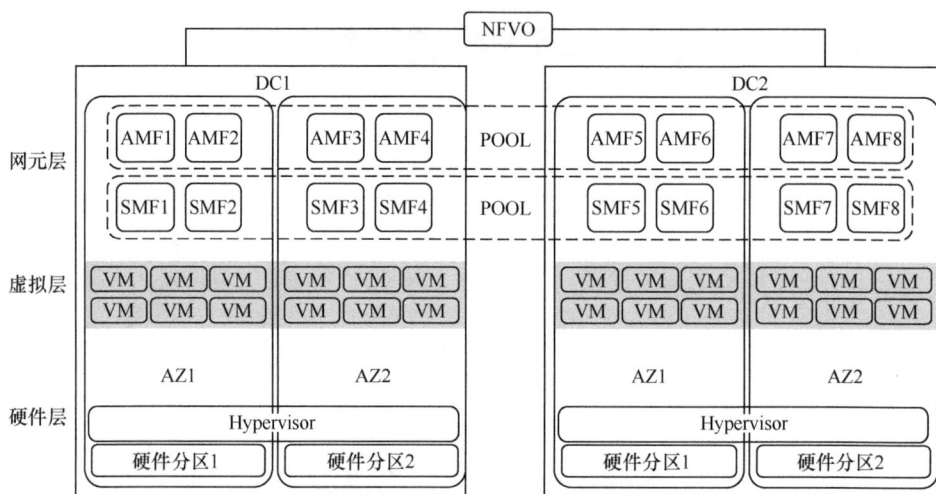

图10-10　DC内分区部署

互为容灾的 2 个数据中心之间，需要提供良好的 IP 互通通道，用于数据类、主备类 NF 间（例如 UDM+UDR、NFVO 等）的心跳检测和数据同步。该通道对带宽、时延、抖动等有较高的要求，否则，可能影响业务质量。需要结合业务需求，规划合理的容灾距离和互通承载。

另外，如果需要满足 DC 级故障时，100% 的业务接管，则当部署在 2 个 DC 且采用 POOL/Set 容灾方案时，每个 DC 的 NF 容量建设需要采用"$N+N$"冗余。考虑到现网性能一般不超过 70%，则可采用"$N+M$"模型，适当减少冗余 NF 的个数。

对于 5G 核心网容灾的部署，总体原则如下。

① 每种 NF 的多实例平均部署在多个 DC 中，推荐采用异地（不同城市）部署，以实现异地容灾。

② 业务类 NF（AMF、SMF、UPF 等）一般采用 POOL/Set 容灾，采用"$N+M$"冗余或"$N+N$"冗余。

③ 数据类 NF（NRF、UDSF 等）采用主备或互备容灾方式，数据实时同步，保障灾难发生时，备份数据与主用数据一致，没有丢失。

采用集中部署时，可采用区域中心来建设数据中心。此时推荐采用控制面 NF 部署在区域数据中心。控制面 NF 采用典型的网元容灾方案，满足 DC 级容灾需求。转发面 NF 推荐部署在各省或地市，方便节省承载带宽、减少业务时延。转发面 NF 的容灾部署可考虑省会和地市互为容灾，或者地市间互为容灾，由控制面 SMF 基于 TA 选择合适的 UPF 来接入用户。

第 11 章

# 5G-A 演进技术

11.1 智能化网络数据分析功能

11.2 切片能力增强

11.3 混合现实（XR）与媒体业务

11.4 位置定位增强

11.5 5G 局域网增强

11.6 非公共网络

5G-A 是 5G 移动通信技术标准的最新演进。在 2021 年 4 月，5G 增强网（5G-Advanced）被正式确定为 5G 演进的名称，而在 2021 年 12 月，3GPP SA2 全会通过投票确定了 R18 版本的 28 个研究课题，相当于确定了 5G-A 的第一波关键技术，它在 5G 基础架构之上进行了深度的优化和扩展，以应对日益增长的数据需求和应用场景。与 5G 相比，5G-A 在多个关键领域展现了显著的增强。

# 11.1  智能化网络数据分析功能

为实现网络自动化和智能化，3GPP TR 23.791 定义了 5G 网络自动化通用架构，5G 网络自动化通用架构如图 11-1 所示。在 5G 核心网中引入网络数据分析功能（NWDAF），NWDAF 作为大数据收集和智能分析的承载实体，不仅能够从 5GC NF（网络功能）、AF 以及 OAM 收集数据，还具备智能分析的能力（包括计算、模型训练、推理判断、预测等），并将分析结果输出给 NF 或 AF 或 OAM，供 NF、AF、OAM 决策应用。

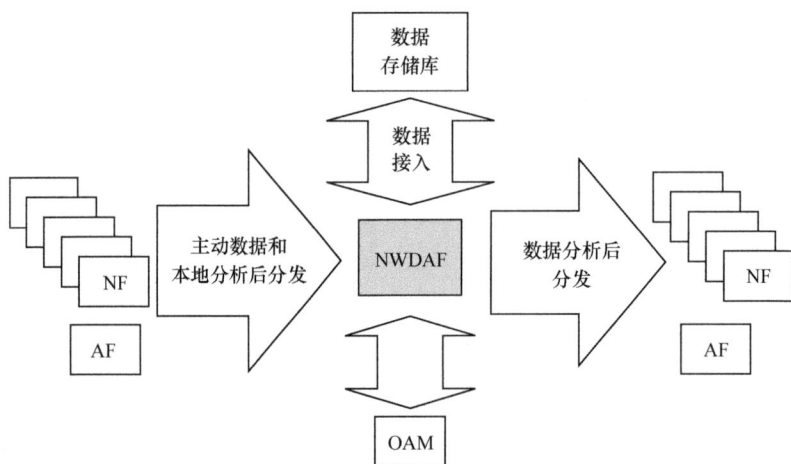

图11-1  5G网络自动化通用架构

① NWDAF 基于服务化接口与 5GC NF、AF、OAM 进行交互。

② NWDAF 从 5GC NF 获取网络数据。

③ NWDAF 从数据存储库（例如 UDR）访问网络数据。

④ NWDAF 从 AF 获取第三方数据，例如业务相关数据。AF 可以通过 NEF 与 NWDAF 交换信息，或者 NWDAF 使用服务化接口直接访问 AF。

⑤ NWDAF 可与 OAM 交互信息，NWDAF 从 OAM 和 NWDAF 之间的相互作用应基于场景要求。对于 OAM 数据的收集，NWDAF 应重用 SA WG5 定义的现有服务机制和接口。

⑥ 基于上述数据收集，NWDAF 执行数据分析，并向 AF、5GC NF 和 OAM 提供分析结果。

⑦ NWDAF 内部的数据分析算法各厂家自行实现，不进行统一规范。

基于 NWDAF 和 5G 自动化通用架构，5G 核心网的网络智能化分析和控制架构如图 11-2 所示。

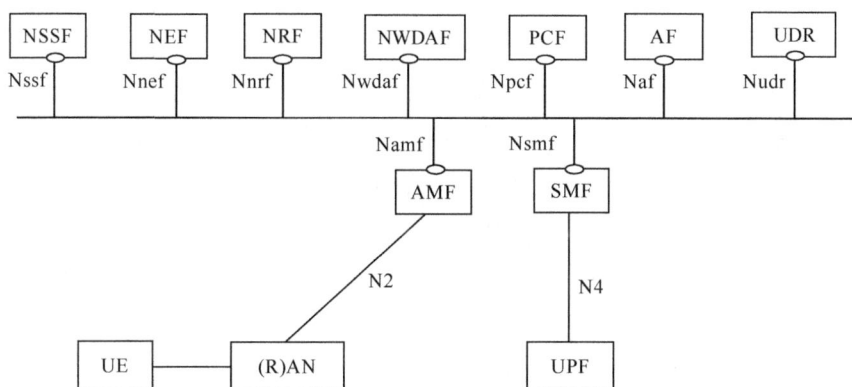

图11-2 5G核心网的网络智能化分析和控制架构

5G 核心网的网络智能化分析和控制架构作为智能网络新架构，打通 5G 控制面、管理面以及应用服务器，具体说明如下。

① NWDAF 为 5G 核心网的网络智能化分析和控制架构的核心，通过数据采集、智能分析、分析数据输出，与控制面网元直接交互完成网络自优化、自治化及自愈化的闭环能力。

② NWDAF 的智能分析能力可包括数据感知、模型训练、推理、预测和决策等。

③ 可与 NWDAF 交互的 5G 核心网网元包括但不限定：策略控制功能（PCF）、访问和移动性管理功能（AMF）、会话管理功能（SMF）、用户平面功能（UPF）、网络开放功能（NEF）、应用功能（AF）、统一数据存储库（UDR）、网络服务管理功能（NRF）、网络切片选择功能（NSSF）。

④ NWDAF 与 5G OAM 交互，OAM 为 NWDAF 提供全域性（全域级别的区域、切片、网元集合、网元标识）数据，且无线侧相关数据可体现在 OAM 数据中。

⑤ NWDAF 与 5GC NF、AF 以及 OAM 的具体交互数据与应用场景密切相关。

⑥ NWDAF 仅为 5G 核心网网元和 OAM 提供智能数据分析结果，或策略决策建议，不改变 5G 核心网网元的核心能力和功能逻辑。

⑦ NWDAF 可以采用集中部署的方式，也可以采用分布式部署的方式。

## 11.2 切片能力增强

网络切片技术基于统一的物理基础设施，通过资源隔离构建多个端到端的虚拟专网，确保各切片间业务的严格隔离，以满足差异化业务需求。在 3GPP R17 标准中，网络切片的基础功能与技术方案已趋成熟，但在 SLA 动态保障、全生命周期管理及能力开放等关键环节仍需持续增强。面向 5G-A 演进，网络切片将重点强化以下三大能力，推动其在垂直行业的深度应用。

① SLA 保障能力增强。当切片使用者发起订购需求后，网络可通过能力调度确保服务质量。如果当前切片或切片实例无法支持 PDU 会话，则将触发业务连续性方案（如切片间无缝切换），避免业务中断；同时通过增强网络控制策略（如 NWDAF 智能分析），支持终端在用户注册或会话建立阶段按业务需求动态选择最优切片。

② 智能化切片管理。目前，针对切片的配置与管理多数以人工为主，在网络自动化趋势推动下，利用 AI 提升网络智能化水平，实现各个子域的切片管理相关的参数，以及实现接口的自动化闭环管理。其中，包括基于人工智能和机器学习实现跨无线、承载、核心网子域的切片参数动态调优；通过标准化接口（如 3GPP TS 28.530 定义的 MDR）实现切片创建、监控、扩容或缩容的全生命周期自动化运维。

③ 切片能力开放。结合垂直行业特点，更好地利用网络切片服务于垂直行业，一方面，向使用者开放切片资源使用情况（如带宽利用率、时延达标率）；另一方面，通过 NEF（网络开放功能）开放切片监控、故障诊断及策略调整接口，满足客户对切片的自主管理需求。

## 11.3 混合现实（XR）与媒体业务

5G 时代，新媒体业务层出不穷，例如直播、短视频等，其业务特征与传统文本、语音等业务不同，对于网络传输提出更为严苛的要求，即多媒体业务以帧为单位编解码，帧内数据包丢失会导致整帧失效；业务流带宽需求呈周期性突发（如视频点播开启时带宽需求骤增，平稳播放后下降）。而现有 5G 系统以统一方式处理同一业务流，无法灵活适配流内差异，导致资源浪费与用户体验不佳。基于 XR 与媒体业务特性，5G-A 制定了服务质量（QoS）及传输增强方案，以提升网络资源利用率，优化用户体验，主要包括如下事项。

① 帧级感知调度优化。突破当前"IP 数据包粒度"的调度模式，引入"帧结构感知"机制，即网络通过解析媒体流的帧头信息（如 I 帧、P 帧标识），识别帧内数据包是否关联，如果检测到某帧已有数据包丢失，则立即停止该帧剩余数据包传输，避免无效带宽占用；同时优先调度完整帧的数据包，例如直播场景中确保 I 帧（关键帧）无丢失，减少画面卡顿，将帧有效传输率提升至 99% 以上。

② 分层 QoS 控制粒度细化。打破当前"五元组 / 三元组"的最小 QoS 控制粒度，按"帧重要性"划分 QoS 等级，即为核心帧（如 XR 沉浸式体验的场景初始化帧、视频直播的 I 帧）分配高优先级资源，网络拥塞时优先保障其传输；对非核心帧（如视频的 P 帧、B 帧）采用弹性调度策略。例如在赛事直播中，即使网络带宽紧张，也能优先保留比赛画面的关键帧，避免因普通帧丢失导致的画面断层，提升观看流畅度。

③ 业务突发特性动态适配。通过 AI 技术实时分析业务带宽波动规律，构建"突发预测—资源预调度"机制。学习不同媒体业务的流量特征（如视频开启时的带宽峰值、XR 交互时的时延敏感时段），提前调整 QoS 策略。在视频点播开启前预分配临时带宽以缩短缓冲等待时间；在 XR 用户切换场景时，动态提升时延保障等级（如将端到端时延压缩至 20ms 以内）。例如用户打开 4K 超高清视频时，5G-A 网络可提前 1 ～ 2 秒调度额外带宽，避免出现传统 5G "先等待再加载"的卡顿问题，将视频启动时延降低 60% 以上。

## 11.4 位置定位增强

随着 5G 技术的迅速发展，位置定位服务在各行各业中的应用愈加广泛，包括智慧城市、自动驾驶、工业物联网和增强现实等场景。5G 网络通过大带宽、低时延和超大规模连接能力，为位置定位提供了新的可能性。3GPP 在其标准中提出了一系列针对位置定位的增强技术，以满足未来智能应用对高精度定位的需求。

位置定位是指确定用户设备（UE）在物理空间中的位置，通常以坐标（例如经纬度、海拔）形式表示。定位精度、可靠性和实时性是评估位置定位技术的关键指标。

5G 网络定位特征的具体说明如下。

① 高精度：5G 网络支持厘米级甚至亚米级的定位精度。

② 低时延：实现快速定位响应，以支持实时应用。

③ 多模定位：支持多种定位技术，包括卫星定位、蜂窝定位和 Wi-Fi 定位等。

## 11.4.1 5G 位置定位技术

5G 网络中位置定位的架构主要由以下几个部分组成。

（1）位置服务功能（LCS）

LCS 负责提供定位服务的关键功能，具体说明如下。

① 位置请求处理：接收并处理来自 UE 的定位请求。

② 位置计算：根据不同定位方法计算设备位置。

③ 位置报告：将计算出的位置信息反馈给请求方。

（2）位置数据管理

位置数据管理模块负责位置数据的存储和管理，确保数据的安全性和隐私性。

① 位置请求处理：接收并处理来自 UE 的定位请求。

② 位置数据存储：提供位置数据的存储服务，包括历史位置数据。

③ 数据访问控制：实现对位置数据的访问控制，确保只有授权用户能够访问敏感数据。

5G 网络中支持多种定位方法，具体说明如下。

（1）基于时间的定位方法

① 到达时间（TOA）：根据信号到达时间计算位置，适用于高精度定位需求。

② 到达时间差（TDOA）：通过多个基站接收信号的时间差来进行定位，能够提供较好的定位精度。

（2）基于信号强度的定位方法

① 位置请求处理：接收并处理来自 UE 的定位请求。

② 接收的信号强度指示（RSSI）：根据信号强度进行定位，适合较大范围的定位需求，但精度相对较低。

③ 到达角度测距（AOA）：通过测量信号的入射角进行定位，适用于特定场景。

（3）基于多模定位

基于多模定位是结合多种定位技术（例如全球导航卫星系统、Wi-Fi、蓝牙等）进行定位，能够提高定位精度和可靠性。

① 全球导航卫星系统（GNSS）：通过全球定位系统（例如 GPS、GLONASS等）提供全球范围内的定位服务，适合室外场景。

② 蜂窝网络定位：利用基站信息进行定位，适合室内外环境，尤其是在GNSS 信号弱的场景中。

### 11.4.2　5G 定位增强技术

为了提高定位精度，5G 网络中采用了一系列增强技术，具体说明如下。

#### 1. 网络增强

① TOA：根据信号到达时间计算位置，适用于高精度定位需求。

② 基站密集部署：通过增加基站密度，提高定位精度，尤其在城市环境中。

③ 多频段信号：采用多频段信号传输，降低多路径效应对定位精度的影响。

#### 2. 边缘计算

① 边缘定位计算：将定位计算任务下沉到网络边缘，减少时延并提高定位速度。

② 实时数据处理：通过边缘计算进行实时数据处理，提高位置更新频率。

未来，定位技术将持续向更高的精度和可靠性发展，特别是在室内环境中。结合多模定位技术和智能算法，定位精度将进一步提升，并通过人工智能和机器学习技术，实现自适应定位服务，能够更好地应对复杂环境下的变化。

5G 网络中的位置定位增强技术通过结合 3GPP 标准，为各种应用场景提供了高精度、低时延和可靠性的定位服务。随着技术的不断演进，位置定位将在智慧城市、自动驾驶、工业物联网和增强现实等领域发挥愈加重要的作用，推动各行业的数字化转型与智能化升级。

## 11.5　5G 局域网增强

随着 5G 技术的广泛应用，网络架构的灵活性与性能需求显著提高。在这一背景下，5G局域网（LAN）增强技术的提出，旨在通过支持更大带宽、低时延和灵活的网络切片来满足各种场景下的业务需求。3GPP协议的相关标准为5G LAN的实现提供了基础，特别是在R17和R18版本中，这些增强技术被进一步细化与优化。

5G LAN是一种基于5G核心网的局域网解决方案，通过将5G无线接入技术与传统LAN相结合，能够为用户提供更高效、更灵活的网络体验。其主要特性的具体说明如下。

① 大带宽与低时延：5G LAN利用5G网络的高速率和低时延特性，适用于实时应用和大数据传输场景。

② 网络切片：通过网络切片技术，5G LAN可以为不同应用场景提供专用网络资源，保证服务质量。

③ 灵活的连接方式：支持多种接入方式，包括Wi-Fi、以太网以及5G NR，实现多接入融合。

5G LAN的增强技术的具体说明如下。

（1）切片管理与编排

在5G LAN中，切片管理和编排是核心技术之一。根据3GPP R18协议，切片的管理过程应支持自动化、智能化和动态调整，主要体现在以下两个方面。

① 切片自动化编排：使用网络功能虚拟化（NFV）和软件定义网络（SDN）技术，结合机器学习算法，自动识别用户需求并进行切片编排。

② 资源动态调整：基于实时监控数据，动态调整切片资源分配，以适应网络流量变化和业务需求。

（2）边缘计算集成

5G LAN增强技术特别重视边缘计算的集成，以满足低时延和大带宽应用的需求。

① MEC支持：通过在网络边缘部署计算资源，数据处理和存储可以在靠近用户的地方进行，减少时延并提升服务质量。

② 实时数据分析：结合边缘计算能力，实现对用户数据的实时分析和处理，优化网络资源的使用。

（3）QoS保障

① QoS是5G LAN中至关重要的一个方面，特别是在支持多种业务的场景下。

② 多级QoS策略：根据不同的应用需求，提供多层次的QoS保障机制，包括带宽、时延和丢包率等参数的细粒度控制。

③ QoS监控与优化：通过实时监控网络性能，动态调整QoS策略，确保关键应用（例如医疗、金融等）的服务质量。

（4）安全性增强

① 特别是在多用户和多切片的环境下，安全性在5G LAN中同样是一个重要的考量。

② 网络切片隔离：确保不同切片之间的安全隔离，防止数据泄露和安全攻击。

③ 动态访问控制：引入基于身份的访问控制机制，确保只有授权用户才能访问特定的网络资源。

5G LAN的增强技术通过结合3GPP R18协议，为5G网络的灵活性和性能提供了有力支持。随着切片管理、边缘计算、QoS保障和安全性增强等技术的应用，5G LAN将不断拓展其应用场景，推动智慧城市、工业互联网和教育等领域的发展。未来，随着人工智能和跨域管理技术的进步，5G LAN将成为数字化转型的重要基石，助力各行业实现高效、智能的网络解决方案。

# 11.6　非公共网络

非公共网络（NPN）是3GPP在5G时代提出的重要概念，旨在满足特定行业、企业及垂直市场的定制化网络需求。NPN不仅能够提供定制化的网络资源和服务质量，还能够实现高水平的安全性和隔离性。这一概念在3GPP R16及之后的版本中得到了详细定义与扩展，成为支持行业数字化转型的关键技术。

NPN是指在公共网络基础上或独立部署的网络，主要面向特定用户群体（例如企业、工厂、校园等）提供专用的网络服务。NPN可以是完全私有的（例如本地部署的私有网络），或是通过公共网络提供的虚拟网络（例如网络切片）。

根据3GPP的标准，NPN主要分为以下两种类型。

① 企业专用网络：由企业自行管理和控制的网络，通常部署在企业内部。

② 公共网络辅助的非公共网络：基于公共网络提供的资源，企业可以通过网络切片等技术获得特定的网络服务。

NPN 特征的具体说明如下。

① 高安全性：通过隔离和加密技术，确保数据传输的安全性。

② 可定制性：根据不同的业务需求，提供灵活的网络配置和管理。

③ 可扩展性：支持不同规模和复杂度的网络需求，从小型企业到大型工业园区均可适用。

NPN 涉及的设备管理同样至关重要，特别是在支持大量物联网设备接入的场景下，主要涉及以下两个方面内容。

（1）设备识别与认证

① 安全的设备接入：通过基于身份的认证机制，确保只有授权设备才能接入 NPN。

② 设备配置管理：对接入设备进行动态配置，以满足不同业务需求。

（2）连接管理

① 接入网络的灵活性：支持多种接入方式，包括 5G NR、Wi-Fi、以太网等，以适应不同的应用场景。

② QoS 保障：为接入的设备提供不同层次的服务质量保障，确保关键业务的稳定性。

在 5G-A 中，将对 NPN，尤其是独立的非公共网络（SNPN）在以下 4 个方面进行增强。

① 支持 SNPN 之间的业务移动性，包括空闲态和连接态。

② 增强 SNPN 能力，以支持非 3GPP 接入方式。

③ 对启动（Onboarding）能力进行增强：一方面增强公共网络综合 - 非公共网络（PNI-NPN）支持基于控制面的远程鉴权数据配置；另一方面制定启动独立的非公共网络（Onboarding SNPN）支持多个配置服务器（Provisioning Server）并获取服务器（Server）信息的方案。

④ 支持通过本地 NPN 提供本地业务，制定用户发现、选择和接入本地 SNPN 以及本地业务的方案。

第 12 章

# 面向 6G 演进技术

12.1　5G 新通信

12.2　NFV 演进

12.3　6G 网络架构和发展愿景

随着 5G 大规模商用，用户通信能力和服务质量得到了提升，同时促进了垂直行业的数字化转型。面向 2030 年及未来，在社会宏观发展进步、经济高质量提升以及环境可持续发展等因素的共同驱动下，人类将进入智能化时代，数字化、智能化和绿色化将是社会发展的趋势。从移动互联，到万物互联，再到万物智联，未来全新的场景及应用需求将极大拓展移动通信网络服务的能力边界，6G 将有效服务智能化生产与生活，通过人机物智能互联、协同共生，带来数字经济与实体经济的全面融合，推动社会向普慧智能、绿色健康可持续发展，满足经济社会高质量发展需求。

# 12.1 5G 新通信

5G 新通信的业务特点是高清、可视、互动，使用交互式通信提升运营商原生通话体验，从话音到多媒体，从双向到实时交互，从平面到全感知。通过富媒体能力，提升通话互动性和趣味性，升级基础通话体验，重塑通话入口优势。

5G 新通信更希望提升业务感知能力。利用 VoLTE/VoNR 基础网的数据通道，将原生视频通话，发展到更高清视频交互式和沉浸式通信，未来还将进入全息通信，包括听觉、视觉、嗅觉、味觉体验等。5G 新通信的特点主要体现在以下 4 个方面。

① 交互式：通信参与方在实时通信时增加了多方面的互动，可以发送或接收图片、文字、表情，可实现文件传输，位置分享和可视菜单等功能，交互的内容可以是扩展的和多变的。

② 沉浸式：AR/VR 沉浸式通信、协作，构建身临其境与虚实融合的沉浸式体验。

③ 安全性：增强的通信安全方式将提升终端、企业和网络品牌好感度，包括面向企业的第三方 ID 接入，第三方呼入和呼出场景等，企业与运营商网络之间建立可信关系，帮助用户识别并防范电信网络诈骗。

④ 智能化：运营商系统智能等级提升，包括语音或语义识别、多语言翻译、图像识别等，例如手语识别 AI 技术，能满足无障碍等更丰富的通信业务需求。

5G 新通信业务以"端网协同、融合开放、使能创新"为设计理念，基于 IMS 网络升级演进。

① 终端侧：移动通信网络发展到 5G 新通信时代，端的范围得到了极大扩展。

从智能手机到智能穿戴、智能家电、智能汽车等各类行业终端，以及各类企业应用都可以接入 5G 新通信网络。端内置 Web 引擎、原生支持 IMS 数据通道，按需从网络侧下载各类应用；通过音频、视频、数据 3 个通道传递各种多媒体信息，与网络侧高效协同，为 toC（企业直接向个人消费者销售产品或服务）用户提供高清、强交互、沉浸体验的通信业务，并帮助 toB（企业面向企业提供产品或服务的商业模式）行业实现高效、低成本的生产活动。

② 媒体能力层：不仅提供放音、收号、编解码、混音或混屏、转码等传统媒体处理能力，还支持媒体渲染、视频特效、语音识别（ASR）、语音合成（TTS）等新的媒体处理能力。媒体能力层采用插件化框架，支持媒体能力的编排，可以动态加载新增媒体能力库和媒体资源库，实现实时通信的创新业务快速上线。

③ 网络能力层：为上层应用提供业务签约、接入鉴权、路由控制、呼叫控制、设备管理、计费管理等基本通信能力，并提供与其他运营商网络的互联互通能力。

④ 业务使能层：为了充分发挥运营商通信网络的价值，使能 toB 和 toC 实时通信业务创新，业务使能层为各类应用提供了全生命周期管理平台，可以实现应用的开发、联调、部署、发布、更新、下载等；并通过提供业务编排引擎，为运营商自身业务创新和应用生态建设提供支撑。

### 1. 网络要求

原生的新通信业务要求 IMS 网络支持交互式数据通道（IMS DC）。IMS DC 在传统音视频通道上叠加新的数据通道，支持传送图片、视频、菜单、表情、位置、AR/VR 等多媒体信息，并提供带宽控制和 QoS 策略，保证实时可靠地传送交互数据信息。通过网络能力开放平台为传统电信业务增加交互式业务特征，为用户提供全新的沉浸式业务体验。

支持 IMS DC 的网络应兼顾各种应用对底层通道的多样化诉求，但不关注所传递的内容和格式，只要通信双方达成一致即可，从而实现适用于多种场景的新业务。

### 2. 终端要求

5G 新通信不仅为新的不同种类的 5G 终端提供崭新的体验，还为现有终端提供一些穿透性的功能，具体功能说明如下。

① 新通信要求现有 MTSI 终端升级为支持 DC 的 DC MTSI 终端。DC MTSI 终端应支持 VoLTE 和 VoNR 音视频协议栈和新的 DC 协议栈，支持 DC 创建、删

除和维护等相关管理功能，同时还支持下载或集成 H5 小程序的能力，保证新业务的快速分发和升级。

② 采用 App+SDK（软件开发包）业务方式实现 5G 新通信时，App 通过 Data APN（数据接入点名称）接入，建立新通信平台和媒体面，并与 VoLTE 系统协同。这种方式下，不需要终端配合，只需安装 App 或者 SDK。

③ 新通信尽可能为更多领域客户服务，是兼容各种标准 SIP（会话初始协议）范围内的 IMS（IP 多媒体子系统）接入网络，具备与企业 PBX（用户交换机）、IP 关口局、CS 传统关口局平台互联的能力，能够为包括普通 POS 终端、IP 多媒体终端在内的固定终端，和 4G 终端、VoLTE、VoNR 等移动终端提供一致性业务服务。

# 12.2 NFV 演进

目前在研的比较活跃的 NFV 技术组织主要为国外的欧洲电信标准协会（ETSI）和国内的中国通信标准化协会（CCSA）。国内在 CCSA SP1/TC3 开展 NFV 相关技术标准的制定，为推进 CCSA 的 NFV 标准化工作，高效完成 NFV 相关行业标准的制定，规划 NFV 标准系列，CCSA 技术管理委员会在 2017 年批准了 CCSA 下"NFV 专项标准项目组"（SP1）的成立。从 2020 年到 2025 年，SP1 一直专注于支持国内运营商和行业对 NFV-MANO 的扩展需求，并完成了 NFV 和 SDN 协作、容器化和云原生管理、自动化和智能管理及编排等一系列行业标准。同时，CCSA 开展了安全和可靠性方面的标准研究工作，开启了"管理防火墙的网络功能虚拟化编排（NFVO）的技术要求""网络功能虚拟化基础设施（NFVI）资源池的可靠性要求"等标准。从 2024 年开始，SP1 也启动了一系列与下一代电信云基础设施 NFV 架构演进相关的研究项目。

## 1. NFV 架构演进分析

ETSI 制定的 NFV 标准成为全球运营商的统一共识，并通过持续演进保持技术先进性。经过 10 年的 NFV 发展，ETSI ISG NFV 已经发布了 100 多个 NFV 标准文档，后续重点围绕 ETSI 持续引入云原生、自动化、人工智能、机器学习等先进技术。国内 CCSA 也以 ETSI 为基础，二者互补，NFV 架构演进主要从虚拟化技术着手，分为两个独立的阶段，阶段一以虚拟化为主，NFV 逻辑架构如图 12-1 所示；阶段二以云原生为主，支持容器管理编排的 NFV MANO 架构如图 12-2 所示。

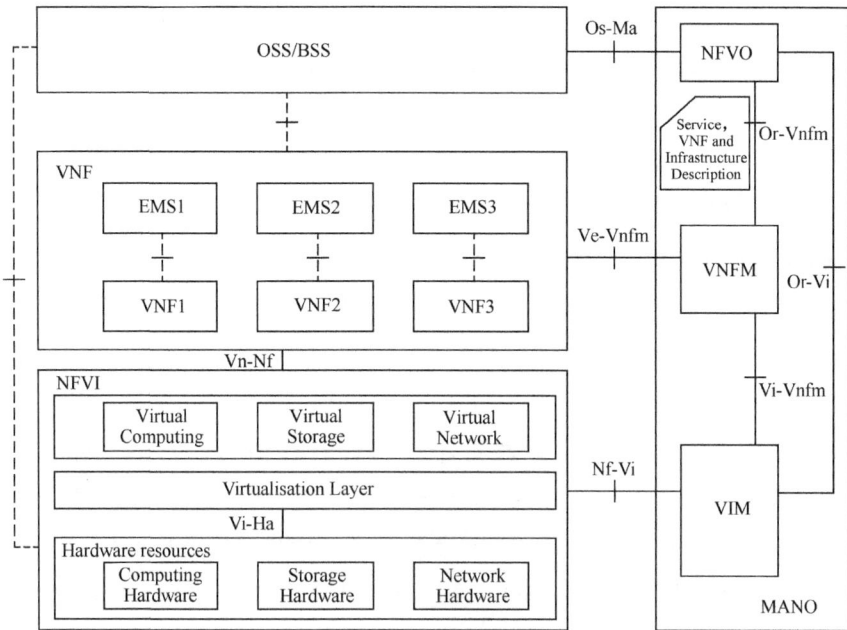

图12-1　NFV逻辑架构

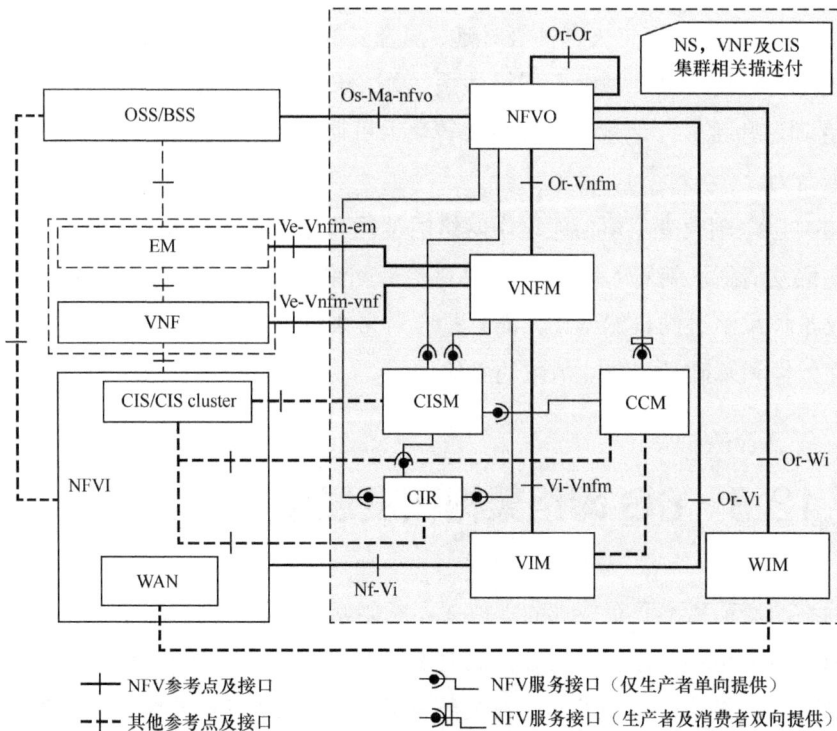

图12-2　支持容器管理编排的NFV MANO架构

阶段一中的虚拟化以 OpenStack（是一个开源的云计算管理平台项目，是一系列软件开源项目的组合）、虚拟机等技术为主，标准方向聚焦在软硬解耦、虚拟化网元自动化部署、虚拟化基础设施建设与管理，形成了 NFV 参考架构、MANO（管理和编排）主要接口、网元部署模板规范等主要技术内容，从而更好地满足网元从一体机解耦成软件和硬件解耦模式，服务网络进化。阶段二中的虚拟化以 Kubernetes 等技术为主，标准方向聚焦在容器化网元、容器资源编排部署，形成了容器管理功能、相关接口、模板规范等技术内容，从而更好地支撑切片、5G 网络业务，满足其对云化底座敏捷高效部署、轻量化的需求。

### 2. NFV 未来发展方向

面向未来，NFV 仍面临性能与灵活性权衡、云原生改造、生命周期治理、意图驱动与 AI 运维、垂直行业适配、能效优化及生态整合等方面的挑战与机遇。容器化虽已达成共识，但新型异构加速方案缺乏统一抽象，需要标准化；传统 IMS、固网等网元一体机模式应用与 5G 云原生应用并存，要求平台兼顾稳定与敏捷；端到端编排必须跨域、跨云、跨运营商，亟须可插拔的模块化和开放接口；意图管理与 AI 闭环才起步，数据语义、故障级联风险及跨域通信仍是难题；面向工业的 uRLLC 与边缘计算带来毫秒级时延、混合云部署及多租户隔离的新需求；能耗压力推动实时功率调度与绿色指标体系；测试床碎片化呼吁统一的开源验证环境等。遇到这些挑战，运营商如果将其转化为机遇，则会决定 NFV 在未来 10 年的持续生命力。

NFV 已深刻改变了电信领域中网络的架构和运营模式。面向未来，NFV 的演进方向愈发清晰，朝着"弹性网络""自治理网络""一体化服务"三大方向迈进。这不仅是技术演进的自然结果，而且是应对未来网络复杂性、业务多样性、运营运维高效性和基础设施节能需求的必然选择。

## 12.3  6G 网络架构和发展愿景

网络的变革离不开新技术的支持。不断创新的通信、计算、存储、分析技术和不断进步的材料工艺相互融合，为打造"智能普惠，超越连接"的 6G 奠定了坚实的基础。移动通信技术的创新突破将驱动 6G 总体性能不断提升，超高速率信道编码调制、非正交多址接入、超大规模天线、太赫兹通信等技术的应用，将推动空口接入能力的量级提升。通信技术与人工智能、大数据、先进计算、区块链、数字孪生等技术深度融合，孕育出信息、通信、数据等融合新领域；计算芯片技术发展、高速互联技术、新型材料、电磁制造技术不断发展，可以产生更强的计算能力、更前沿的功能和架构理念、更高效的软硬件解决方案，从而推动 6G 网络架构朝着更高效、更低成本的方向发展，促进网络向开放化、智能化、定制化发展。

### 1. 6G 网络边界拓展

6G 网络边界拓展分为两个方面：一方面是网络接入能力的拓展，6G 网络将向边缘网络空间和"空天地海"不断延伸，使网络不断向更智能、更安全和更灵活使能，满足对"天基、空基、地基"等多种接入方式的需求，以及对固定、移动、卫星等多种连接类型的接入需求，实现"空天地海"一体化无缝覆盖，向全域万物智联的方向迈进；另一方面是网络可提供的能力拓展，从单一的通信连接能力，拓展到通信、感知、计算、数据、智能、安全等多维的能力。

### 2. 服务对象拓展

网络边界的拓展，激发参与 6G 网络的用户呈现多元化、活跃化的趋势，未来网络的服务对象也将随之拓展，未来网络的用户将包含且不限于 toC 终端用户、toB 行业用户，未来任何使用 6G 网络提供的服务和向网络贡献其资源或能力的实体都是 6G 网络的服务对象，还可能包括子网用户、友商、OTT(越过运营商管道的业务)用户等。6G 将以用户个性化需求为中心，进一步改变消费者的社会活动和生活体验，满足包括无人驾驶、智能家居、虚拟现实等未来业务对高比特率、低时延抖动和更高可靠性的需求。

### 3. 业务模式拓展

随着 6G 网络边界及服务对象的拓展，相应的 6G 网络的业务模式将突破原有单向的运营商网络对外提供服务的模式，拓展为参与网络的多方都可以向网络贡献能力和资源，同时通过网络获取相应资源和服务的多对多模式。驱动运营商的业务模式从提供连接的网络服务，向提供普惠的平台服务转变，更好地实现平台经济效益，充分发挥社会分工协作价值，共同构建 6G 产业价值链和生态环境，赋能未来新型业务。

### 4. 6G 网络架构

面向未来的业务，我们设计了 6G 网络架构，提出了面向"新网络、新服务、新生态"的层次化的数智服务使能平台架构。6G 网络架构如图 12-3 所示，共分为4层，自下而上分别为资源层、功能层、管控层和服务层。另外，6G网络架构还包含一个贯穿各层的、内生的安全管理功能。

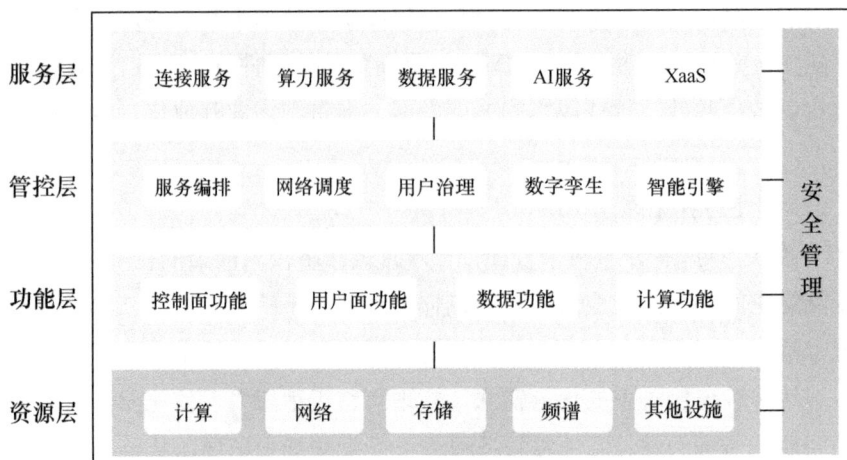

图12-3　6G网络架构

① 资源层：为6G网络功能部署、运行和服务提供支撑，主要包括计算、存储、网络和频谱以及其他设施等各种基础设施，是整个网络运行的基础。资源层物理设施实体分布在"空天地海"、云边端、广域、局域等场景空间中，除了运营商自建设备，还包括友商共建共享资源或者产业上下游合作伙伴、多元用户等不同组织归属的资源，为6G网络的泛在接入、普惠开放能力提供保障。

② 功能层：6G网络的执行层。对下，根据需求对资源层物理设施进行多维资源的互联、组织、协同、调度构建具备不同网络能力的业务逻辑；对上，为管控层提供数据、计算和决策执行能力支撑。按照业务类型，功能层分为控制面功能、用户面功能、数据功能和计算功能，根据管控层的智能决策拉通物理资源，为网络和服务层提供接入控制、连接传输、数据采存、算力纳管互联和计算执行等业务服务能力支持。

③ 管控层：6G网络的大脑，接受服务层的请求，在对服务请求进行多维度智能分析的基础上，为服务和应用做出智能决策，指导功能层操作执行，为多元用户提供开放、灵活、多边的网络服务能力，包含服务编排、网络调度、用户治理、数字孪生、智能引擎等。服务编排可将服务层的需求快速解析为单项服务能力和服务质量要求；网络调度快速按需创建网络功能、创建网络路由等，动态调整网络各节点的算力、带宽、存储等资源占用，对网络进行弹性伸缩处理等；用户治理用于多元用户注册、生命周期管理、能力资源管理协同度量等；数字孪生

为现实网络提供虚拟的孪生映射，为网络提供分析、仿真、诊断、预测、优化等仿真模拟和可视化支持；智能引擎为服务编排、网络调度、用户治理等功能提供意图分析、运营数据分析等智能分析能力，与数字孪生联合模拟仿真，促进网络的自智等级提升。

④ 服务层：对下层的网络功能进行提取、封装和组合，为内部业务或第三方应用按需提供能力或服务。通过服务层，开放运营商网络的连接服务、算力服务、数据服务、AI 服务、定制化服务等能力，为多样化业务场景下的多元用户带来更智能的算网业融合能力和更好的业务体验。

6G 网络架构中的功能层包含控制面功能、用户面功能、数据功能和计算功能4 个基本功能面。这 4 个基本功能面分别负责网络控制、路由转发、数据管理和智能计算等内生功能。功能层作为 6G 网络架构中的执行层，其包含的 4 个功能面既是功能层内提供控制、用户、数据和计算 4 类业务逻辑的功能集合，也是 6G 网络对外提供的接入、连接、数据、计算 4 类端到端服务能力的体现。